U0319938

居住区景观规划设计

葛学朋　编

华南理工大学出版社
SOUTH CHINA UNIVERSITY OF TECHNOLOGY PRESS

· 广州 ·

图书在版编目（CIP）数据

易居景观：居住区景观规划设计/葛学朋编. —广州：华南理工大学出版社，2013.8
ISBN 978-7-5623-4002-7

Ⅰ. ①易… Ⅱ. ①葛… Ⅲ. ①居住区-景观设计-作品集-世界-现代 Ⅳ. ①TU984.12

中国版本图书馆CIP数据核字（2013）第169705号

YIJU JINGGUAN JUZHUQU JINGGUAN GUIHUA SHEJI
易居景观：居住区景观规划设计
葛学朋 编

出 版 人：韩中伟
出版发行：华南理工大学出版社
（广州五山华南理工大学17号楼，邮编510640）
http://www.scutpress.com.cn E-mail: scutc13@scut.edu.cn
营销部电话：020-87113487 87111048（传真）
策划编辑：赖淑华
责任编辑：黄 薇 方 琅
印 刷：深圳市彩美印刷有限公司
开 本：1016mm×1370mm 1/16 印张:21
成品尺寸：245mm×325mm
版 次：2013年8月第1版 2013年8月第1次印刷
定 价：328.00元

前言
Preface

随着社会的不断发展，人们的生活水平也在不断提高，尤其是居住条件有了明显的改善，人们对居住区的环境景观规划设计有了越来越高的要求。现在居住区开发设计中，景观的规划设计已经成为一个不可分割的部分，良好的环境景观设计是一个小区成熟的标志，也是居住者所青睐和关注的焦点。

在现在的居住区设计中景观规划设计不再只是单纯意义上的绿化设计，它包括绿化、铺装、标志系统、景观照明、景观水景、景观小品等多方面的设计。而这些方面的设计，最后需要达到整个景观系统的生态、功能和动观的效应。居住区环境景观包括的内容不仅仅是绿化，同时还包括围墙、大门、活动设施、各种指示标牌、水景、浮雕、灯光设施、音响设施等，而这些内容又必须与住宅建筑形成统一，达到有机结合。单就绿化来讲，也不只是简单地栽种就可以了，而必须考虑乔木、灌木、藤本、草本、花卉的适当搭配，以及果树、药材、观赏植物的搭配，还有平面绿化与立体绿化的多种手段的运用。

为此编者编写了本书。本书汇集了国内外著名的景观设计单位及个人的居住区景观规划设计经典案例作品，每个案例皆以全面详细的分析方式呈现给读者。

目录 Contents

深圳保利上城……………………………………………006

成都华侨城纯水岸……………………………………016

深圳天安高尔夫珑园…………………………………026

中信惠州水岸城二、三期……………………………032

三亚凤凰水城酒店……………………………………037

防城港龙光·阳光海岸 ………………………………044

吴江金科廊桥水乡……………………………………052

抚顺万科金域蓝湾……………………………………064

广州南沙时代南湾……………………………………078

惠州中信凯旋城………………………………………086

长春中海紫御华府……………………………………098

贵阳·兴隆誉峰 ………………………………………106

重庆融汇半岛五期……………………………………122

西安澜泊湾……………………………………………130

天津首创·国际半岛 …………………………………136

济宁森泰御城…………………………………………148

宁德COCO广场及高尚住宅区………………………168

Contents 目录

南宁荣和MOCO（摩客）社区……180
莆田正荣•御品兰湾……188
重庆华润二十四城……196
西安兰亭坊……208
西安天朗大兴郡……216
南昌正荣大湖之都……222
新豪轩城市花园……228
济宁长安花园……242
阜新凯旋帝景……260
赣州滨江•爱丁堡……272
昆明天宇澜山……278
扬州大学城尚城……296
清远富盈•御墅莲峰……304
重庆隆鑫玫瑰山庄（江上）别墅区……310
南宁保利城……320
深圳金地名峰……324

深圳保利上城

项目地点：广东省深圳市
委 托 方：深圳市保利房地产开发有限公司
景观设计：埃迪优建筑规划与景观设计有限公司
占地面积：69 000㎡

项目位于深圳地产开发热点板块——龙岗中心区，交通便捷，并且在大运公园和大运体育场馆附近，景观资源丰富。该景观设计通过亮化空间核心功能，着力打造出人潮涌动、商旅成群的效果，享受安逸、舒适、悠然自得的宁静与温馨，从而唤起人们对社区、对自身家园的自豪感。

三大轴线：体现气势、尊贵和礼仪感的荣耀之轴；充满幸福与愉悦的欢乐之轴；亲情守望、共享天伦的亲情之轴。

四重苑落：韵之庭苑、水之庭苑、花之庭苑、活力庭苑。四重庭苑全景展示生活艺术的经典与华美。

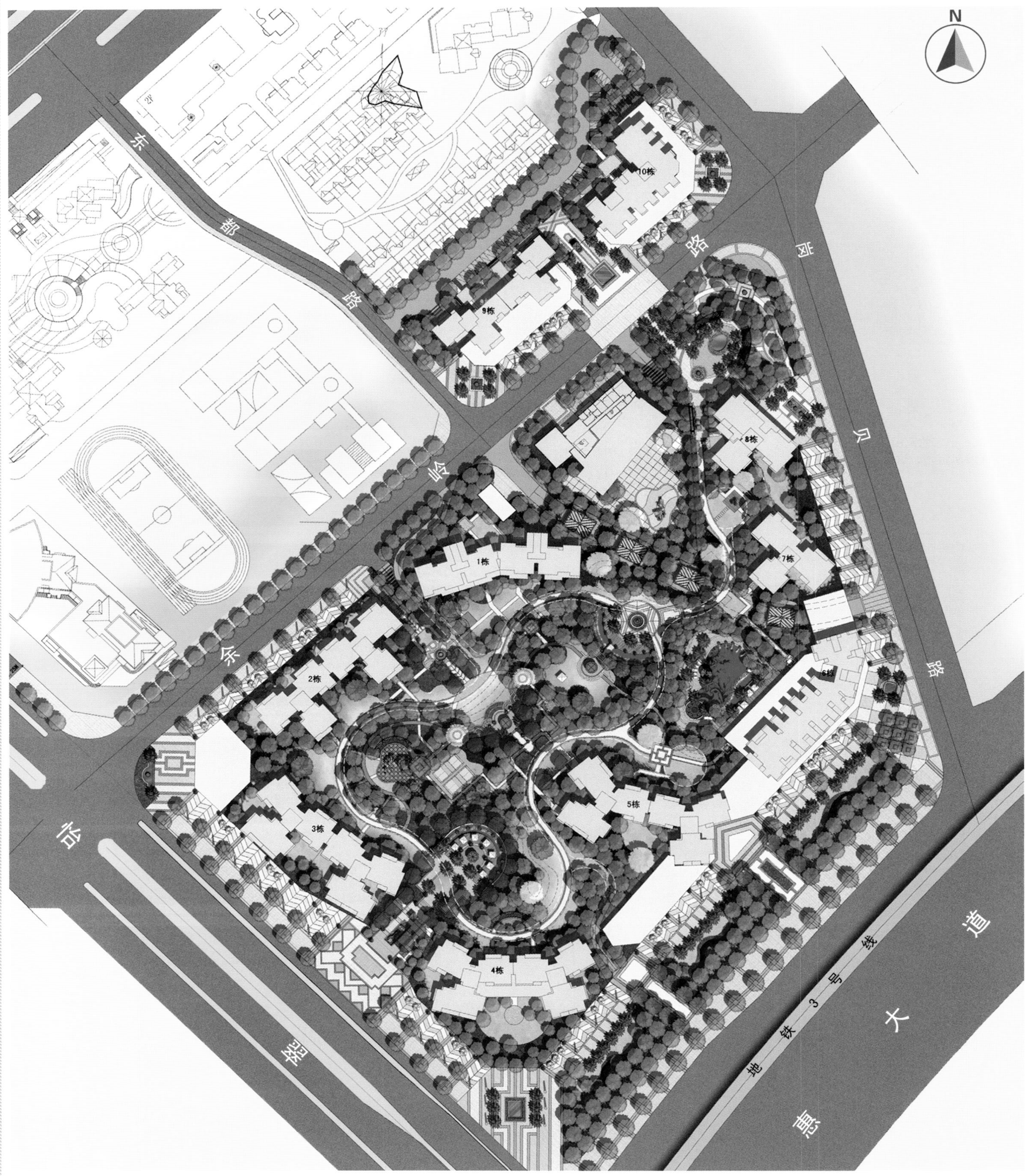

六个主要景观特征：亲切的庭院，开阔的视野，立体的绿化，灵动的水景，艺术化的装饰，人性化的细节。

亲切的庭院：把家的范围（氛围）扩大，中国人讲究无庭不居，所谓“庭”即舒适的、适当围合的室外环境，这种围合在古代可能是围墙或篱笆，在现在则更多的是绿化与空间。而家的氛围意味着静谧、舒适便利、亲切自然。因此，我们把分散的小区室外空间用灵活的“绿墙”围合起来，用可识别性强的景点凝聚起来。在庭院内部，看到的是满眼绿色与亲切交往的邻里，被弱化的是高楼带来的压抑及空旷带来的渺小与冷漠之感。

开阔的视野：围合感与“开阔”看似相互矛盾，实则不然。例如，我们强调的围合是半通透的，整体感觉被绿色环抱，但也可以透过精心设置的空隙看到远处的景致，这一手法尤其体现在轴线上，人们的视线被有效地引导，避开高耸的建筑。在高层楼盘，视觉上竖向屏障较多，适当增加平坦开阔的水平线条可以带给人们不一般的平和与宁静。

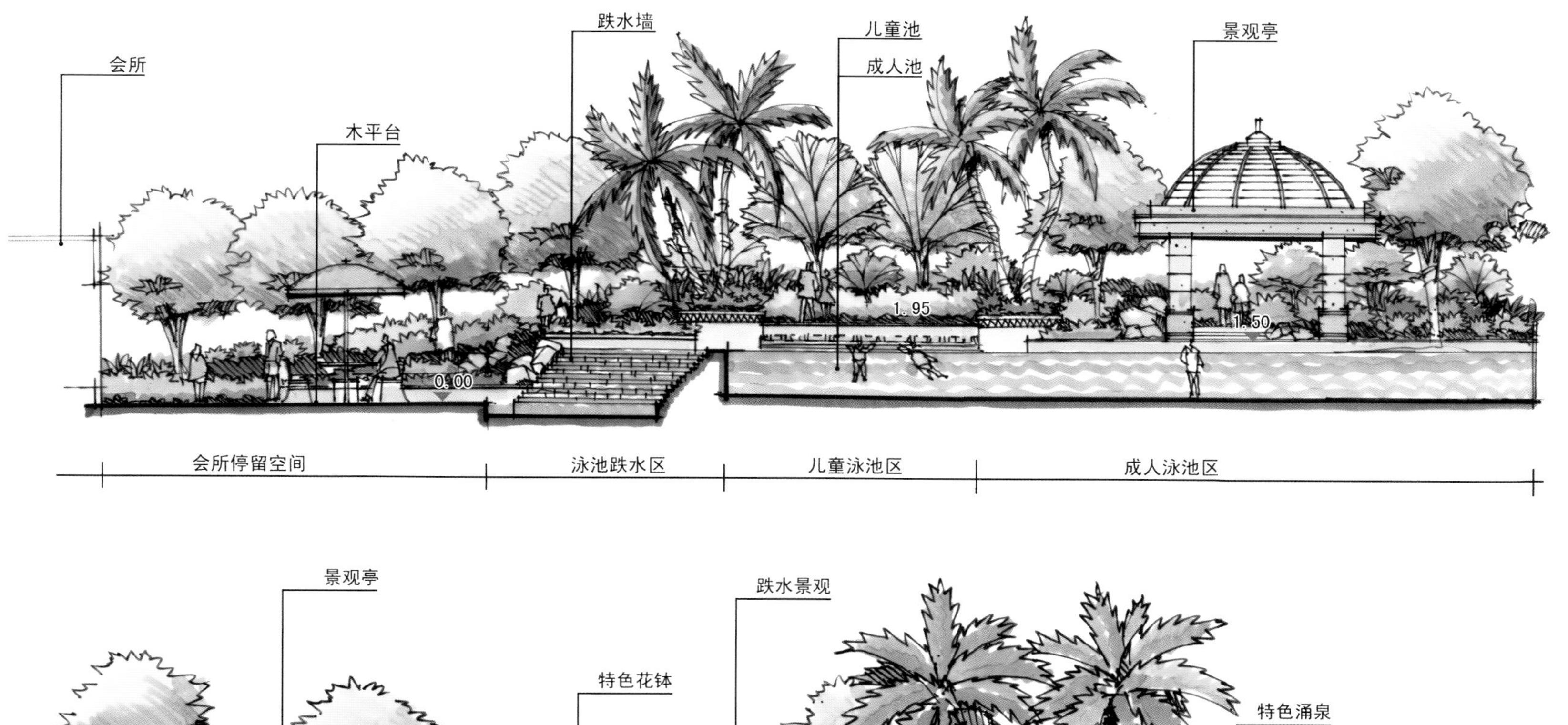

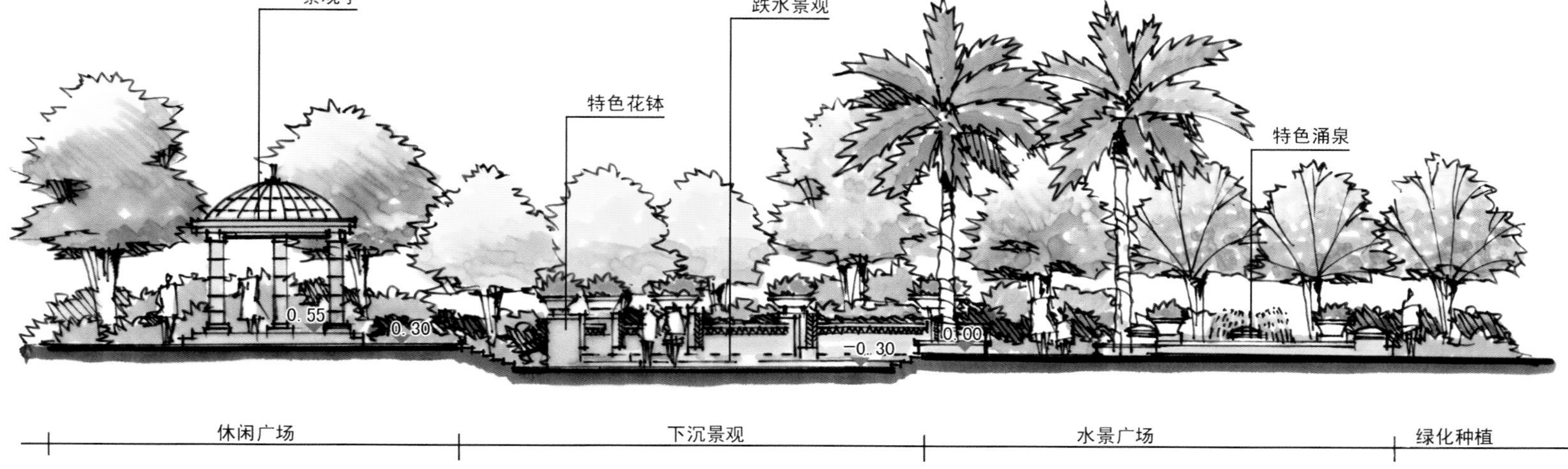

立体的绿化：如果说把地形形成的水平宁静的线条作为画面的基底，那么作为对比，植物的轮廓与色彩则有意变化形成丰富的天际线，即所谓立体的绿化；结合地形高差变化形成的缓坡下沉广场，在同等面积条件下，绿量变得更大，减弱高楼带来的压抑感，社区环境也会更显温馨。

灵动的水景：水是珍贵的资源，大面积的人工水景在现代住区中往往效果不佳，维护困难，甚至成为不良的景观。因此，设计师以丰富多变的水景形态取胜，有光影迷幻的瀑布、多姿多彩的喷泉、静静流淌的溢水、晶莹剔透的涌流，突出“灵动”二字，在深圳漫长炎热的夏季，带来一丝难得的清凉。同时，在技术上采用“浅水”与“薄水”设计，既安全，又便于维护，是可长期持续的水景。

艺术化的装饰：艺术化的装饰主要体现在各个硬质景观节点，比如庭院中心的广场、地面的铺装图案，以及景墙、灯柱、座椅、雕塑小品、标志牌等细节，这也是“艺术融入生活”这一理念的具体体现。设计装饰就是一种通过视觉传递的语言，仿佛会说话，在人们的日常生活中，目光所及之处都能感受到设计所传达出来的美的信息。

人性化的细节：我们常说“景观无死角”，即除了中心庭院等引人注目的区域外，人们日常出入的一些看似不起眼的地方，最能体现设计的人性化，如地库出入口、回家便道、建筑角落、道路护坡等地方，对这些地方的精心设计是楼盘品质的体现。

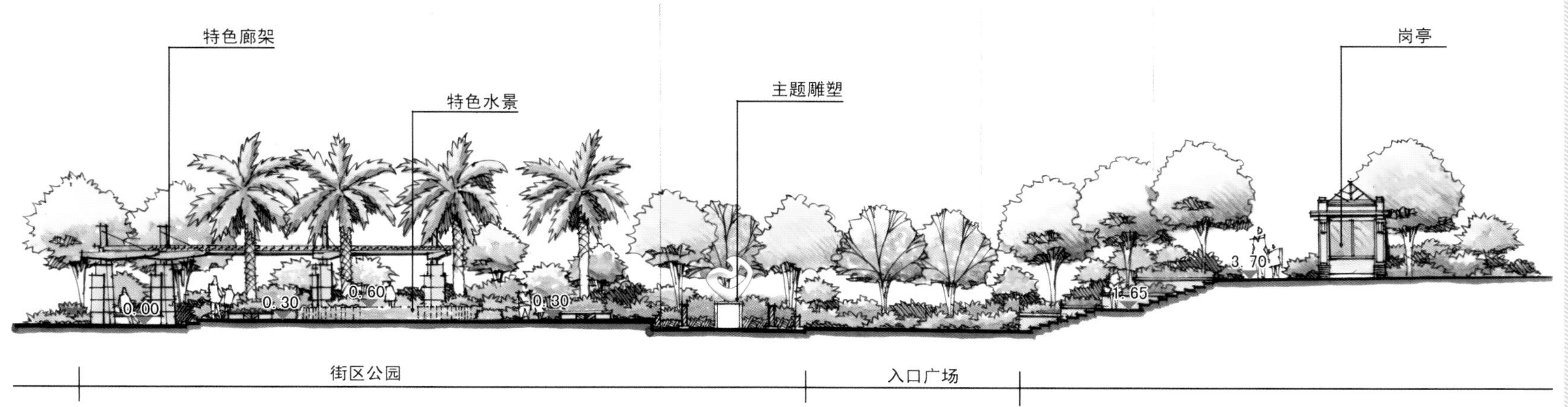
特色廊架
特色水景
主题雕塑
岗亭
0.00
0.30
0.60
0.30
1.65
3.70
街区公园
入口广场

成都华侨城纯水岸

项目地点：四川省成都市
开 发 商：华侨城集团
景观设计：加拿大塞瑞（CSC）设计顾问公司
占地面积：约400 000㎡
建筑面积：约625 000㎡

成都华侨城纯水岸以30 000㎡中央内湖和50 000㎡生态水系为主要景观。纯水岸项目除了有欢乐谷和商业区的超大配套外，还人性化地配置了水岸会所、健身房、网球场、游泳池、学校、银杏景观大道、水岸木栈道等生活配套设施。

家为自然而生，家为艺术而精彩。在这里你可以独享自在、质朴、浪漫与优雅。自在：半岛多层、景观高层等多种建筑形态带来多样化的人居选择；欢乐谷、都市娱乐商业、人文生态……让生活多姿多彩、无拘无束。质朴：特创生态建筑立面，首开建筑外观先河；舒适的空间感，让沉静与思考变成乐趣；人、自然、居所和谐融洽，生态蔓延至生活深处……我们收获了一湾淡泊的心境，忘却了生活的沉重与繁琐。浪漫：与繁华毗居、与自然为邻，湖泊、小岛、青草、蔓藤、野花诉说着理想人居的真谛，在这份尊重与闲适中，生活也变得惬意而浪漫起来。优雅：五星级水岸会所、水岸商业街、高品质教育、理想生活一应俱全；享受浓厚的人文熏陶，玩味艺术与时尚，让优雅成为一种自然的生活姿态。

成都华侨城多层组团景观设计主要以“自然+水+文化”为主题，组团三面环水，呈半岛形态，从而启发了设计师用自然流动的设计元素表达在景观的布局与特征上。这种流动的设计语言穿行于建筑设计之间，一方面提高了人行道的功效，另一方面弱化了建筑横平竖直的布局，加强了建筑与周边环境的联系，使人置身于自然之中，从而为居民带来归属感。流畅大气的公共区域设计，将居民及访客从小区各角落带到水岸，尽享半岛水资源环境。主要的核心绿地、庭院空间及水岸空间构成景观体系的三个层级，通过树林及建筑空间的围合形成各有特色的空间层次，满足居民日常生活的不同使用需求。景观配合雕塑展，在重点区域设置了永久雕塑展区，并相应地配置景观以烘托艺术雕塑，构成社区文化的亮点，响应华侨城地产的特色理念。

设计中自然流动的大坡地形成主形象，高大的乔木、大量干净的草坪形成主空间的景观特质。运用自然的乔木布局，自然、无修剪的灌木搭配形成自然干练的背景，开放的大草坪形成主要的活动空间，除去必要功能的道路外，少量的规整硬质场地与自然的环境形成对比。干净的草坪、四季变化的乔木与艺术雕塑相映成趣，优雅而宁静，并互换核心空间。

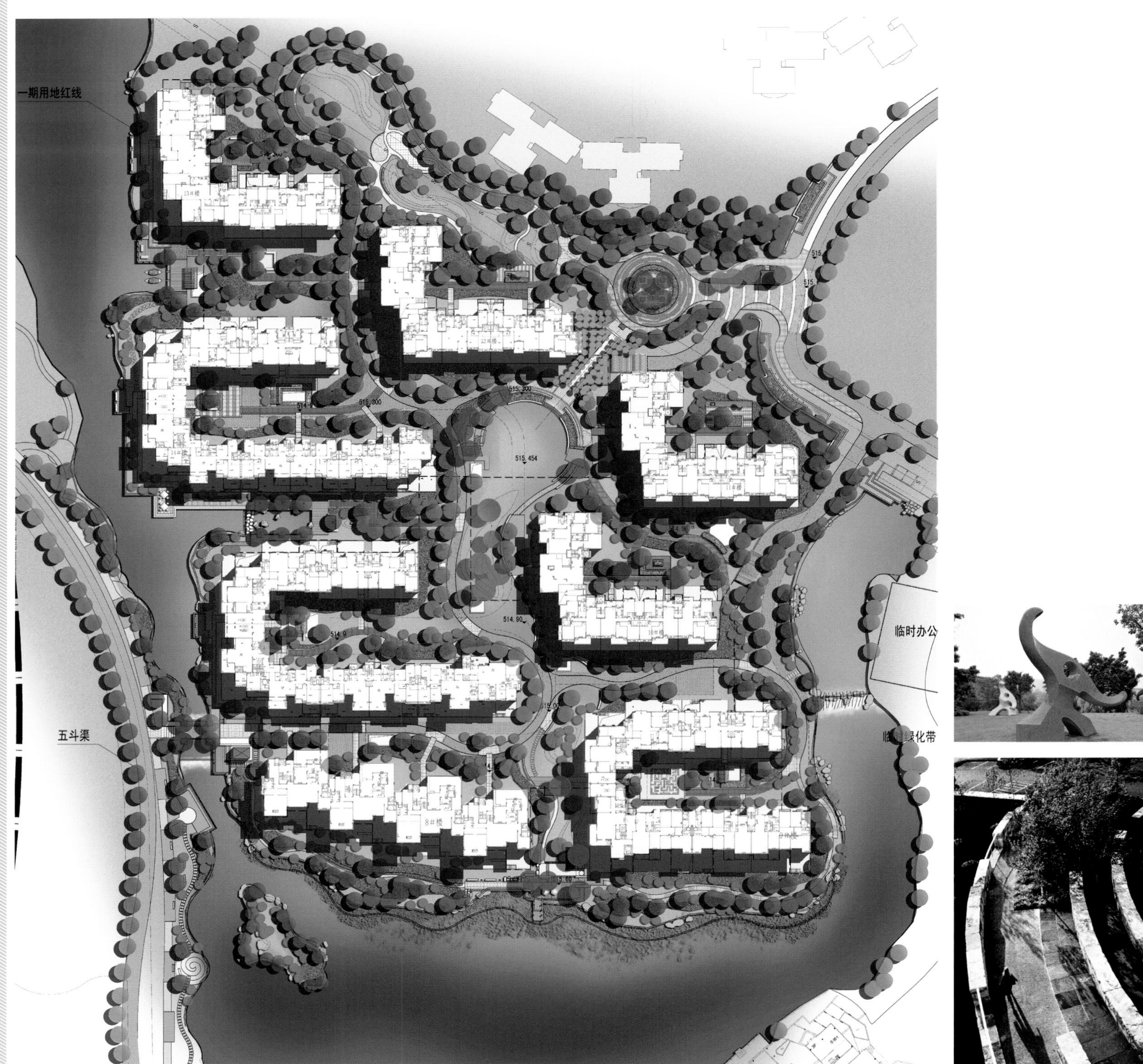

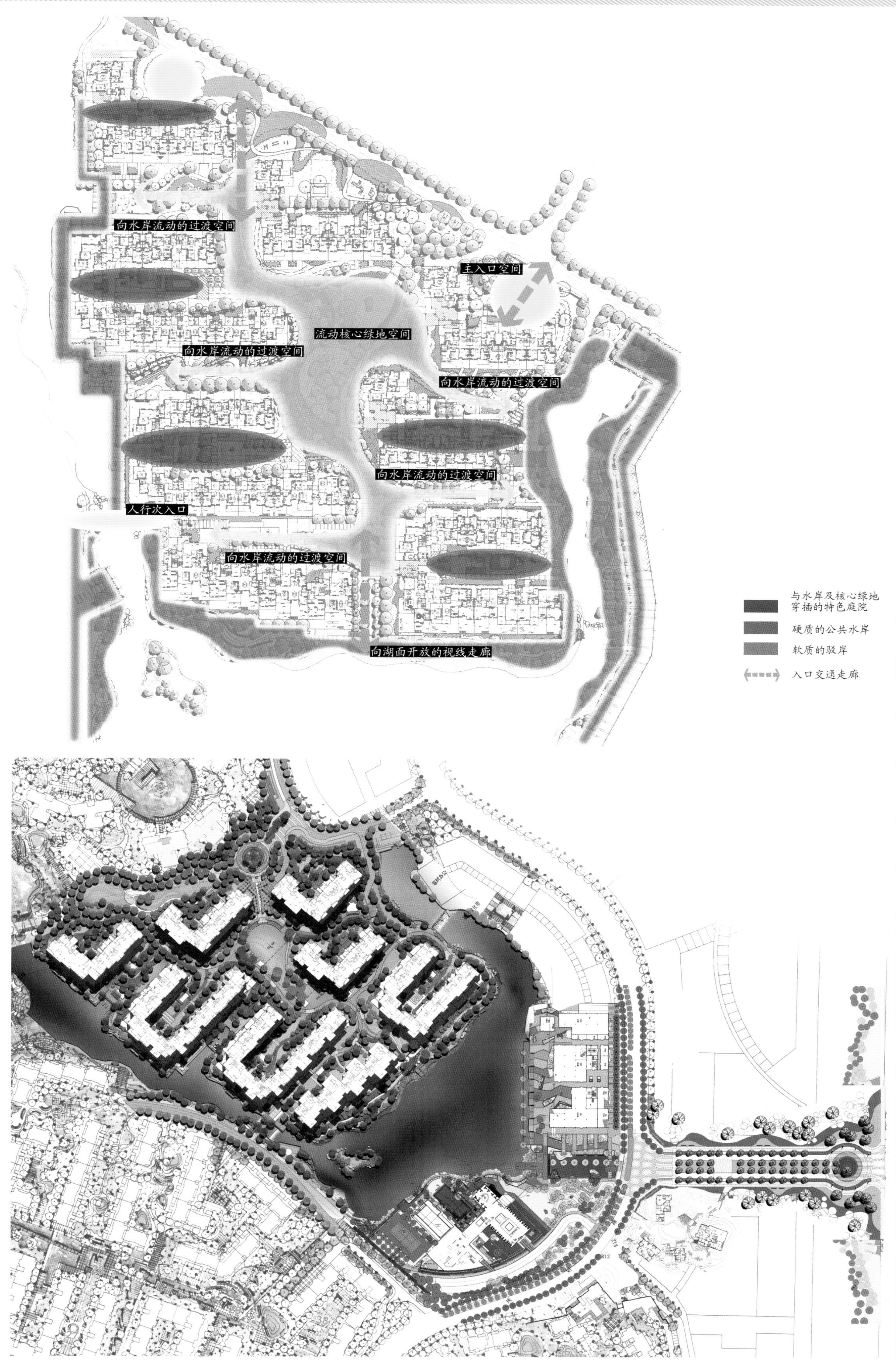
向水岸流动的过渡空间
主入口空间
流动核心绿地空间
向水岸流动的过渡空间
向水岸流动的过渡空间
向水岸流动的过渡空间
人行次入口
向水岸流动的过渡空间
向湖面开放的视线走廊
与水岸及核心绿地穿插的特色庭院
硬质的公共水岸
软质的驳岸
入口交通走廊

重要的硬质场地

焦点构筑物

空间视线走向

视线方向

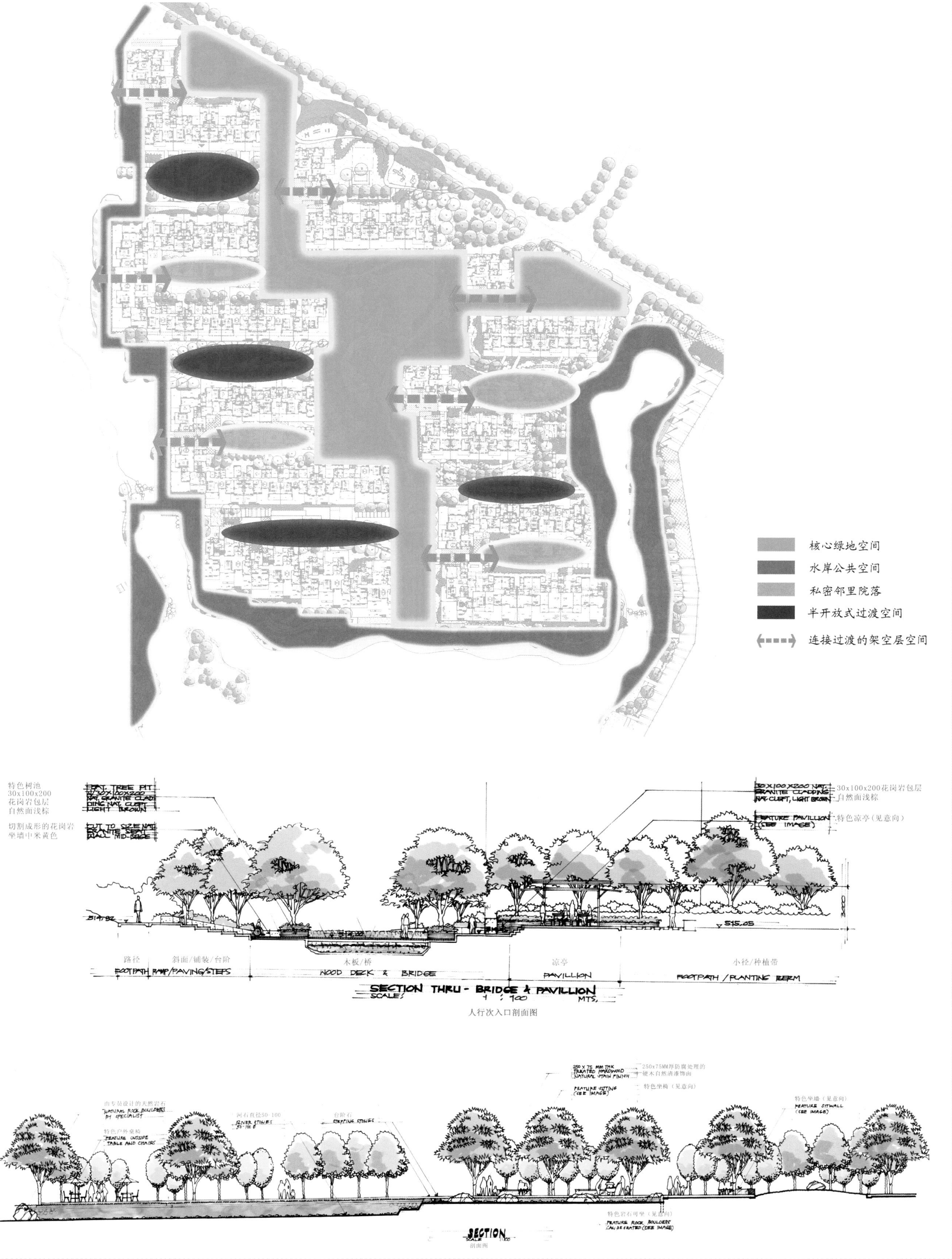

核心绿地空间
水岸公共空间
私密邻里院落
半开放式过渡空间
连接过渡的架空层空间
特色树池
30x100x200
花岗岩包层
自然面浅棕
切割成形的花岗岩
坐墙中米黄色
30x100x200花岗岩包层
自然面浅棕
特色凉亭（见意向）
路径
FOOTPATH
斜面/铺装/台阶
RAMP/PAVING/STEPS
木板/桥
WOOD DECK & BRIDGE
凉亭
PAVILLION
小径/种植带
FOOTPATH / PLANTING BERM
SECTION THRU - BRIDGE & PAVILLION
人行次入口剖面图
由专员设计的天然岩石
NATURAL ROCK BOULDERS BY SPECIALIST
特色户外桌椅
FEATURE OUTSIDE TABLE AND CHAIRS
河石直径50-100
台阶石
STEPPING STONES
250x75MM厚防腐处理的硬木自然清漆饰面
特色坐椅（见意向）
特色坐墙（见意向）
FEATURE SITWALL (SEE IMAGE)
特色岩石可坐（见意向）
SECTION
剖面图

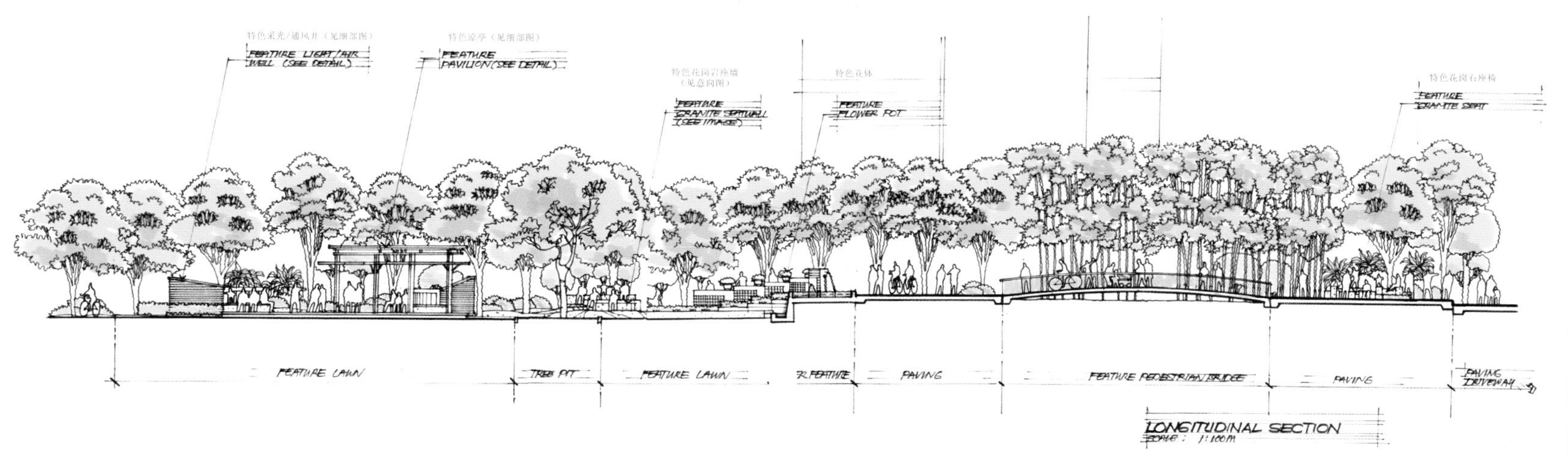
特色采光/通风井（见细部图）
FEATURE LIGHT/AIR WELL (SEE DETAIL)
特色凉亭（见细部图）
FEATURE PAVILION(SEE DETAIL)
特色花岗岩座墙（见意向图）
FEATURE GRANITE SEATWALL (SEE IMAGE)
特色花钵
FEATURE FLOWER POT
特色花岗石座椅
FEATURE GRANITE SEAT
FEATURE LAWN
TREE PIT
FEATURE LAWN
PAVING
FEATURE PEDESTRIAN BRIDGE
PAVING
PAVING DRIVEWAY
LONGITUDINAL SECTION
SCALE : 1:100M

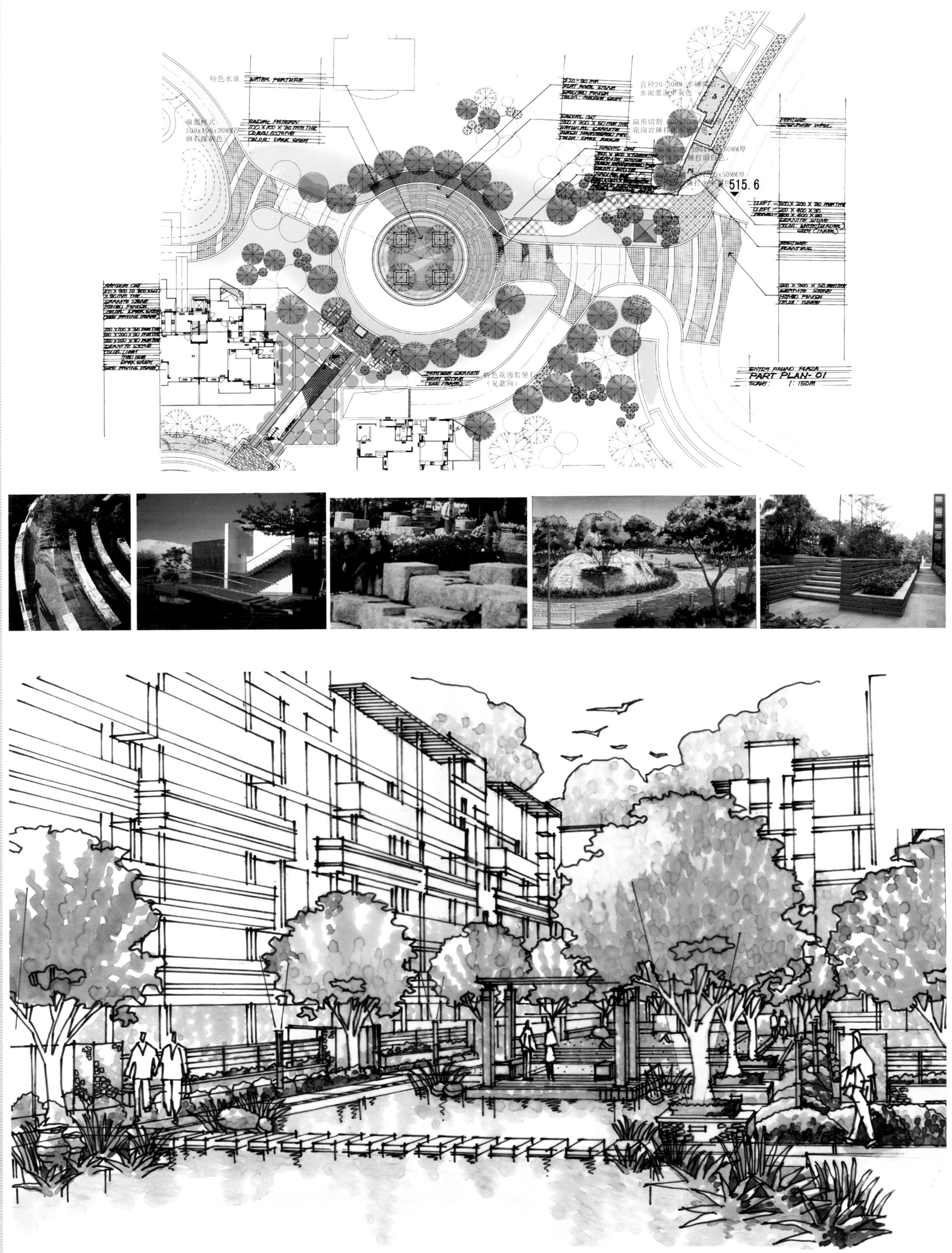
特色水景
WATER FEATURE
扇面样式
RADIAL PATTERN
100 X 100 X 30 MM THK
COBBLESTONE
COLOR: DARK GREY
直径20-30MM
水泥浆面中灰色
515.6
FEATURE
FEATURE
PLANTING
GRANITE STONE
ENTRY ROUND PLAZA
PART PLAN-01
SCALE: 1:150M

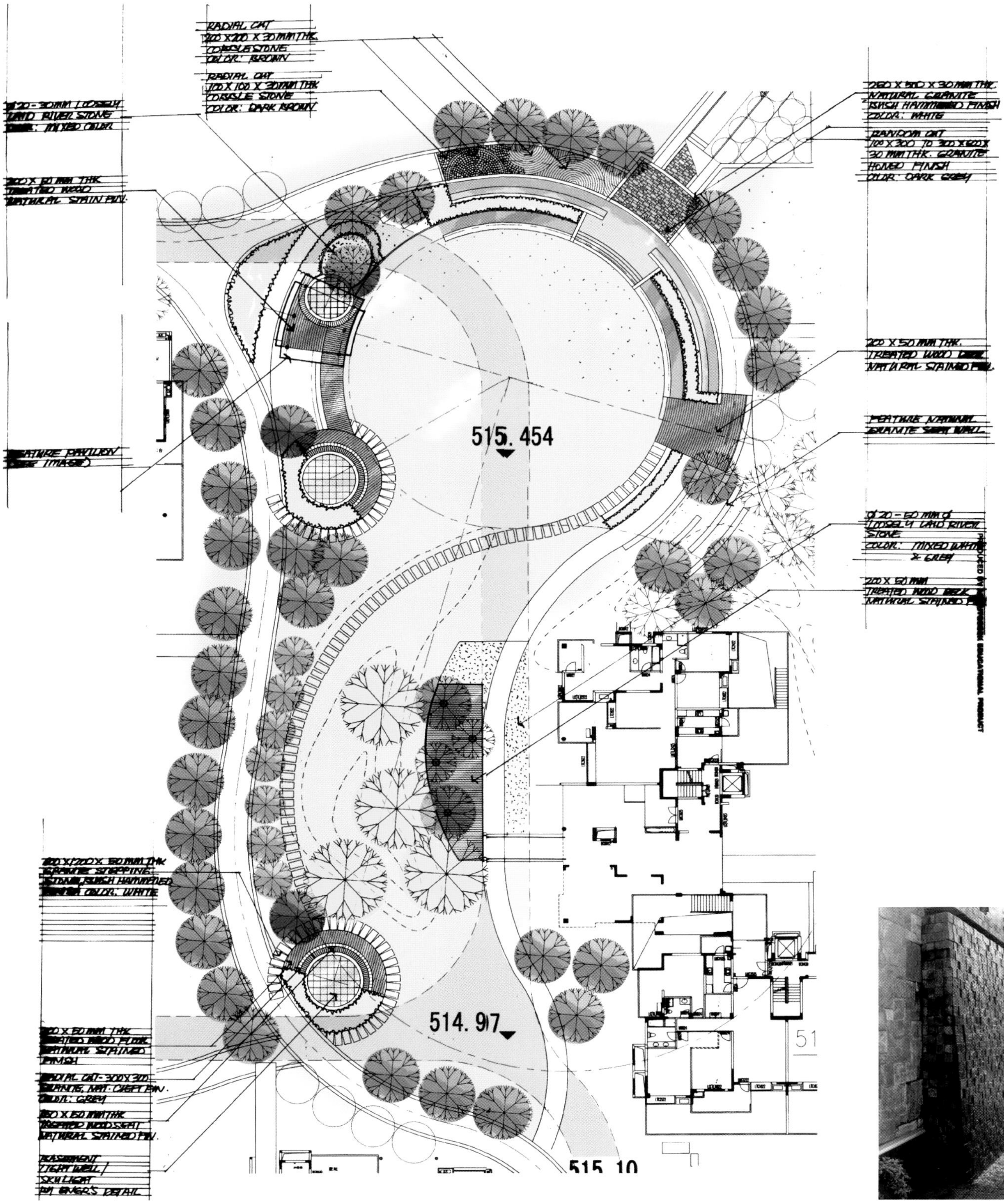

RADIAL CUT 200 X 200 X 30 MM THK COBBLESTONE COLOR: BROWN

RADIAL CUT 100 X 100 X 30 MM THK COBBLE STONE COLOR: DARK BROWN

Ø20–50 MM LOOSELY LAID RIVER STONE COLOR: MIXED COLOR

200 X 50 MM THK TREATED WOOD NATURAL STAIN FIN.

250 X 500 X 30 MM THK NATURAL GRANITE BUSH HAMMERED FINISH COLOR: WHITE

RANDOM CUT 100 X 300 TO 300 X 600 X 30 MM THK GRANITE HONED FINISH COLOR: DARK GREY

200 X 50 MM THK TREATED WOOD DECK NATURAL STAINED FIN.

FEATURE NATURAL GRANITE STONE WALL

FEATURE PAVILION

515.454

Ø20–50 MM Ø LOOSELY LAID RIVER STONE COLOR: MIXED WHITE & GREY

200 X 50 MM TREATED WOOD DECK NATURAL STAINED FIN.

200 X 200 X 50 MM THK GRANITE STEPPING BUSH HAMMERED COLOR: WHITE

514.97

200 X 50 MM THK TREATED WOOD FLOOR NATURAL STAINED FINISH

RADIAL CUT 300 X 300 GRANITE, NAT. CLEFT FIN. COLOR: GREY

150 X 50 MM THK TREATED WOOD SEAT NATURAL STAINED FIN.

BASEMENT LIGHT WELL / SKYLIGHT

515.10

深圳天安高尔夫珑园

项目地点：广东省深圳市
开 发 商：深圳天安数码城有限公司
景观设计：加拿大塞瑞（CSC）设计顾问公司
占地面积：35 045.54㎡
建筑面积：112 740㎡

毗邻高尔夫球场的独特景观和绿色主题为基地内景观设计的"绿色"主题与构思提供了优势，同时也为居民享受大型"前花园"提供了有利机遇。周边完善的商业、办公设施和其户外开放空间布局为本基地创造有趣而又丰富多彩的景观提供了有利机遇。规划中的现代建筑设计风格为形成独特与现代的景观主题和纹理提供了潜在机遇。新增加的户外活动设施与现有会所设施相结合，将成为本基地开发的优势与卖点。建筑的架空层为居民提供了户内外娱乐消遣和活动的过渡空间，将户外空间带进建筑，创造了景观新空间。

高尔夫珑园三期的景观设计灵感来源于澳大利亚的轻松闲逸的户外生活方式，将宽敞的开放空间与自然秀丽的景观相融合，营造现代都市环境的绿洲。

珑园的生活方式着重于户外的居住氛围的营造，这一理念强烈地贯穿于整个开发的景观设计中。通过对半私有和私有户外空间的多姿多彩的组合贯通，使居民和来访者真正享受到这一轻松的户外生活方式。

从最基本的布局到细部元素的设计，现代都市高尚居住环境和轻松休闲的生活方式在设计的每一细节中都体现得淋漓尽致。热带植栽与现代材料及设计的融合，以及对建筑的呼应，更展示了这种独特风格。

通过景观与建筑的和谐设计，打造一个创新独特的现代高尚居住环境；充分利用高尔夫球场的特有景观，使这一延伸的“绿色”主题成为本项目的亮点和卖点。与现有一、二期开发的公共户外空间的整合与协调，创造强有力的场所感和社区归属感。简洁有趣的现代景观主题和特色，与建筑风格相呼应。建立合理、层次分明的公共与私有开放空间。提供多层次的休闲娱乐机遇以满足不同年龄居民的需求，建立清晰的交通循环系统，并与周边的现有交通网络相协调。

一系列户外“房间”将成为本基地内室外空间的组成区域，共计七个区域，每个区域体现了不同的特色和形象，担负着层次分明的私有、半私有和公共共享空间的使用功能。

规划中的景观总体规划采纳了与相邻高尔夫球场类似的自由式开放空间设计，现代都市广场和林荫道的设计契合建筑风格与形式。一系列不同功能的使用空间，从架空层区的私有空间到大型公共草坪等可作社区交往、体育活动、娱乐、休闲消遣之用。多层次不同空间的设置以满足各个不同年龄层的使用者的要求。所有公共、半私有和私有空间的设计将达到高度可行性和安全性。

中信惠州水岸城二、三期

项目地点：广东省惠州市
开 发 商：中信惠州城市建设开发有限公司
景观设计：奥雅设计集团
景观面积：127 950㎡

本项目设计手法采用自然与现代结合的风格，丰富的道路曲线、功能广场与开阔的花园相结合，诠释景观环境的内涵和意境。主入口运用丰富的细节元素，即直线、弧线、简洁几何形体等，进行有机穿插，构成现代时尚、尊贵大气的空间感；水系景观设计以自然生态的手法为主，点缀现代元素，营造多样的临水空间和高品质的水岸景观；园区设计横向为曲线轴，动感而有节奏地划分景观空间，雅致而有序列地丰富景观层次，构成富有韵律动态美感的景观空间。

景观的构架延续建筑的布局形成带状的景观空间。别墅区设计成环水的“半岛花园”，因地制宜地彰显了别墅区的尊贵，半岛以北为“绿荫花园”，动感的曲线道路，结合微地形与功能空间相关联。同时将人防工程出入口巧妙地与设计结合形成景观两点，配置丰富而有层次的植物，创造一个“运动休闲”的理想去处。半岛以南为“水岸花园”，功能空间与水体结合的设计，水系依地势叠起，接展示区，连游泳池，临架空层，通过“桥”“亲水平台”“栈道”等形式将园区融会贯通。各类型的波岸景观及丰富的水系景观，装点园区，构成一个“生态休闲”的美好天地。

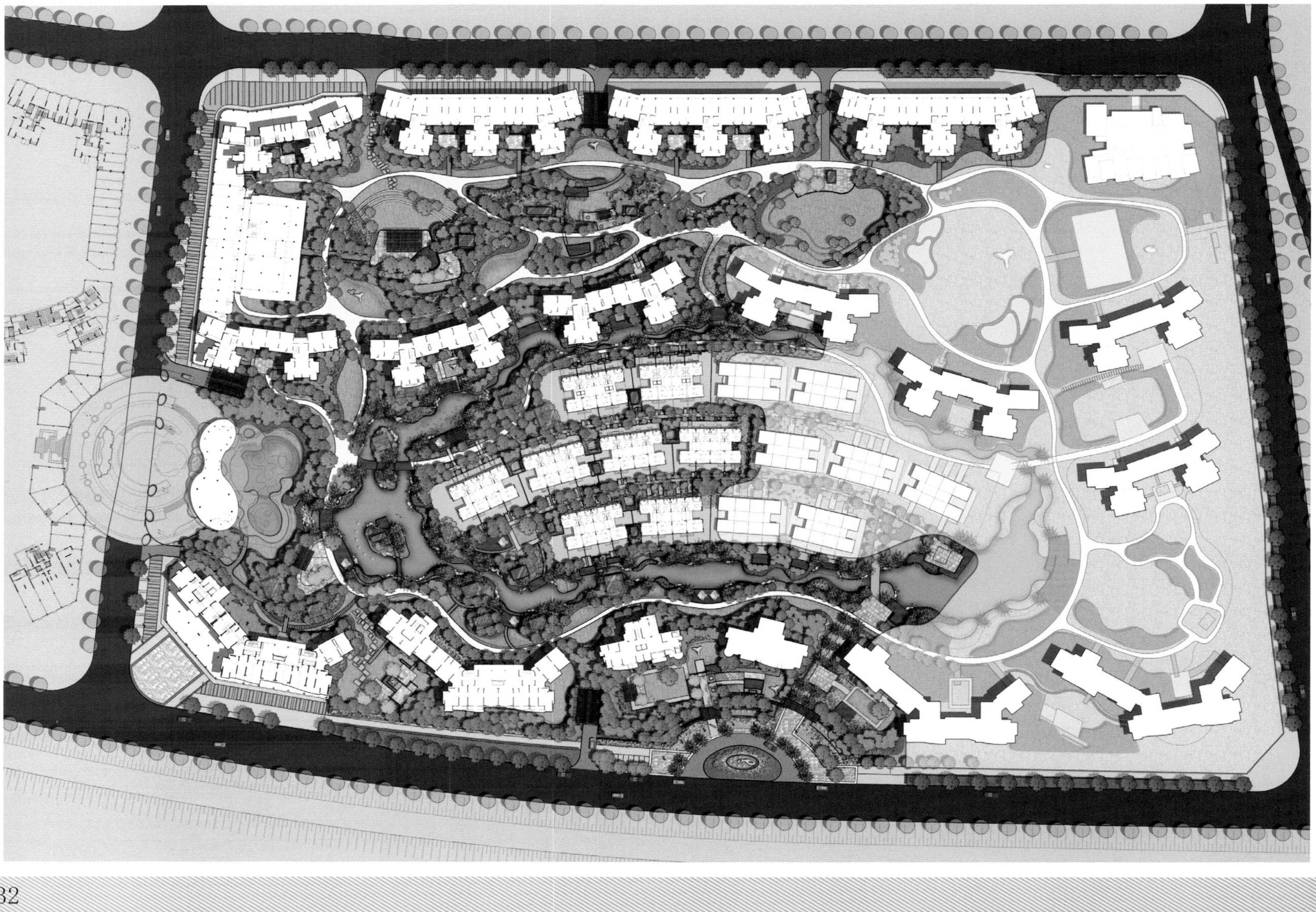

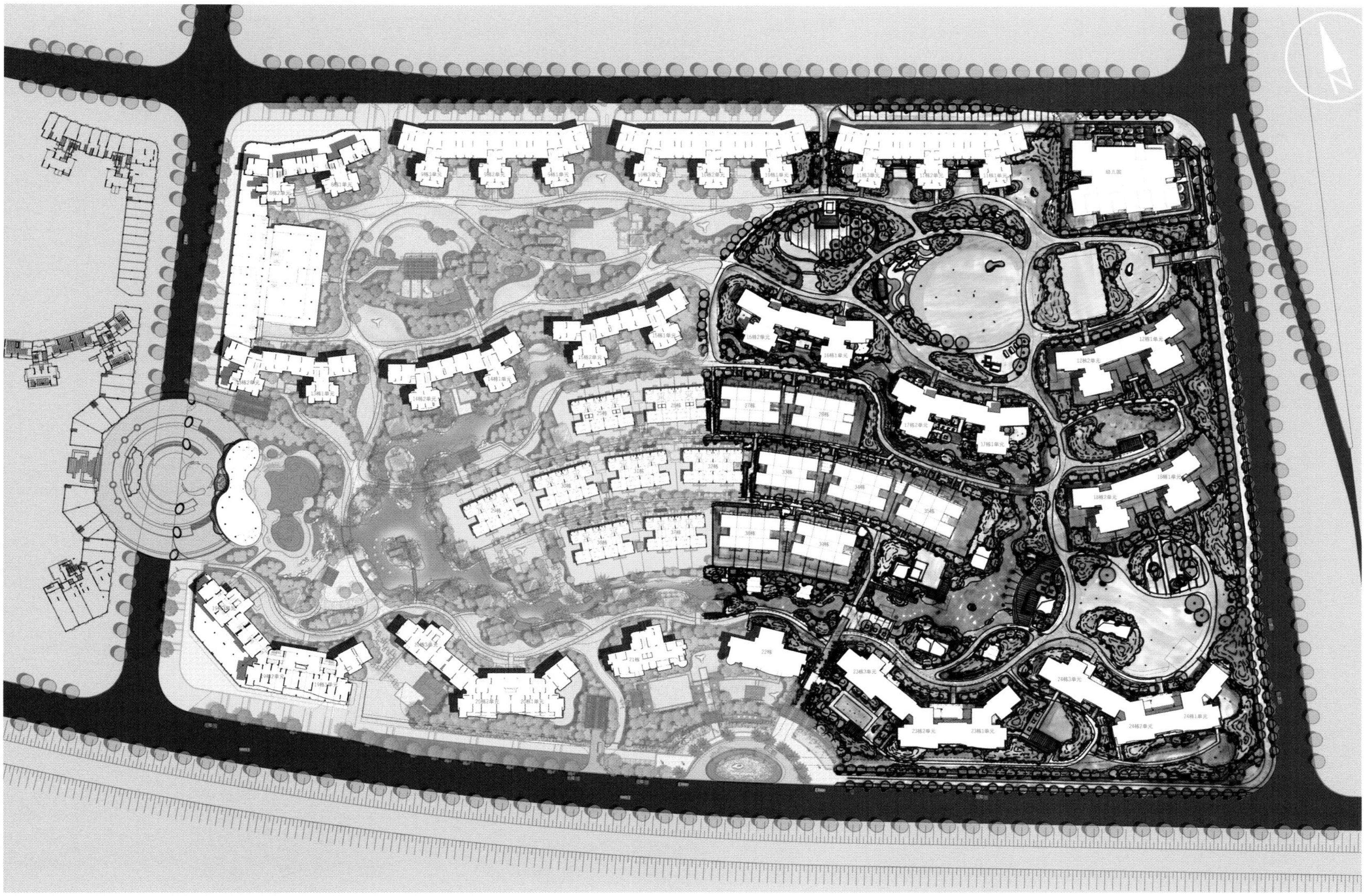

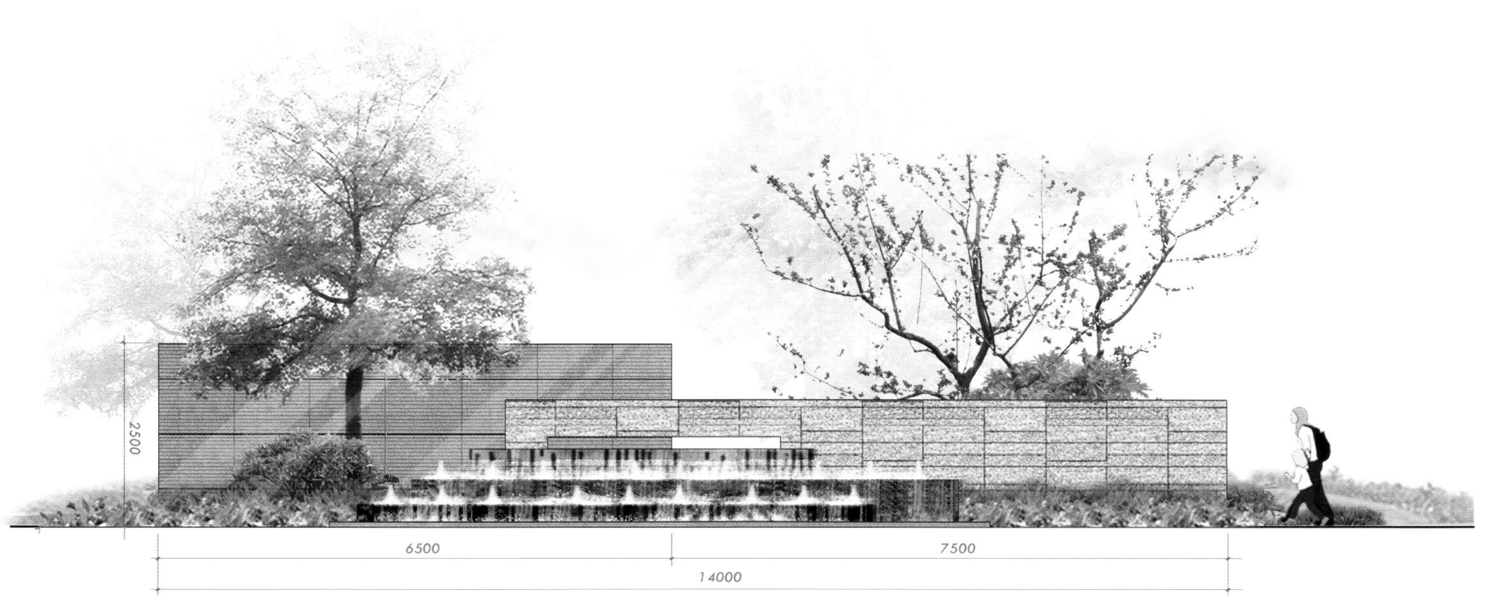
2500
6500
7500
14000

2011.3.7

2011.3.2

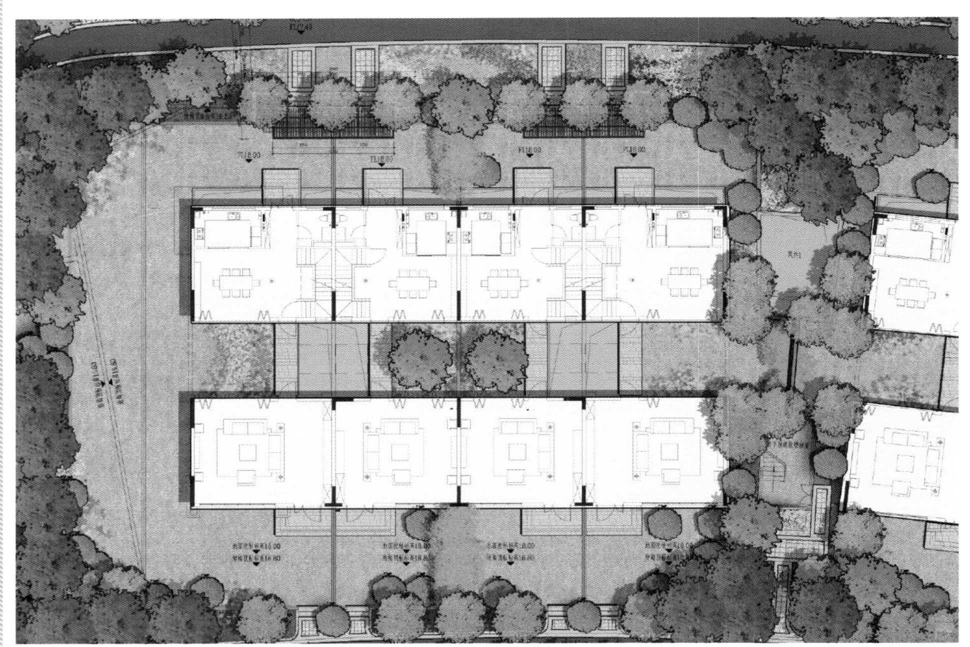

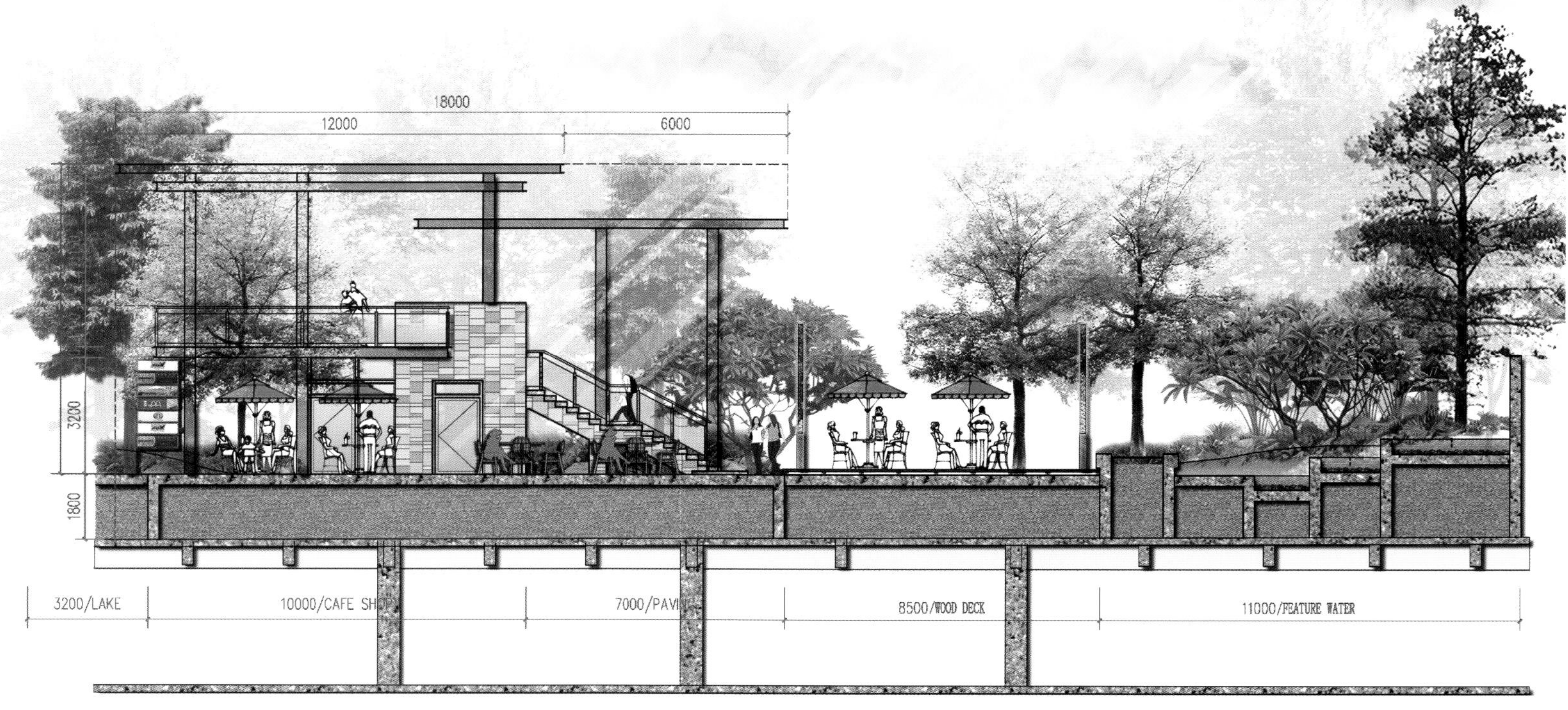
18000
12000
6000
3200
1800
3200/LAKE
10000/CAFE SHOP
7000/PAVING
8500/WOOD DECK
11000/FEATURE WATER

三亚凤凰水城酒店

项目地点：海南省三亚市
开 发 商：三亚凤凰水城开发有限公司
景观设计：奥雅设计集团
景观面积：约25 000m²

该项目位于海南著名的热带海滨旅游城市和海港城市三亚市，设计师们通过对当地独特的人文特质和环境特性的理解，创造出一个热带的、自然式的、高档的、时尚的现代景观。设计的思路是通过提炼海南风情元素和当地手工艺品的特点，并将这些景观元素与国际风格进行融合，再加上现代设计手法，营造独特的、多样的旅游度假体验与回忆。

使用三亚著名的风景元素：岛屿，沙滩，水与棕榈。

对基于本地文化的设计元素与细节进行改写，参照海南当地的黎族文化，对他们的建筑、艺术与手工艺品进行现代方式的、独特的演绎。这不仅使项目保持了原汁原味的本土文化，同时又显得与众不同。

制造了高低不同、错落有致的空间体验与景象，营造了一种“不识庐山真面目，只缘身在此山中”的景观效果。

通过强调部分景观元素与植栽，彰显主要的空间并突出了酒店到河流的主轴关系。

将整体空间分割成适合不同人群的特色空间，易于管理。

合理利用了项目前的河流，创造优美景观。

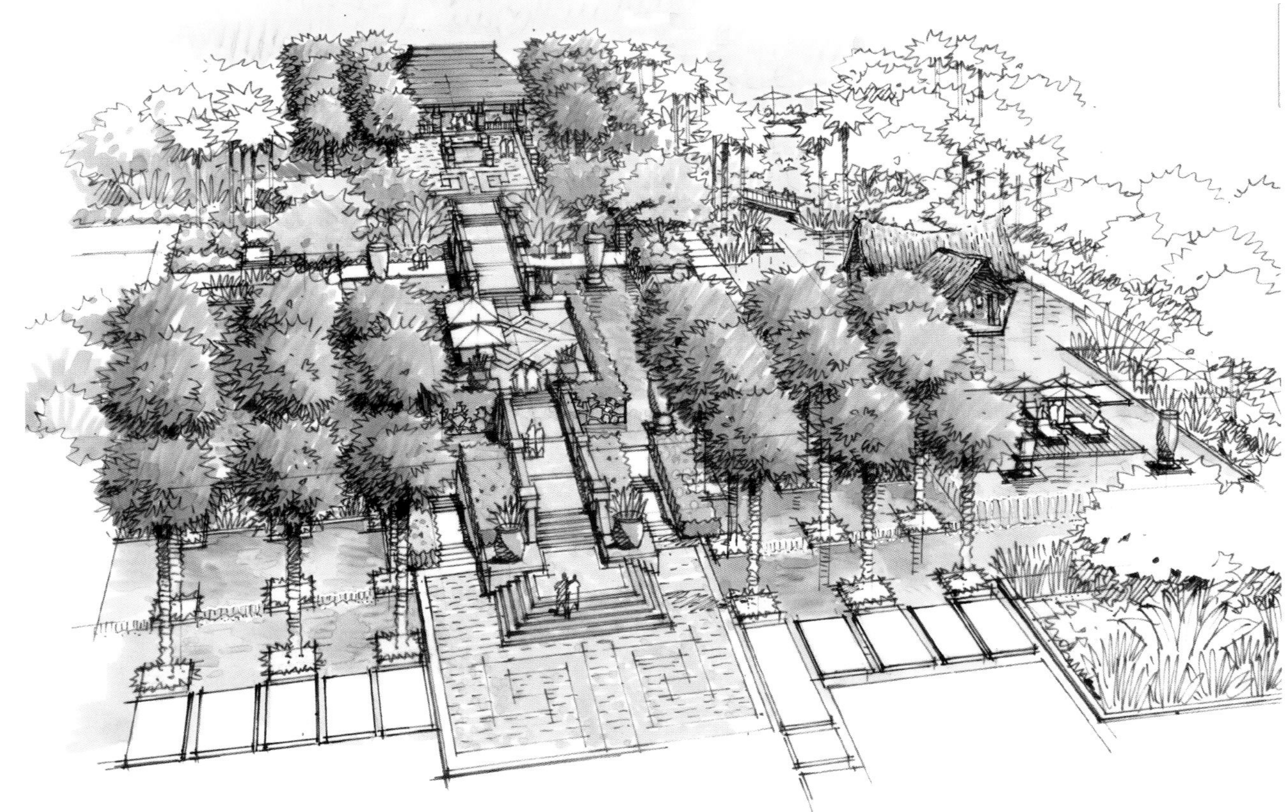

防城港龙光•阳光海岸

项目地点：广西壮族自治区防城港市
景观设计：香港RAW诺奥景观
主创设计师：陈文培

“融合的大花园”——大私家院落概念从大尺度的空间考虑，本项目运用“大景观”的设计理念，对地块现有的滨海、滨湖景观加以利用。与项目相邻的面积1000多亩的桃花湖，当地政府建设规划部门正在对其进行规划设计，将建设成为高品位旅游、休闲、生态文化公园。本项目在进行景观设计时，本项目与桃花湾公园衔接的地方，进行了楼盘景观与公园的衔接与渗透，客观上将两者融为一体，成为一个“融合的大花园”。从小尺度的空间考虑，在组团空间内，我们将打造这样的花园：细腻的手工装饰与自然的风景园林融为一体，将现代的冲击力与自然的婉约融为一体，将建筑形态与景观的整体风格融为一体，将各种经典园林要素融为一体，将每户别墅内与别墅外的景观融为一体的“融合花园”，这就是大私家院落概念。其中四大组团为：西南“神之惊叹组团”、东南“智慧园组团”、西北“海洋之心组团”、东北“征服者之路组团”。东边典型意大利地中海风格的向日葵船坞寓意东边是太阳升起的地方。

入口景观展现社区文化，是景观的初体验，是体现社区品质的重要载体，因此设计师强化了入口设计，让入口成为一个标志，彰显社区“建立一个山、水、城相融的可持续发展的绿色生态小区”的文化内涵，要做到每一个入口都与众不同。有自然曲折的入口空间，有充满现代感的入口空间，有直线与板块结合的入口，更有流水、植物、景石的设计元素，同时这些元素在细节上又相互统一，形成社区独特而统一的文化符号。入口处的珍珠贝壳造型是本案的标志性景观，经过恰当的提炼精简，甚至可以作为徽标，取意吸取天地日月之精华，凝结而成的具有灵气的珍珠。既然是吸收日月精华，就引出了作为主入口处的含有太阳神意味和铺装风格的“罗德岛广场”，其隐喻是地中海风情，因为地中海罗德岛上的太阳神巨像是世界七大奇迹之一。“罗德岛广场”东南方的商务花园区配套的水景取名“月亮湾”，商务花园的木步道取名“戴安娜曲线”，取意反映月神戴安娜女性的柔美。日和月、广场与水景、主与次，配搭出景观和入口珍珠贝壳徽标的文化内涵。浓烈的地中海风情在希腊神话传说的渲染下飘逸而出，景观的效果自然和谐。

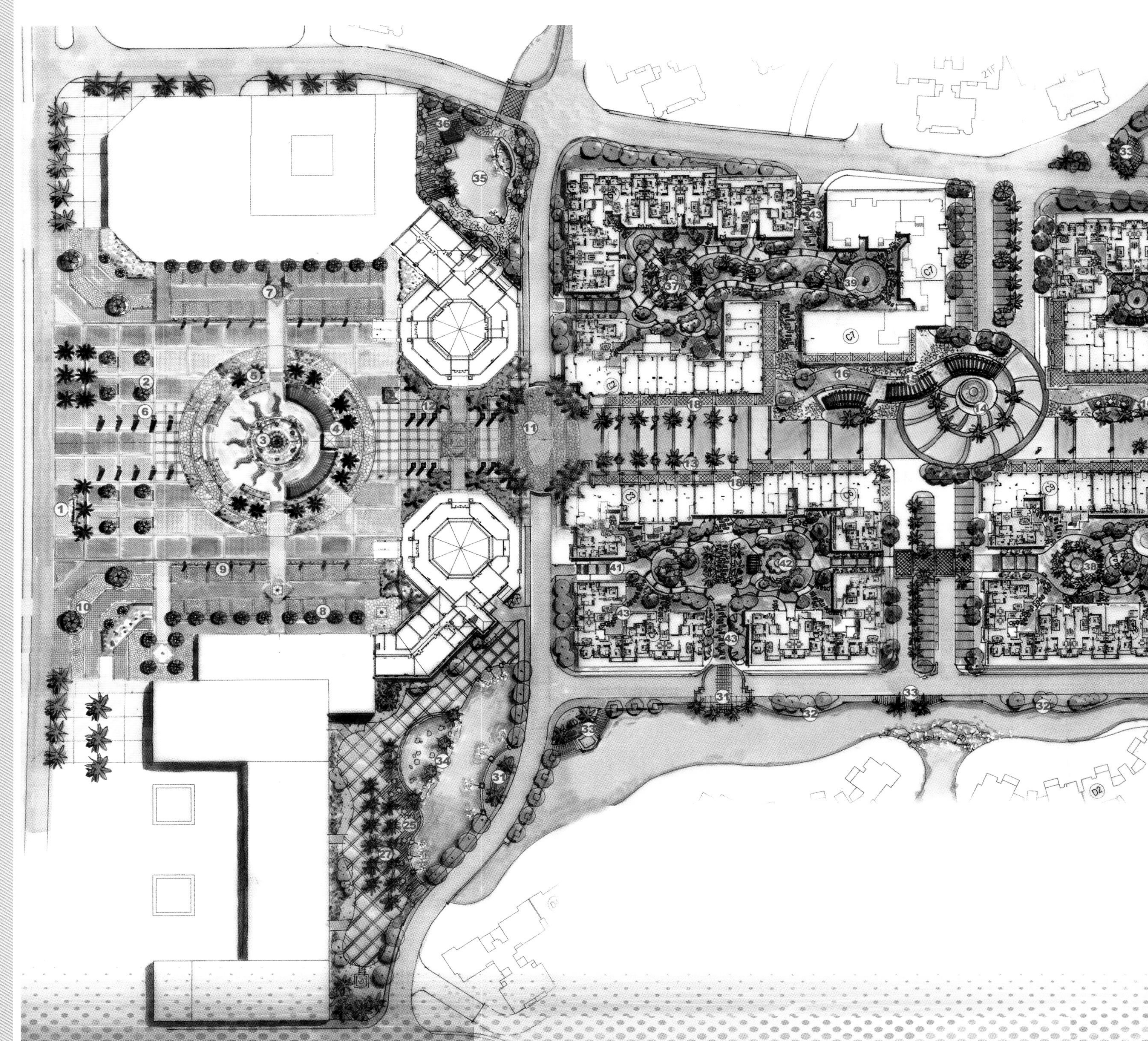

对于这个社区而言，上千亩的湖区是最有核心价值的风水宝地，对于景观布局而言，这是最大水面的汇聚，溪流在这里汇聚成湖面，碧蓝的海水也在另一个方向上遥相呼应。建筑业有句行话：风景越美的地方，建筑风格越趋于简单。同样，当窗前就是“看得见的风景”，“阳光海岸”的景观设计风格趋向于返璞归真，多个飘逸的观景木平台，铁艺、陶砖、马赛克的拼饰等，无一不在传达着一个信息：她天生丽质，所以无须娇饰，有这么多天然的美景，只要提供一个驻足欣赏的平台足矣！蓝天、蓝海、银沙滩，绿油油的坡岸上摆放精致的茶桌、藤椅，塑造出本项目别具特色的地中海风情景观。

东北角的会所景观由于处于本社区的收官位置，在地理位置上和入口处相呼应，在神话传说中也和入口处呼应，为希腊的水瓶座。在古星学起源的地中海地带，每当水瓶座处于上升期，便是雨季。水在很多古代文化中，代表的是大智慧。正因为水瓶座的这个特点，很多人会误认为水瓶座属于水相星座，而实际上水瓶座是一个风相星座，它最能代表风的气质，自由散漫，无拘无束，是最典型的自由崇拜者，而且充满了浪漫主义色彩。这正是我们社区会所需要的氛围，也是会所需要传递给业主的信息，也切合了“我们做的是一个旅游业，一种居住像度假一样惬意的感觉”的主题。具体的表现手法是，沿着会所西南侧布设水景，透过会所宽大的玻璃幕墙，可以看到一片持瓶使者，代表水瓶星座的智慧之泉缓缓流淌而出。一边是简约的木栈道，一边是白色粉饰的地中海风格景观桥，装饰元素简单舒适、远离浮华。“地中海”的装饰特征与当地人的生活方式密不可分，极简蕴含着更多内涵。时间应当被用来享受更多快乐，装饰的首要目的是保证生活的舒适度，在此基础上再做到简单明了。

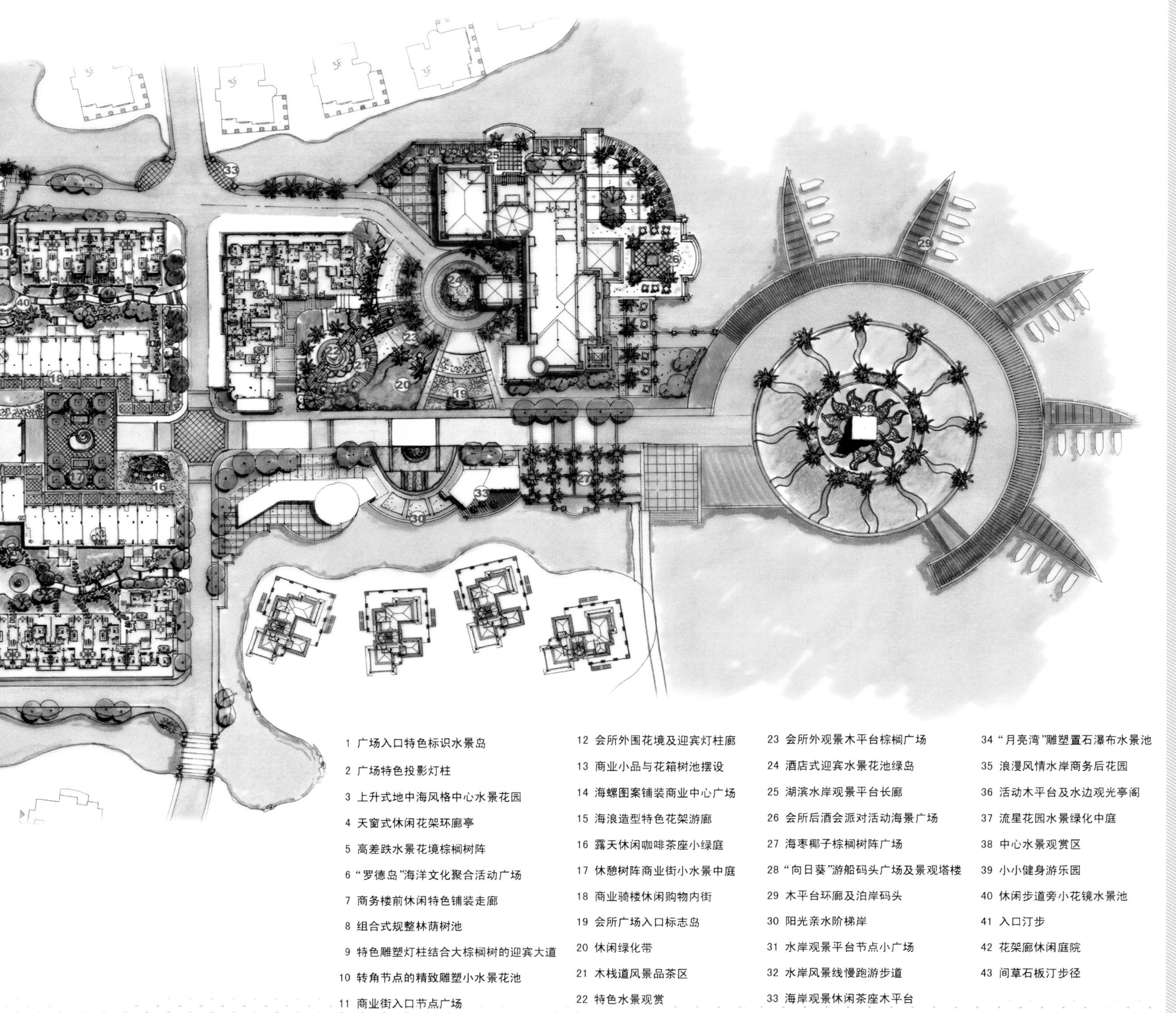

阳光海岸
龙光地产

由入口及横向贯通街区引出了两条以植物造景为主的植物波浪景观轴。这是植物与景墙、人与自然美的结合，凝聚了社区文化、居住文化、土地文化。同时植物波浪与景墙可以弱化道路带来的嘈杂，保证社区的安静，同时满足景观效果。用灌木围合起了波浪式的组团植物景观，结合交错的乔木，形成跳跃式的流动感与韵律感。地中海风格的灵魂，目前比较一致的看法就是"蔚蓝色的浪漫情怀，海天一色、艳阳高照的纯美自然"。地中海青藤缠绕，开放式的草地、精修的乔灌，地上、墙上、木栏上处处可见的花草藤木组成的立体绿化，是地中海式花园最大的特点。

另外，水景也是地中海风格花园非常注重的一个关键设计。公元8世纪，阿拉伯人征服西班牙，带来了伊斯兰的园林文化，结合欧洲大陆的基督教文化，形成了西班牙特有的园林风格。水作为阿拉伯文化中生命的象征与冥想之源，在庭院中常以十字形水渠的形式出现，代表天堂中水、酒、乳、蜜四条河流。在本项目中我们以引入千亩湖水的钻石水轴为南部依托，配合散布全区的各人工水景，实现了水景的丰富多样性，也实现了水景天然与人工的结合、自然式与规则式的结合，让社区趣味横生、活跃而富有生气。

吴江金科廊桥水乡

项目地址：江苏省吴江市
项目委托：重庆金科房地产有限公司
主创设计师：丁 炯
项目面积：196 500㎡

依据地产商对该项目景观风格的定位，由示范区的北美风格与非示范区的托斯卡纳风格相结合，整个设计由此而展开。北美风格源自欧洲，由于移民主义文化影响，其实质为一种混合风格，以简洁明了的景观（如大草坪）为主导；而托斯卡纳，是意大利最美的地方，一说起它，便令人想起沐浴在阳光里的山坡、农庄、葡萄园……

小区左侧为原有河道，环绕一圈密林围合，隔绝道路上的尘嚣的同时更引人入胜。示范区的会所是一栋典型北美风格的建筑，大窗、阁楼、坡屋顶，这一区域的景观布局，别出心裁地将入口放在整栋建筑的右侧而不是正对着建筑的主入口，一来可以避开从桥上驶车进入会所的压力，使会所正门前成为一个独立的小广场不影响人群活动；二来直接与停车场相接，达到了人车分流的效果。会所区域内景观简洁大方、区域明显、功能明确，细节如喷水雕塑、景观灯等都相当考究。别墅群的景观不做过分的修饰，只是依靠建筑本身的北美风格结合宅前的绿地与植物而展现，临近河道的密林既修饰了河岸线又给整栋别墅群以一定的围合感。整个小区最大的亮点便是基址本身临近河道，加上区内两条蜿蜒的人工河，使得该项目无愧于“廊桥水乡”之名。非示范区的高层建筑区域便由第二条人工河一分为二。该区依据意大利托斯卡纳的田园风格，将其精髓融合在林荫、喷泉、壁饰、铁艺等细节之中。道路的划分注重线条的自然蜿蜒；广场的设计注重对称的线条；小节点的位置都仔细布置安放在人流汇集之处，较道路两边的林荫而言都多展现出开放的空间；大块草坪的引入，不但给人以开阔之感，更拓宽了各节点的活动范围，为该区域密集的住户人群提供了空间。

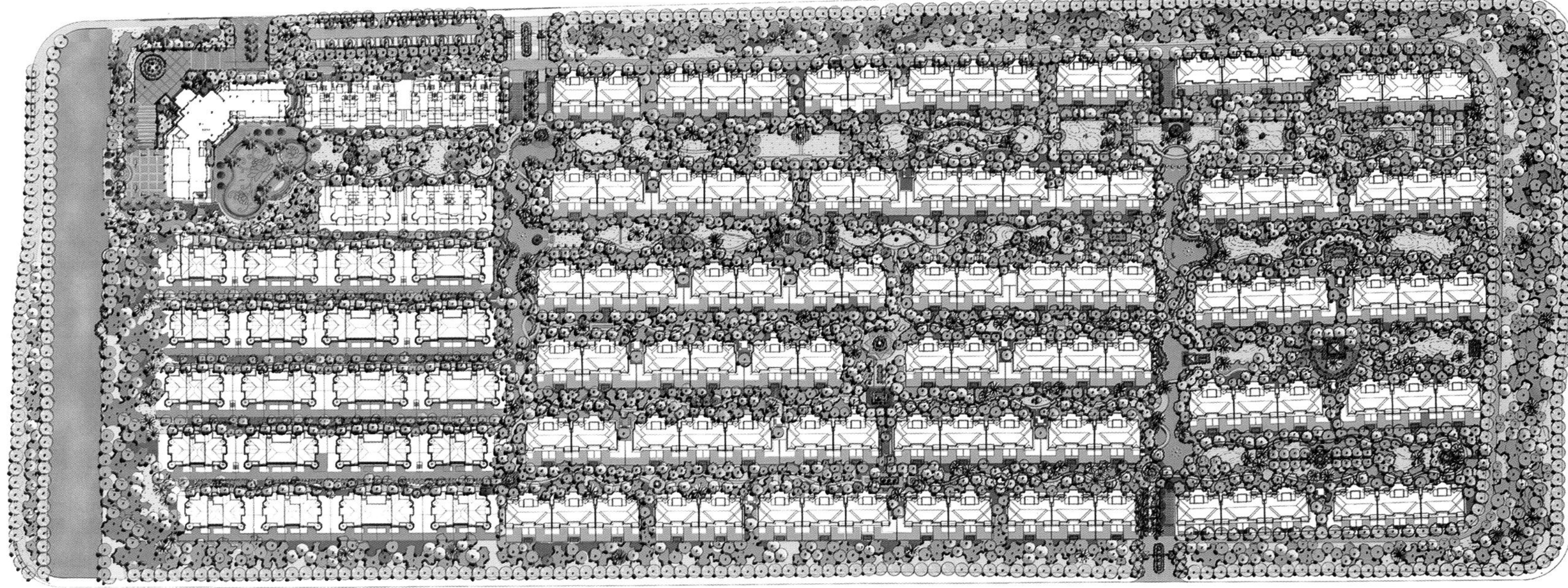

吴江金科 廊桥水岸

北美风格与托斯卡纳风格交汇的地方便是第一条人工河两岸，这不仅是建筑风格的跨越，也是景观的过渡。水的流动亲近之感很好地融合了两者，蜿蜒的河道使得变化趋于丰富多彩，两岸的植物，由草地到灌木和乔木，无不悉心考究，层层布置，既起到了很好的分割效果同时又是很好的围合；河流宽的区域正处于楼距之间，植被的空间效果也使之成为一块小小的湖区，配上精致的硬质水景节点，别有风味。第二条人工河划分了非示范区，与第一条人工河及原有河道遥相呼应，贯穿整个园区，值得注意的是，该河流两岸的楼房横向位置有所错落，继而左片区的节点正好对着右片区的高楼，植被的种植缓解了这一点。节点也从两边上延伸出桥横跨河流，既将人们的注意力往两边吸引，同时也将各个节点串成一个整体。

小区中两条人工河以及与会所相连的宅间景观长廊带构成了三大景观主轴，而由于楼房的井然有序形成了另外四条景观次轴。主轴上，是流淌的河水，充满动的韵律；次轴上，是绵延的小径、亭子、廊架……在郁郁葱葱的树木中若隐若现，给人以安详。漫步其间，移步易景，风吹着枝叶摇动伴着潺潺的水声，莺歌燕舞，或是休憩或是玩耍，花香果红。四季变化，变的是景观、心境，不变的是“廊桥水乡”带给你一种异域乡间风情，一种家的归属之感。

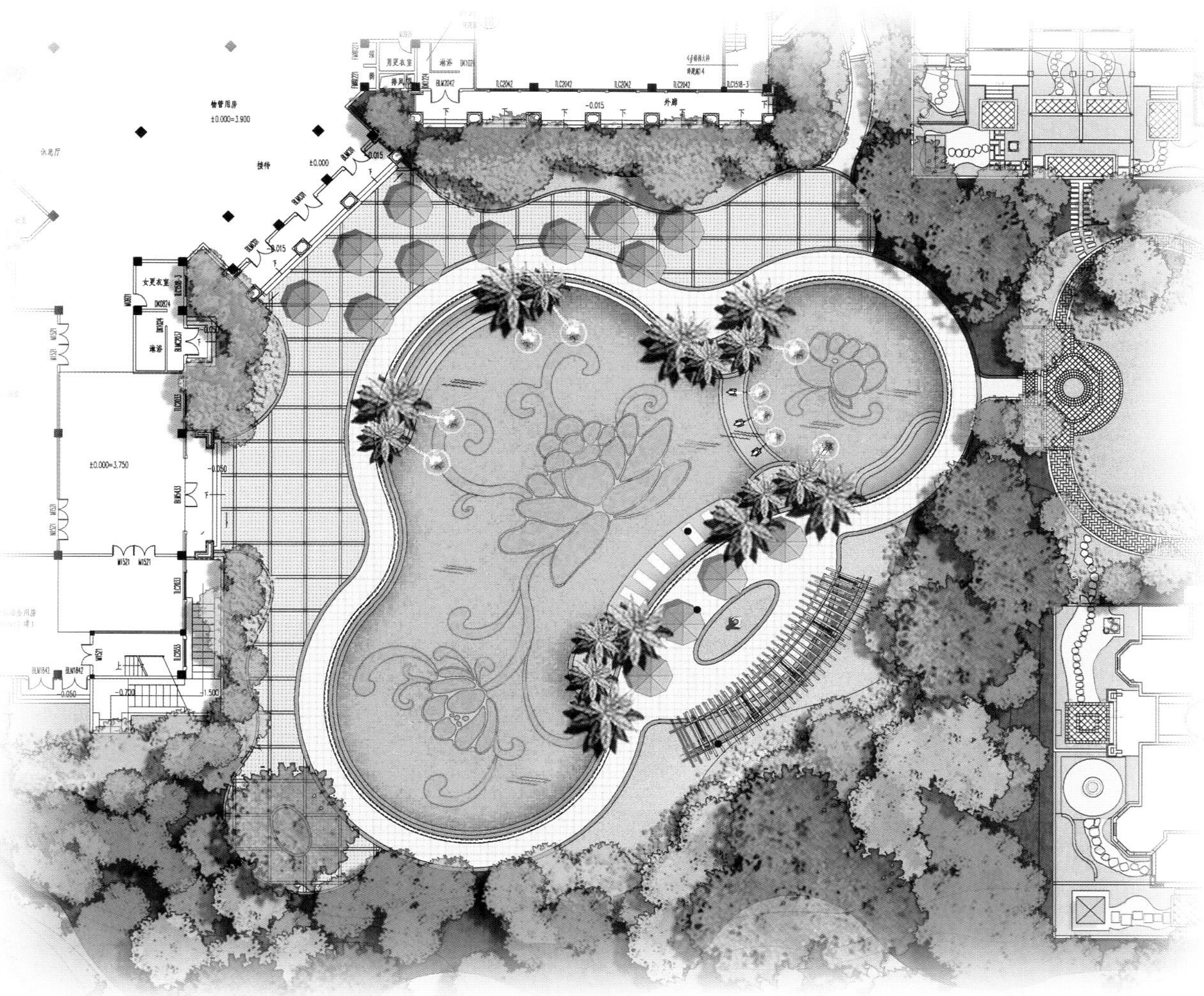

THE POEM OF RIVERSIDE
金科·廊桥水岸

再想象

抚顺万科金域蓝湾

项目地点：辽宁省抚顺市
开 发 商：抚顺万科房地产开发有限公司
设计单位：瑞典SED新西林园林景观有限公司

本项目主轴景观布局沿中轴线展开，并通过回廊大台阶等泰式景观元素在竖向上形成双层立体架空景观环境，架空景观融入酒店大堂式的高尚精品格调，色彩的运用上则以宗教色彩浓郁的暖色调深色系为主，如深棕色、褐色、庙黄色及金色等，令人感觉沉稳大气；在尺度或空间上凸显气势，展现主轴景观的高贵、典雅、精致的品质生活空间。

由南湖引水从项目内通过，采用明渠形式而自成峡谷景观。此处以植物、景示置石、泰式景观小品为主要元素，塑造自然生态的环境，使得住户感受到来自大自然的野趣。连接峡谷景观的亲子乐园是快乐的开端，更有海盗船、人造热带雨林景观。滨湖公园人工生态湖景观，坐拥完美湖光春色。湖边跑道、绿野漫步道、亲水平台等的设置强调设计以人为本的原则，体现居民的参与性和互动性。

小高层景观区内绿地面积相对较少，空间尺度小，因地制宜地打造小尺度的庭院空间，营造亲切宁静、舒适自然质朴的庭院空间，作为住户活动最为频繁的场所，将赋予景观品质感和舒适的生活环境。超高层组团的建筑密度相对较低，以形成社区内大型集中的组团景观，景观节奏开合有度，形成有韵律感的景观空间，无论是空间打造还是细节装饰都具备泰式风情的自然、健康和休闲的特质，展现泰式风情的浪漫和惬意。滨湖别墅及超高层景观组团借助滨湖体育公园天然景观资源，阳光、草坪、大树、湖景、泰式小品和别墅完美融合其中，为别墅景观营造出“慵懒”、惬意的慢生活节奏及休闲度假之感。

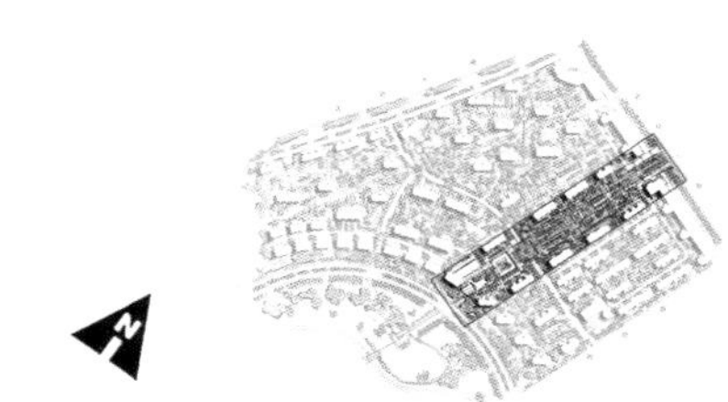

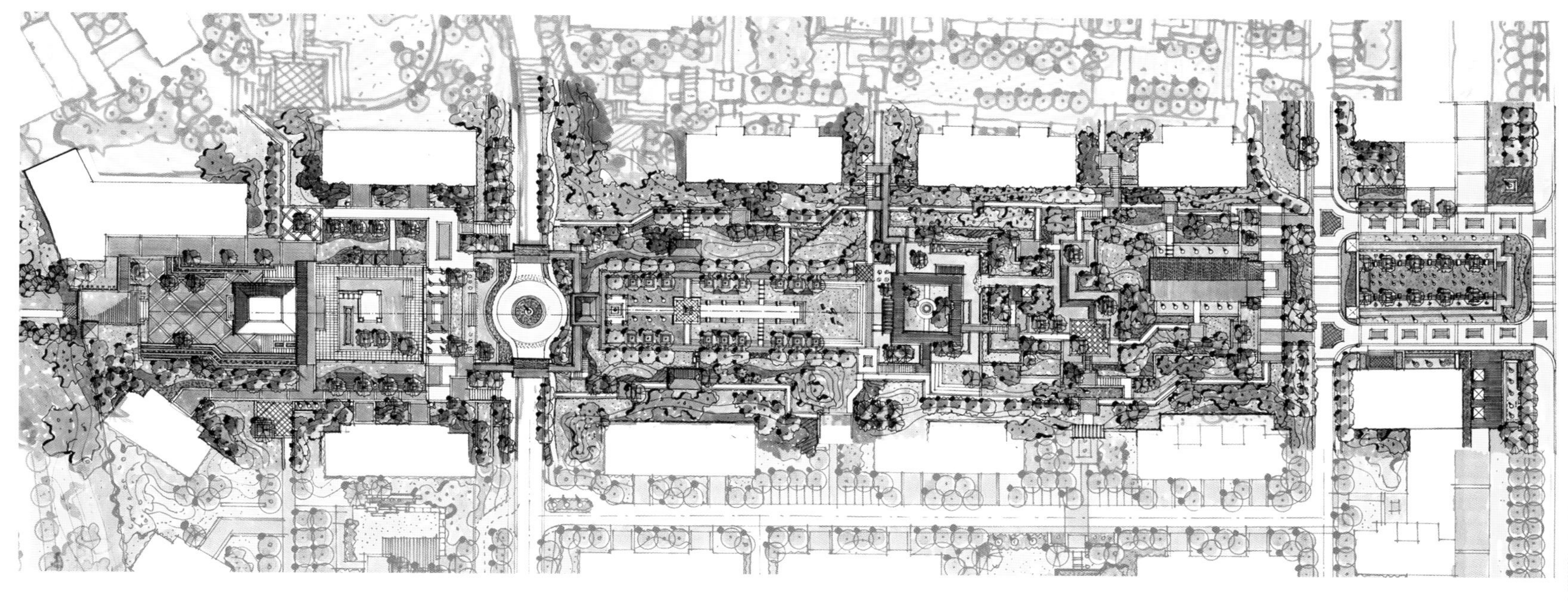

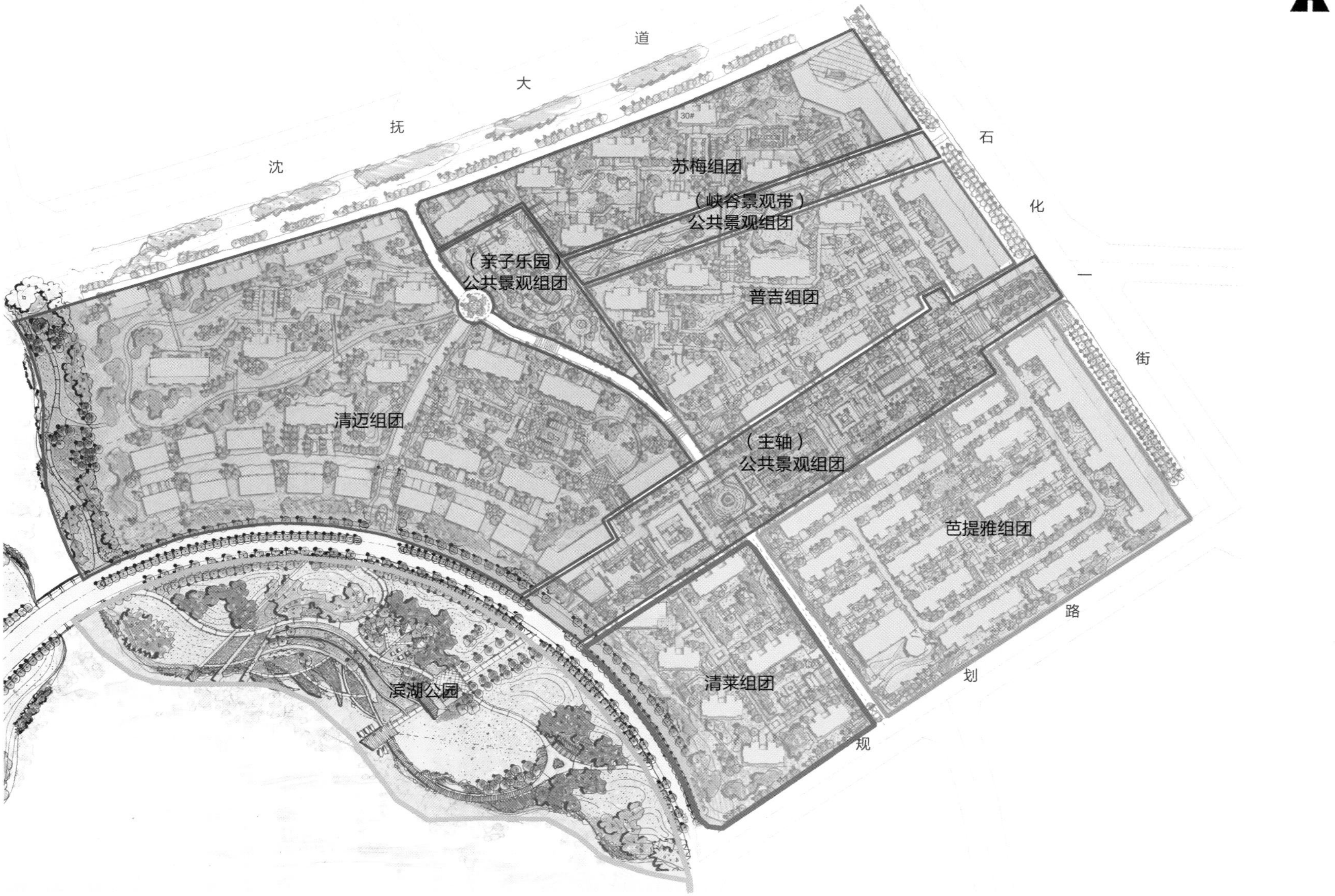

沈抚大道

石化一街

规划路

苏梅组团

（峡谷景观带）
公共景观组团

（亲子乐园）
公共景观组团

普吉组团

清迈组团

（主轴）
公共景观组团

芭提雅组团

清莱组团

滨湖公园

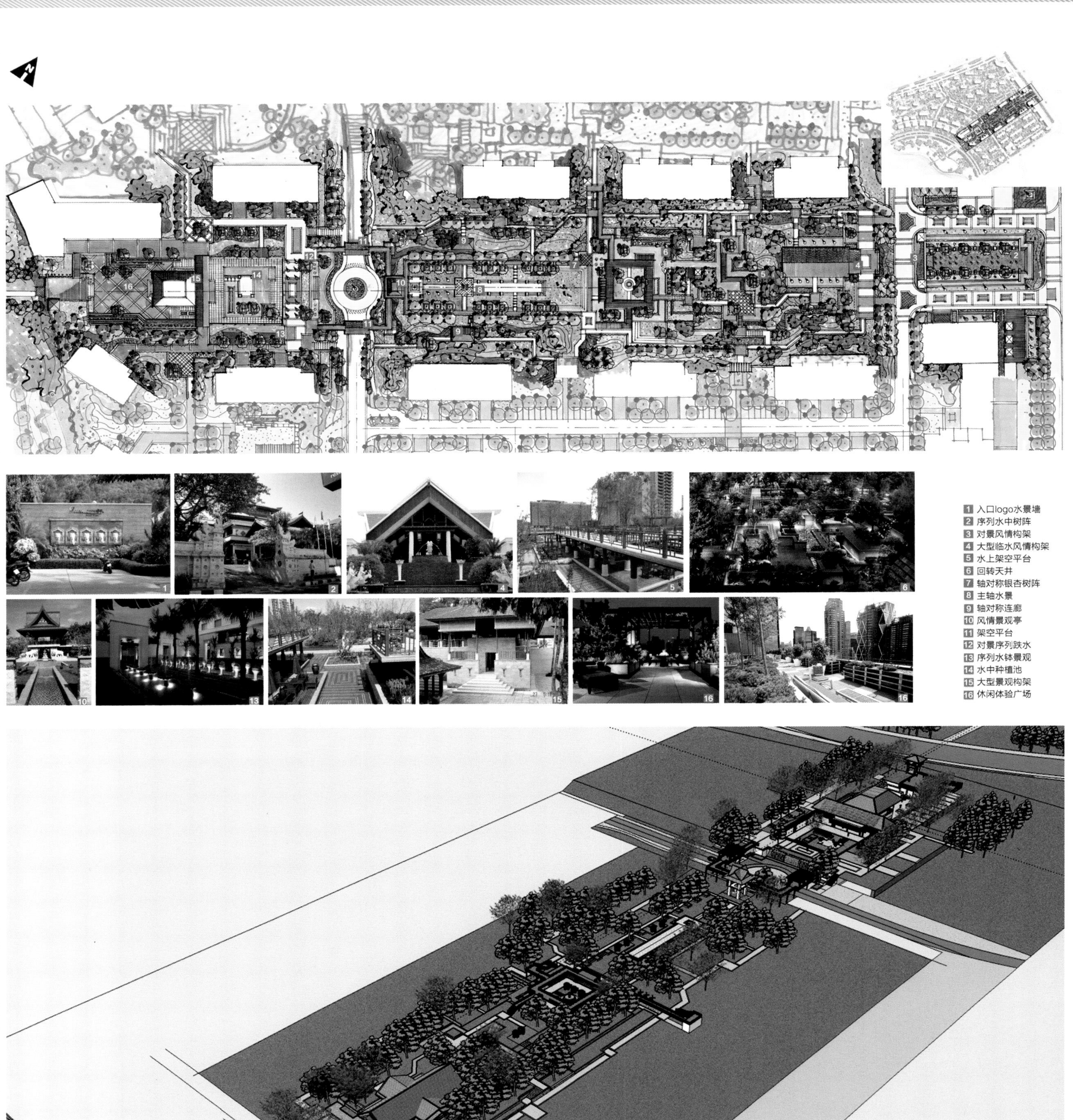
1 入口logo水景墙
2 序列水中树阵
3 对景风情构架
4 大型临水风情构架
5 水上架空平台
6 回转天井
7 轴对称银杏树阵
8 主轴水景
9 轴对称连廊
10 风情景观亭
11 架空平台
12 对景序列跌水
13 序列水体景观
14 水中种植池
15 大型景观构架
16 休闲体验广场

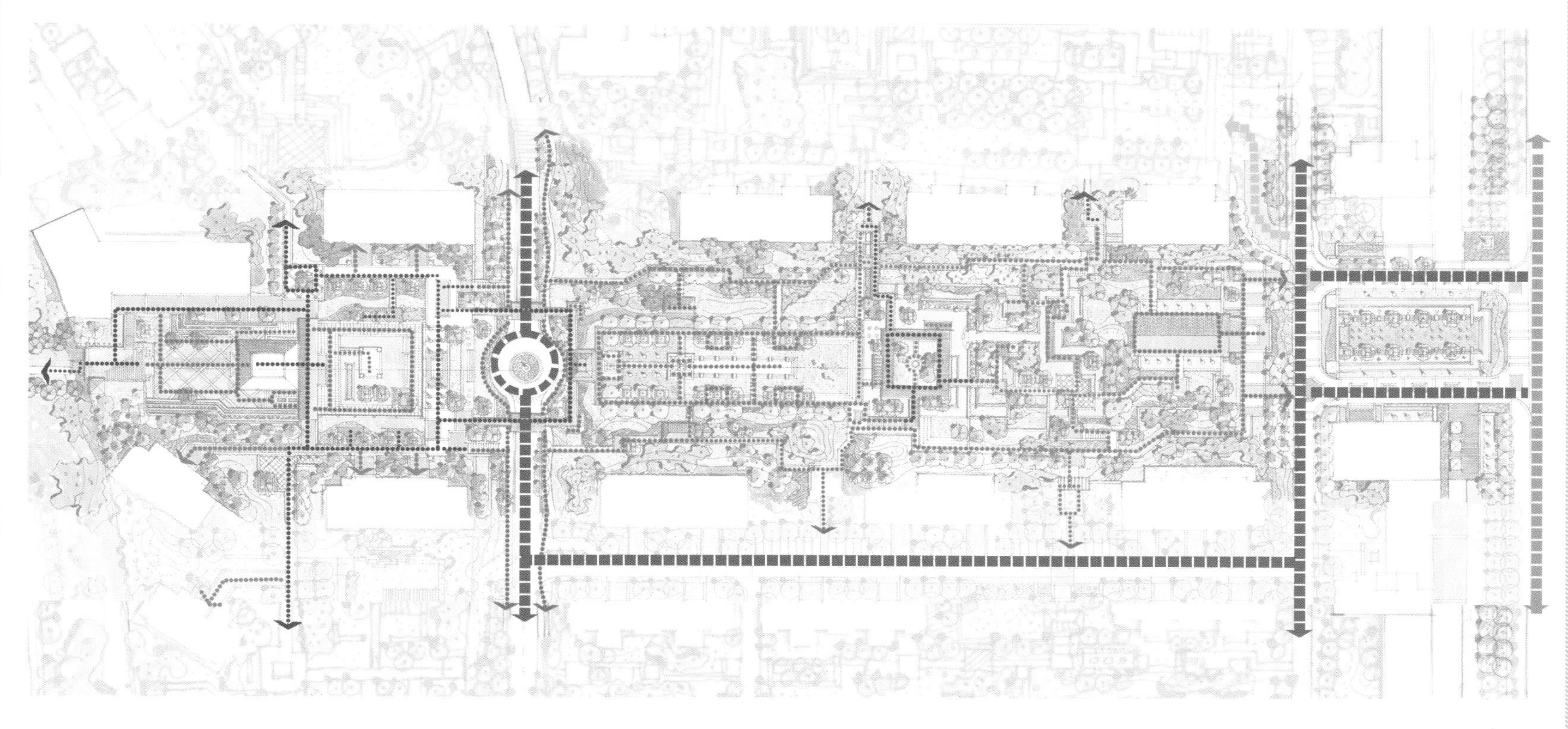

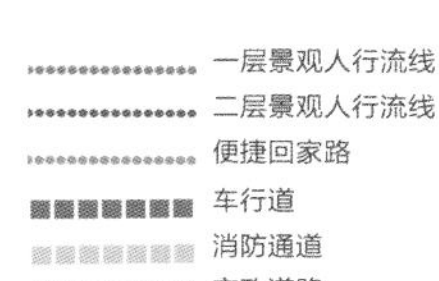
一层景观人行流线
二层景观人行流线
便捷回家路
车行道
消防通道
市政道路

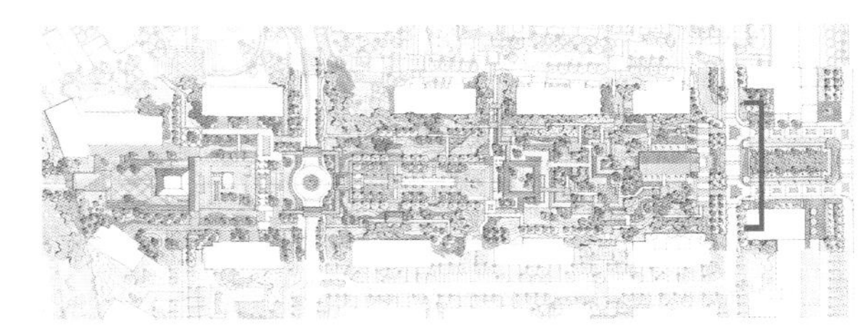

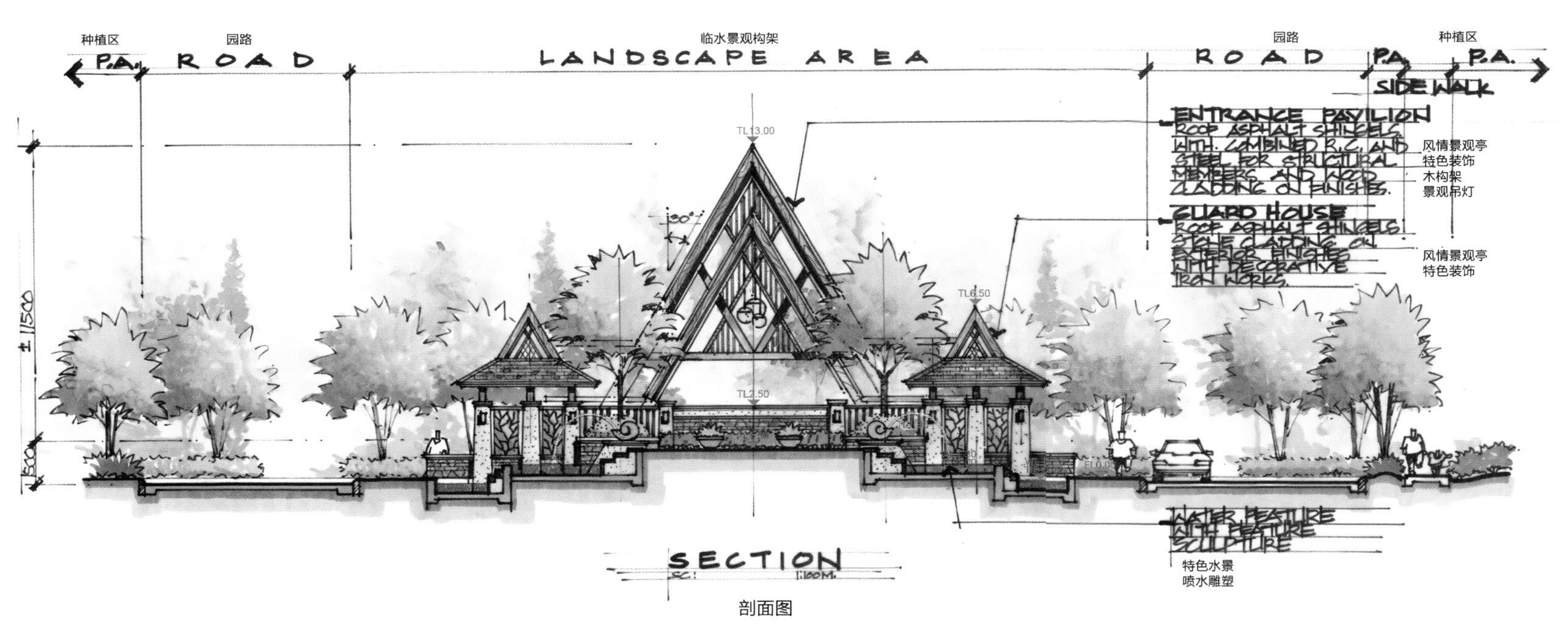

种植区
园路
临水景观构架
园路
种植区
P.A.
ROAD
LANDSCAPE AREA
ROAD
P.A.
P.A.
SIDEWALK
ENTRANCE PAVILION
ROOF ASPHALT SHINGELS WITH COMBINED R.C. AND STEEL FOR STRUCTURAL MEMBERS AND WOOD CLADDING ON FINISHES.
风情景观亭
特色装饰
木构架
景观吊灯
GUARD HOUSE
ROOF ASPHALT SHINGELS STONE CLADDING ON EXTERIOR FINISHES WITH DECORATIVE IRON WORKS.
风情景观亭
特色装饰
TL13.00
TL6.50
TL2.50
30°
± 11500
WATER FEATURE WITH FEATURE SCULPTURE
特色水景
喷水雕塑
SECTION
SC: 1:100M.

剖面图

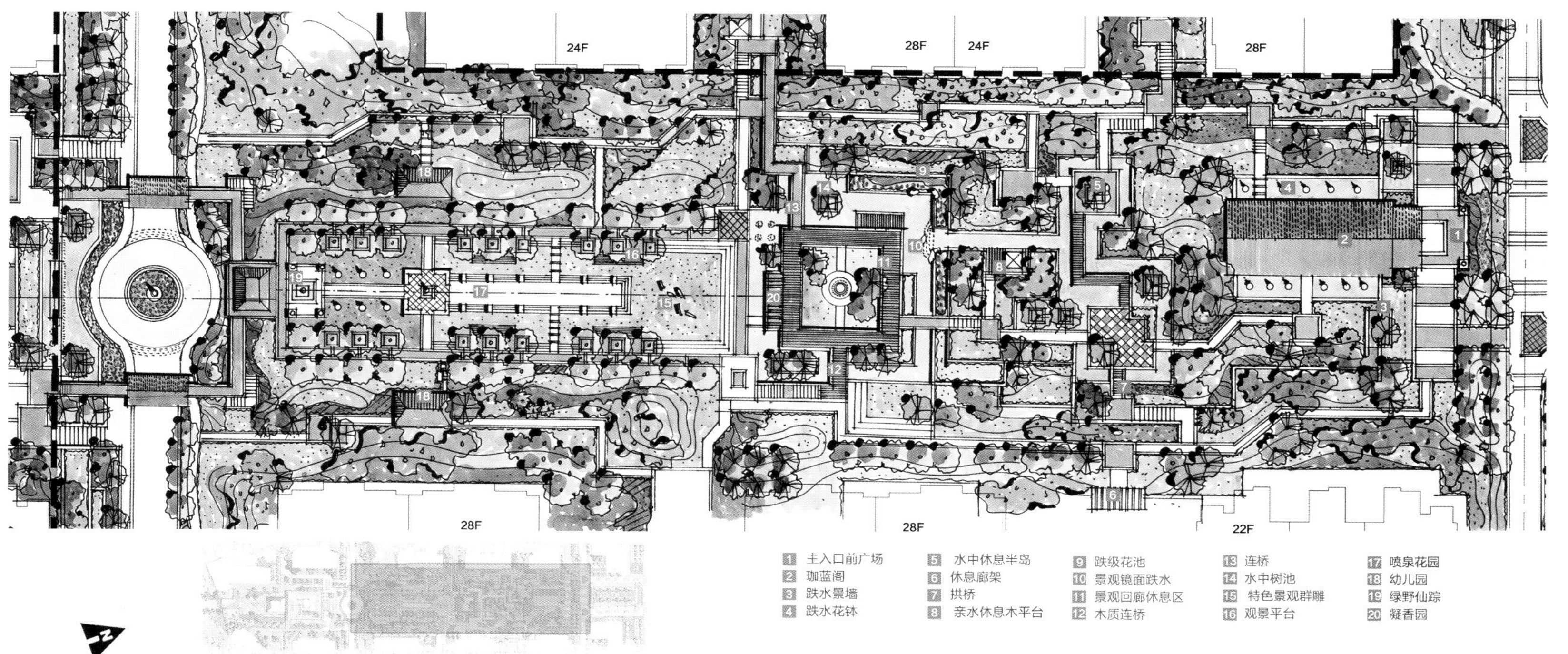

24F
28F
24F
28F
28F
28F
22F

1 主入口前广场
2 珈蓝阁
3 跌水景墙
4 跌水花钵
5 水中休息半岛
6 休息廊架
7 拱桥
8 亲水休息木平台
9 跌级花池
10 景观镜面跌水
11 景观回廊休息区
12 木质连桥
13 连桥
14 水中树池
15 特色景观群雕
16 观景平台
17 喷泉花园
18 幼儿园
19 绿野仙踪
20 凝香园

万科金域蓝湾

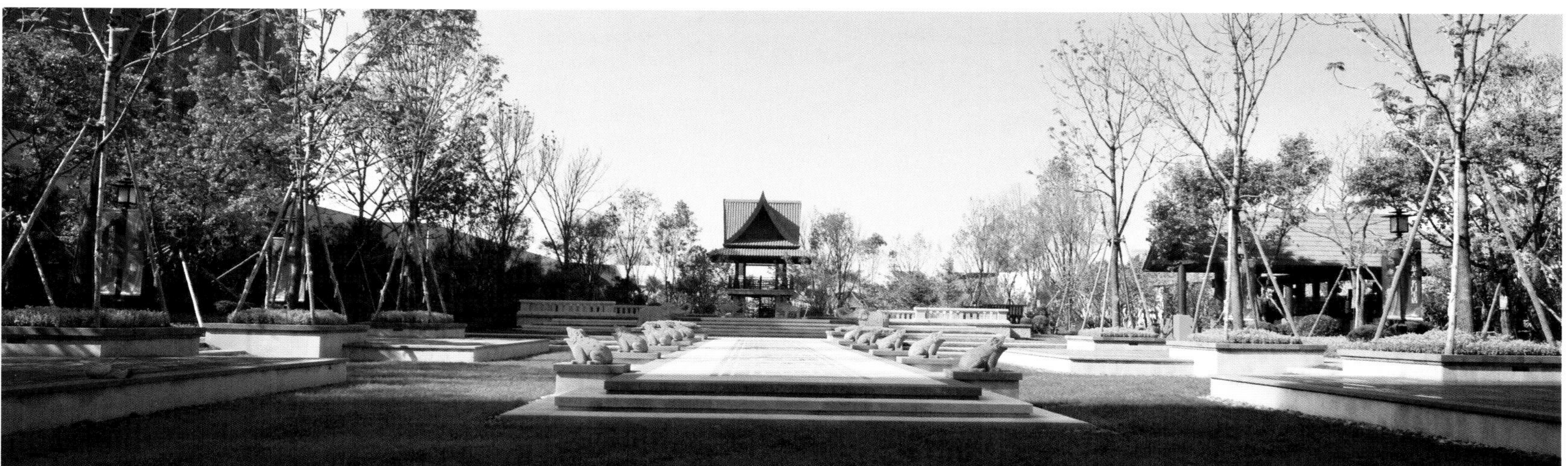

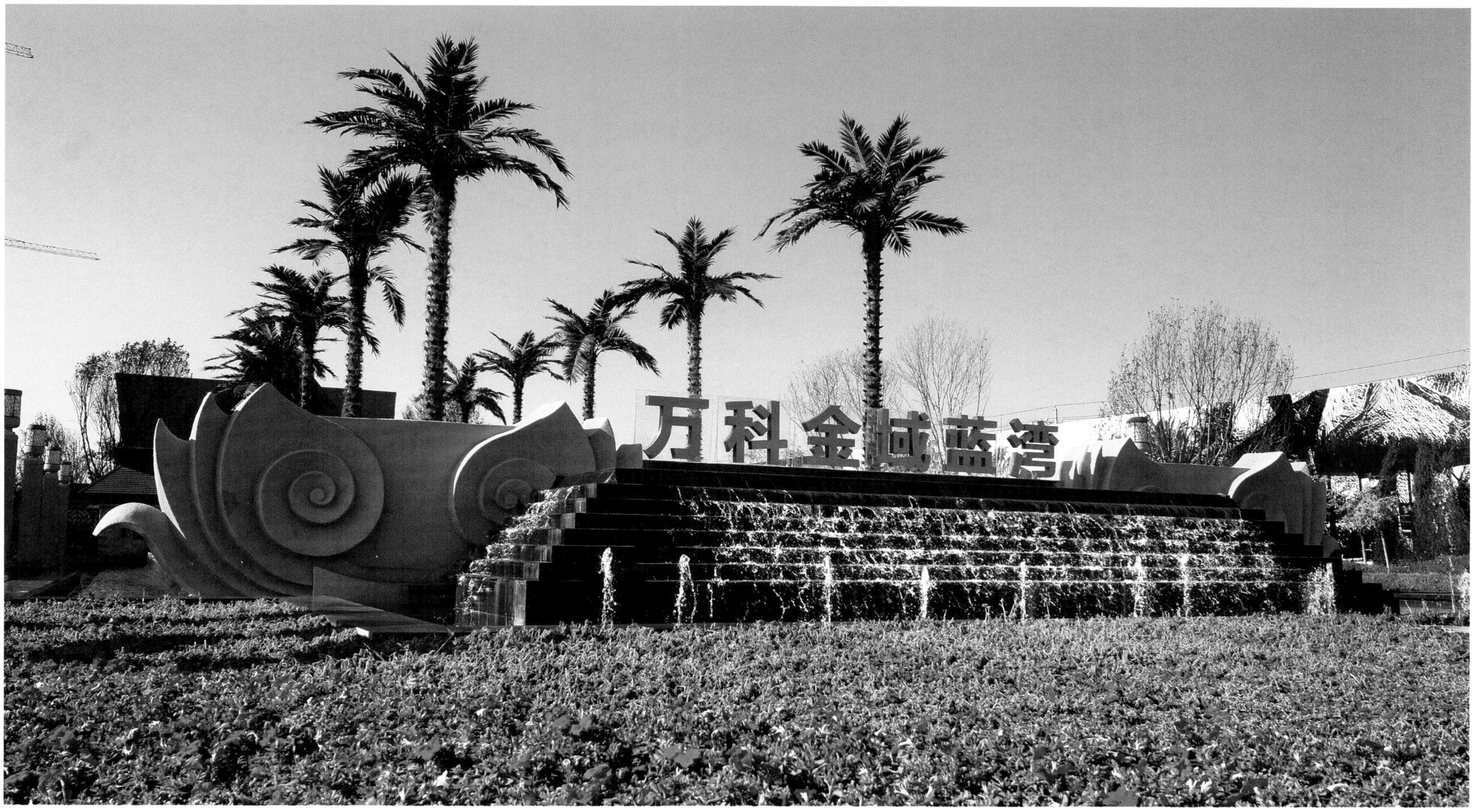

万科·金域蓝湾
the paradiso 销售中心

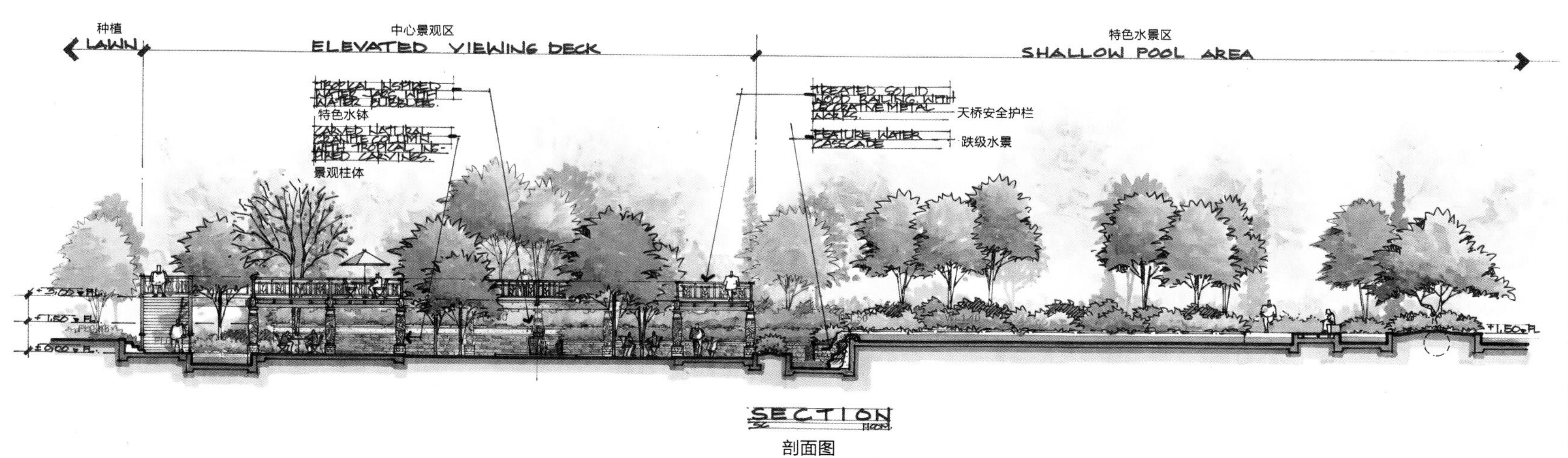

种植
LAWN
中心景观区
ELEVATED VIEWING DECK
特色水景区
SHALLOW POOL AREA
特色水钵
景观柱体
天桥安全护栏
FEATURE WATER CASCADE
跌级水景
SECTION

剖面图

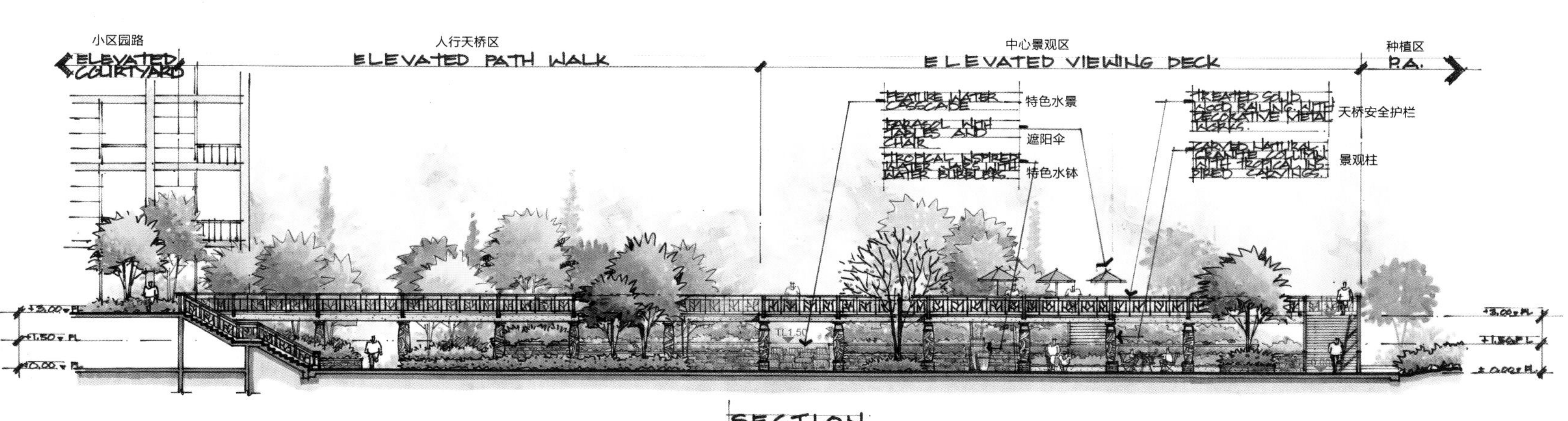

小区园路
ELEVATED COURTYARD
人行天桥区
ELEVATED PATH WALK
中心景观区
ELEVATED VIEWING DECK
种植区
P.A.
FEATURE WATER CASCADE
特色水景
遮阳伞
特色水钵
天桥安全护栏
景观柱
SECTION

剖面图

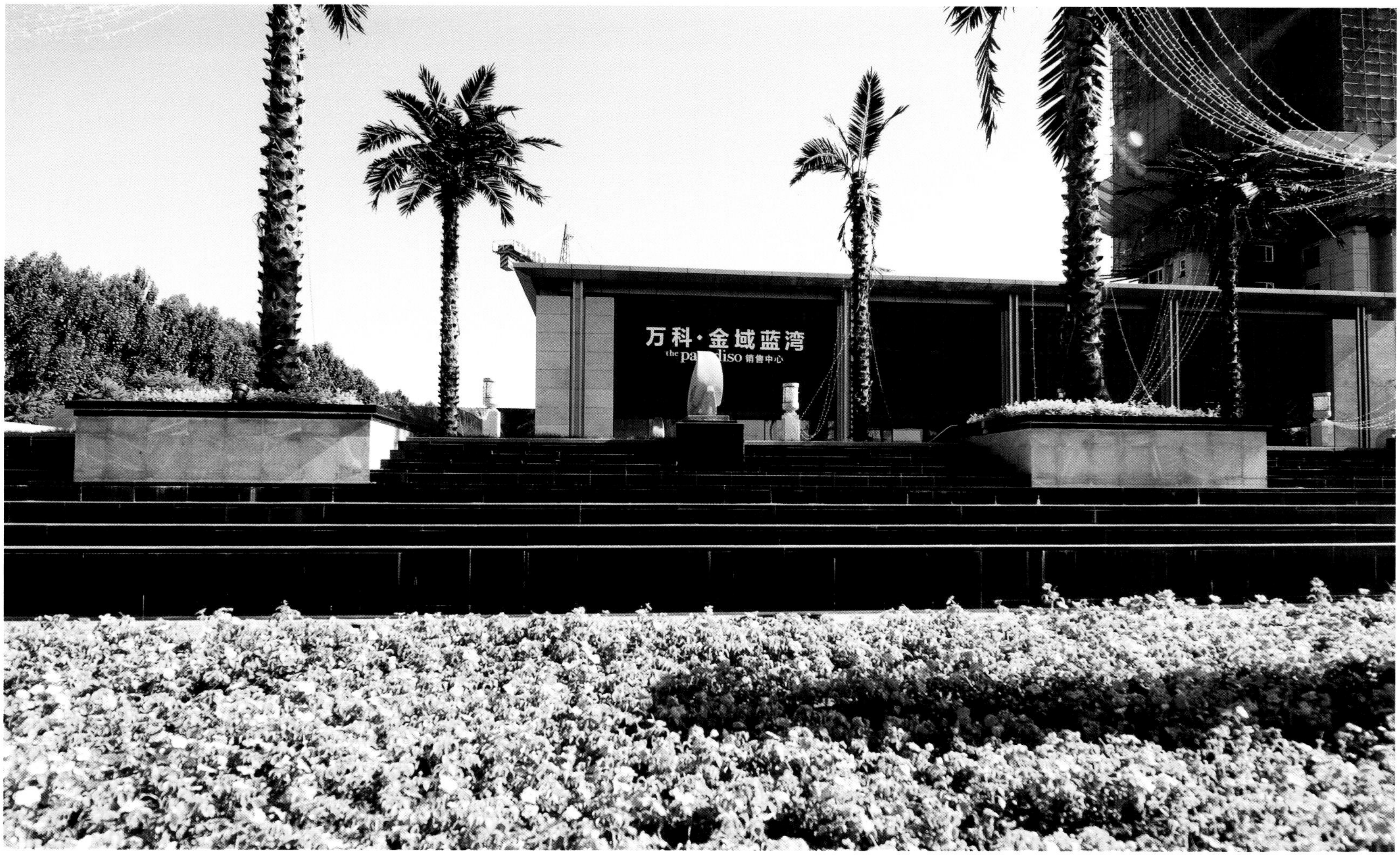

万科·金域蓝湾
销售中心

广州南沙时代南湾

项目地点：广东省广州市
开 发 商：广州时代发展集团
设计单位：瑞典SED新西林园林景观有限公司

本项目以简约现代的风格营造多元化复合功能空间，倾力打造大气时尚、回归自然、充满活力的生活社区。设计着重塑造驳岸空间，通过道路与水体的亲近离合关系变化、水生植物的错位出现、自然驳岸的突出与缩进来打造亲近生态自然的水体景观感受。生态、现代的环境设计足以让人们体验到自然天成、远离喧嚣的生态湖泊之修心养性之感。

依据住宅的外观、主题和色调，景观延续建筑风格，创造高品质、高档次的现代简约的精品住宅社区，倾力打造简约的现代主义社区景观，将自然湿地、河谷水景、草坪坡地、生态绿岛、游憩栈道等景观题材融入设计元素之中，体现抽象与秩序、质朴与内敛、生态与艺术、科技与品质的高端设计理念。

方案以“家，湾畔”为主题，集合了现代、前卫的景观造景手法，追求整体空间环境的营造和精致的细节处理，形成一处回归自然、充满青春活力、傍水而居的现代居所。景观设计手法上运用折线构图，围合成为一个个开敞或半开放的景观空间，运用有序的植物种植，形成小区相对轻松自由、静谧休闲的主题空间。一方面，利用曲折变化的自然湖面水系，将各空间不同景致（蓝天、绿树、碧水、小品）联系在一起，让行走于此的人们有如徜徉在大自然的怀抱之中。另一方面，强调邻里的共享空间，创造立体化的植物竖向层次空间，形如一个绿色的城市绿心，人们在此尽享和谐共生的社区休闲场地。

小区是对一期的再次延续，其入口相对较为自然，主要以植物和地面铺装来营造小区的形象窗口，作为小区车行的主要入口，在景观处理上采用现代、简洁的线条构图，精致的细部处理，营造简洁、高品质的入口空间形象。在铺装肌理上，采用灰色调的石材和砖材铺贴，使之在规则的铺装形式中显得更为细腻精致，经得起推敲。

高层区的景观设计中大线条的地面铺装将场地分隔，折线感十足的景观构架从平面上看其造型与铺地融为一体，从立面上看轻盈飘逸、动感十足。简洁大气的构架诠释了现代时尚的生活社区的品质感，在入口的两栋高层之间的高起的拱形草坡是高层区的一大亮点，大胆而富有创意，张扬而不失细节。

湖畔双拼聚落区相对较为私密，其园内无车辆通行，完全保证业主的安全与私密，私家花园留有足够的休闲空间供业主享受户外生活。花园外的人行路两边立体种植，让回家的住户犹如行走在花海中。在双拼聚落区的西北方向是小区的生态湖区，其周边住户可以尽享湖泊给人们带来的清新美景。

自然生态湖泊是小区重点打造的景观，曲折流畅的湖泊贯穿整个西北面，让临水而居的住户多了一份生态美景。自然叠水与生态绿岛打破了湖面单一、平淡的格局，自然石块垒成的叠水水面使原本自然的湖面多了一些原始趣味，也使湖水在此处有了高差上的变化。与之相对的是湖面的绿岛，人们可以通过折形的路桥到达绿岛，也可以通过后期设置的小船到达绿岛，为湖面增添了些许乐趣。漫步环道围绕湖泊外围可远观湖面，而折形的散步道临湖而设，其中也不乏亲水平台与悬挑，使人们亲水的活动形式趋于多样化。

外围的立体景观绿化成环抱式散布整个园区，是整个外围空间的骨架。变化的园路将整个区域联系为一个有机的整体，提供方便快捷的景观活动路线。我们在较为开阔的空间设计了造型的草坪，使周边的活动区域均拥有一个良好的景观视点。

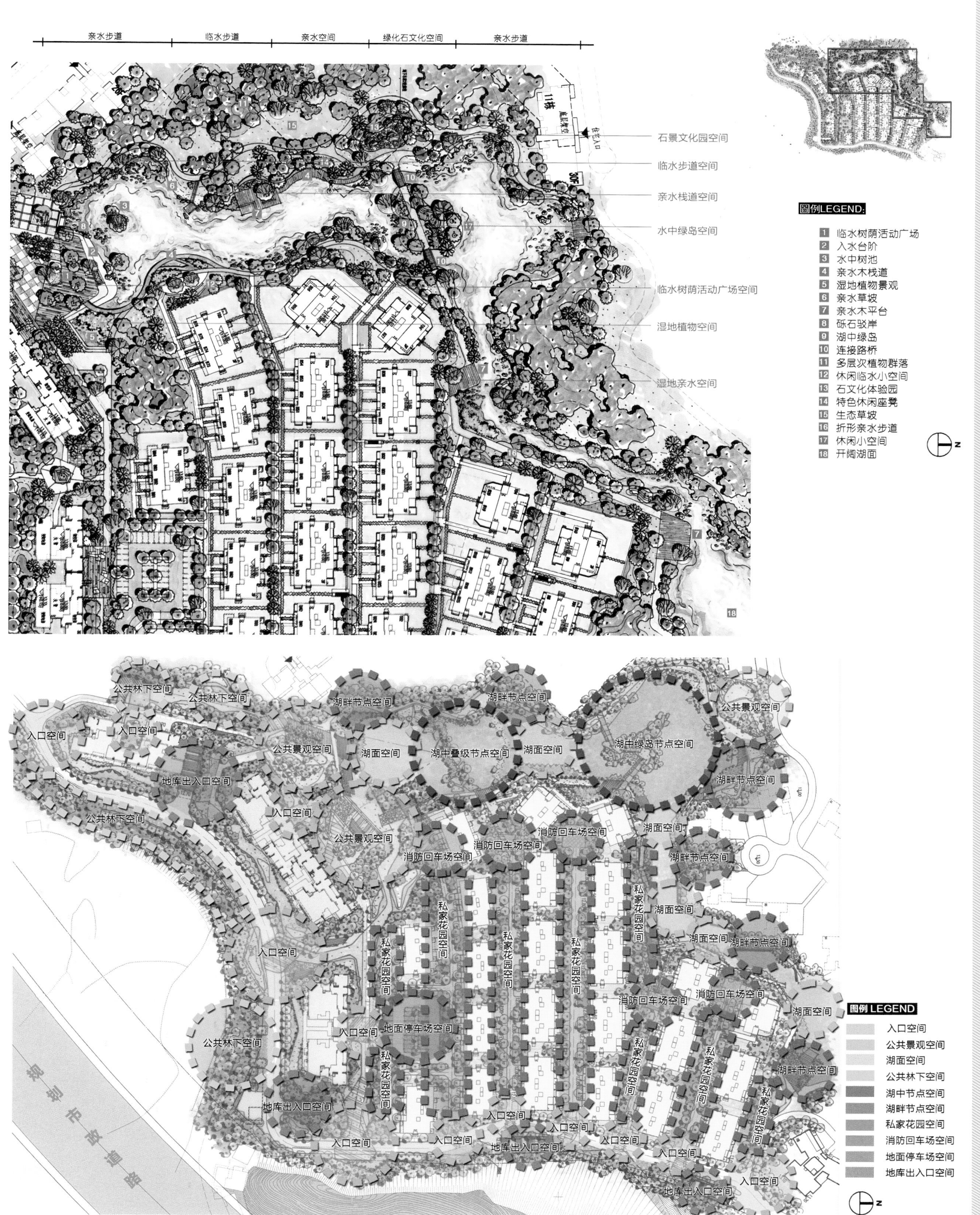

亲水步道
临水步道
亲水空间
绿化石文化空间
亲水步道
石景文化园空间
临水步道空间
亲水栈道空间
水中绿岛空间
临水树荫活动广场空间
湿地植物空间
湿地亲水空间
图例LEGEND:
1 临水树荫活动广场
2 入水台阶
3 水中树池
4 亲水木栈道
5 湿地植物景观
6 亲水草坡
7 亲水木平台
8 砾石驳岸
9 湖中绿岛
10 连接路桥
11 多层次植物群落
12 休闲临水小空间
13 石文化体验园
14 特色休闲座凳
15 生态草坡
16 折形亲水步道
17 休闲小空间
18 开阔湖面
公共林下空间
入口空间
湖畔节点空间
公共景观空间
湖面空间
湖中叠级节点空间
湖中绿岛节点空间
地库出入口空间
消防回车场空间
私家花园空间
地面停车场空间
规划市政道路
图例 LEGEND
入口空间
公共景观空间
湖面空间
公共林下空间
湖中节点空间
湖畔节点空间
私家花园空间
消防回车场空间
地面停车场空间
地库出入口空间

规划市政道路
往一期
图例 LEGEND
小区内车行流线
外围人行流线
入户人行流线
湖畔体验流线
往一期流线
高层住宅入户口
别墅住宅入户口
小区入口
地下车库出入口
N

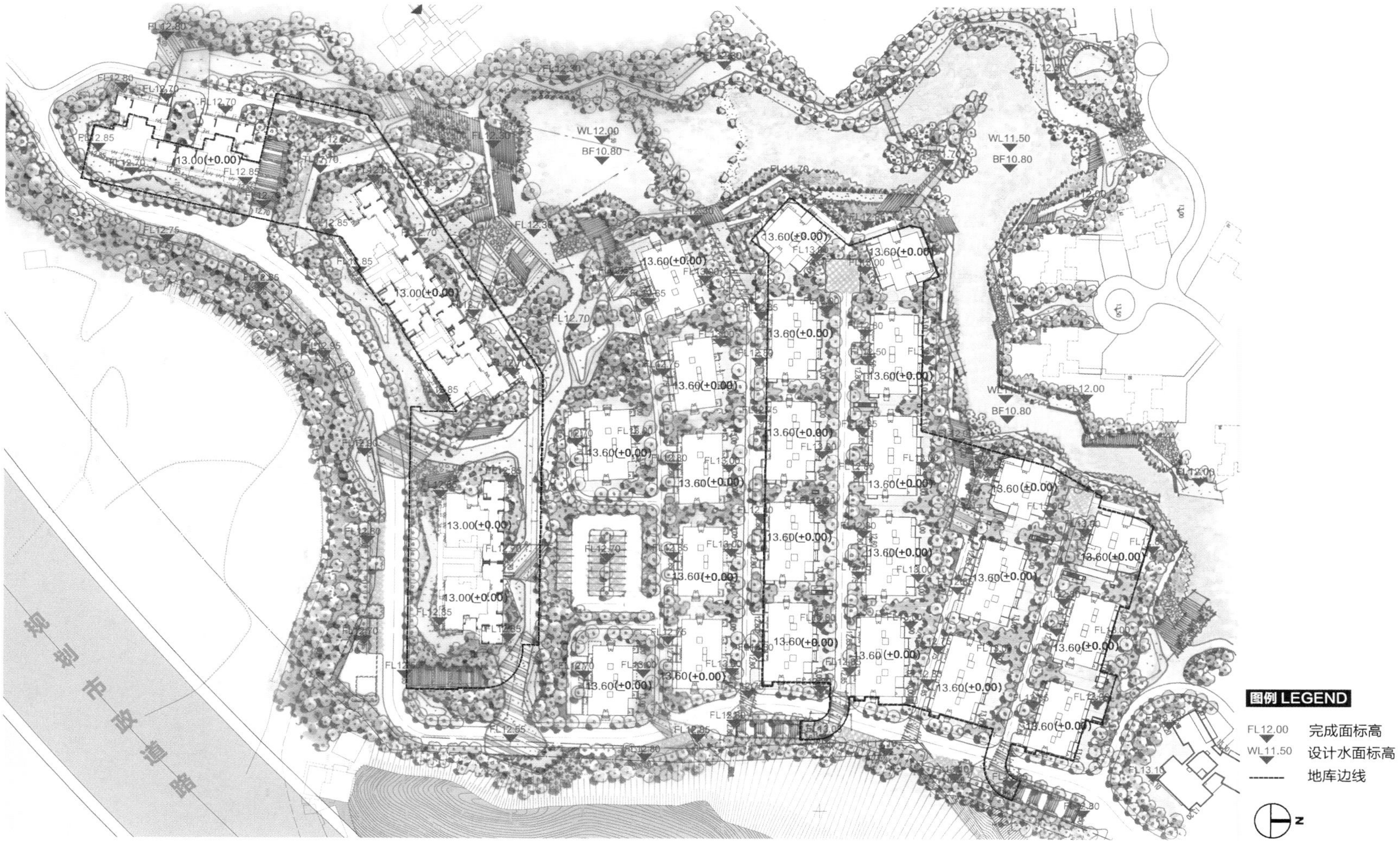
规划市政道路
图例 LEGEND
FL12.00 完成面标高
WL11.50 设计水面标高
地库边线
N

面对这个世界的姿态
WORLD-CLASS HARBOUR

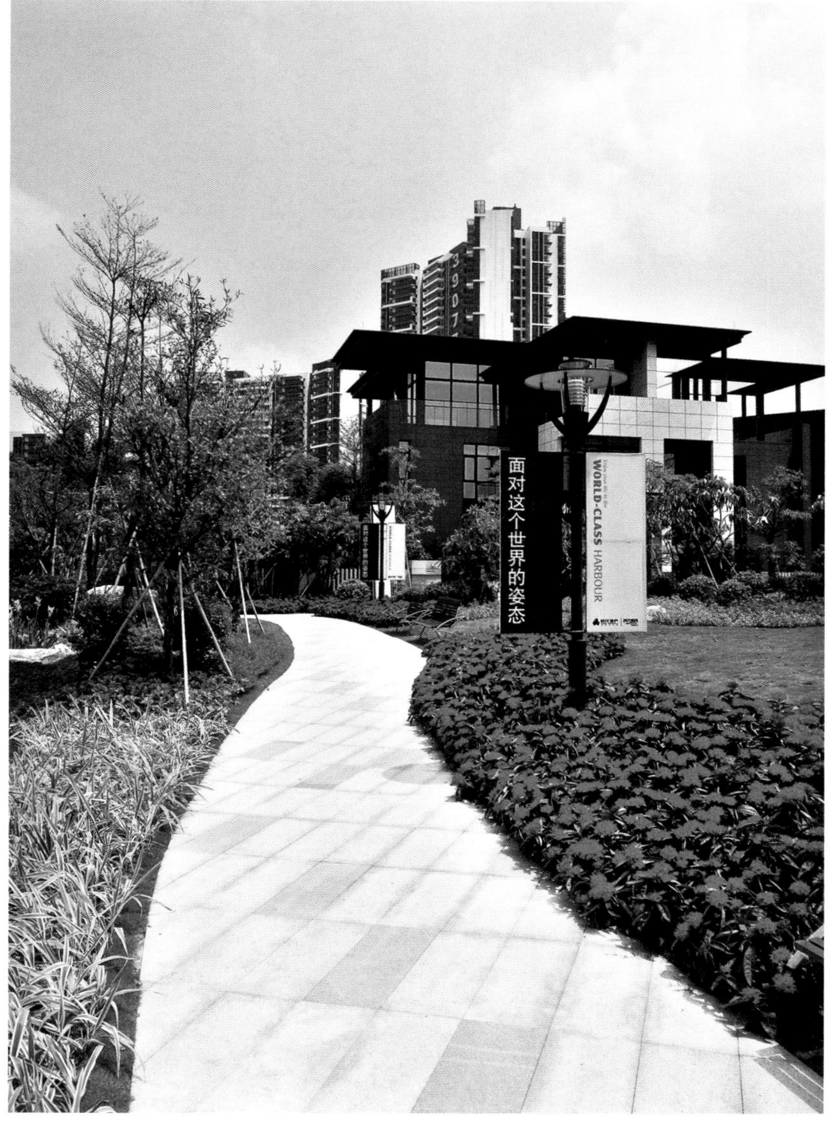

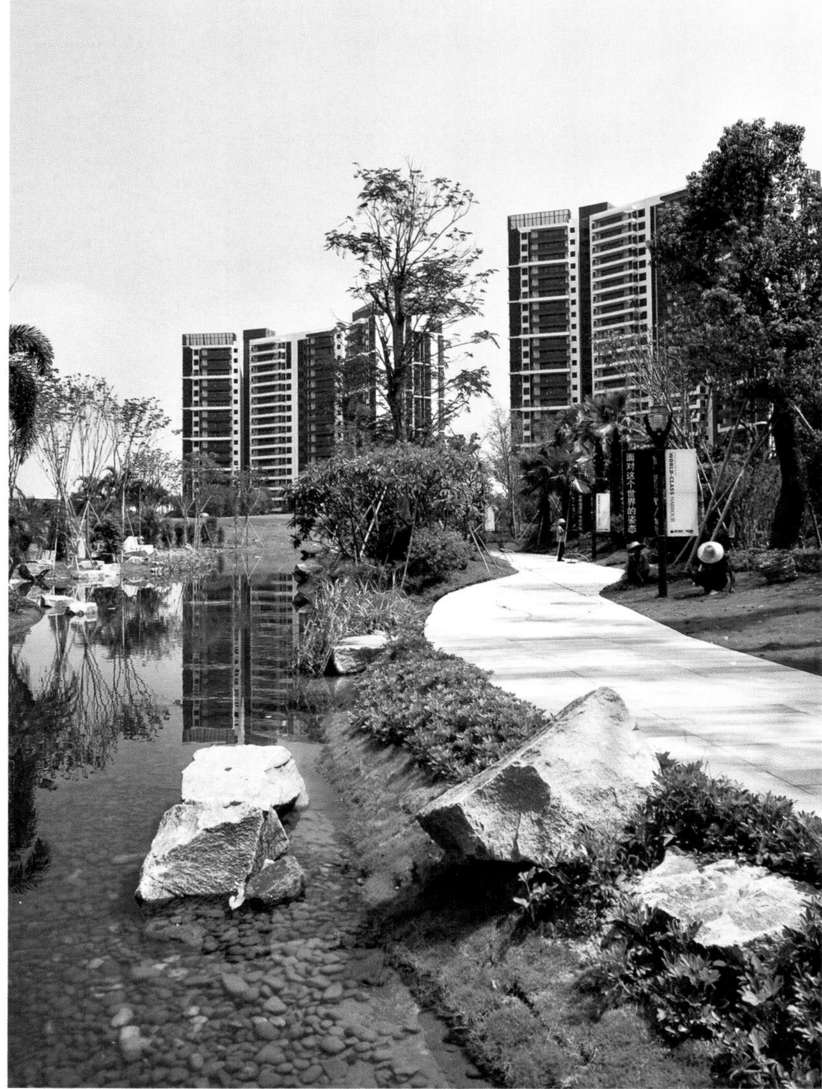

39077888
时代南湾
不可不玩

惠州中信凯旋城

项目地点：广东省惠州市
开 发 商：中信房地产股份有限公司
设计单位：瑞典SED新西林园林景观有限公司

项目位于惠州中心体育场，拥有较宽的市政绿化，在提升小区整体品质价值的同时也为小区提供一个良好的绿色屏障。依据其建筑产品风格——西班牙风格，景观设计承袭南加州热烈奔放的风情，倾力打造高尚小镇度假情怀，将奢华会所、人文生活乐园、野趣大方的生态自然景观尽收其中，彰显艺术细节之美。营造的不仅仅是适宜的居家之所，更是西班牙度假庄园。

根据地理环境，将设计综合为三大元素：大面积自然的生态人工湖，引申的畔水而居的生活意境；集展示、休闲、娱乐、服务为一体的尊贵皇家休闲会所；浓郁的地域性风情景观。项目将景观分为六个组团空间：花园、广场、皇家会所、SPA休闲区，商业广场和自然生态湖区。自然生态景观带及林荫种植区相融合的多元化景观空间，彰显景观的最大价值。

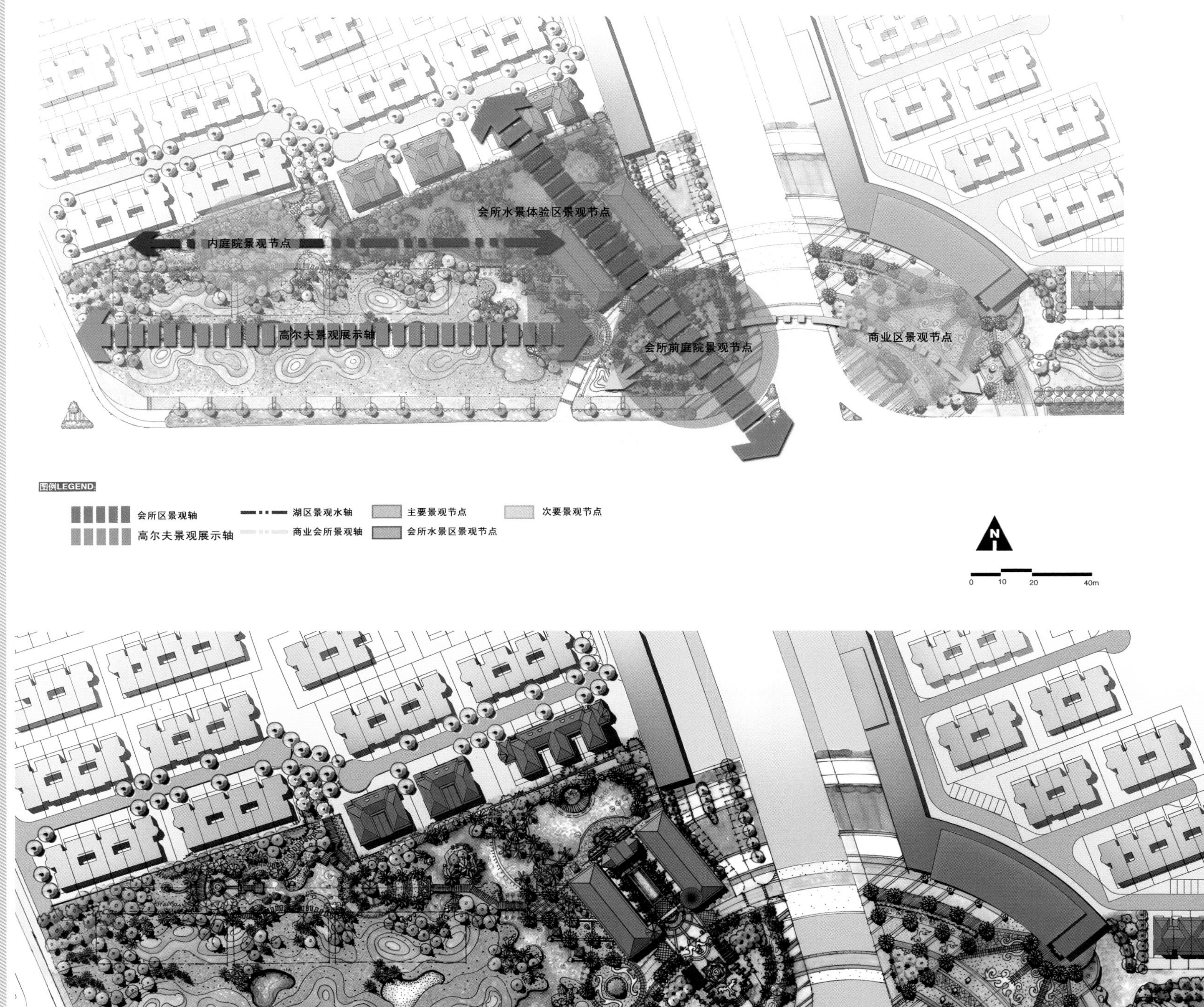

图例LEGEND:

市政道路
景观大道
小区内车行流线
小区一级人行流线
小区休闲游园人行流线
停车位
人行出入口
车行出入口

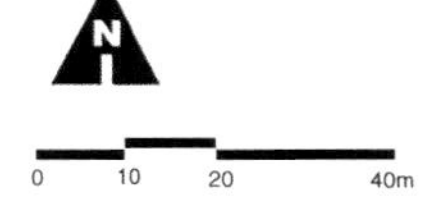

FL15.80
17.50(±0.00)
FL15.50
FL15.70
17.50(±0.00)
17.50(±0.00)
FL16.50
WL16.10
WL15.50
16.80(±0.00)
FL16.15
16.80(±0.00)
17.50(±0.00)
17.50(±0.00)
17.50(±0.00)
17.50(±0.00)
FL15.70
FL15.85
FL17.85
FL15.00

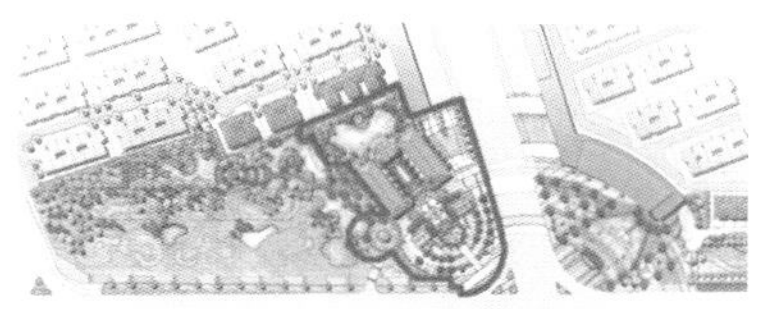

景观特点说明：

会所前庭院、落客区、会所区、景观泳池、形成了一个集休闲、娱乐、展示为一体的西班牙风情景观长廊。

① 特色风情景墙
② 前庭院特色水景
③ 特色铺装
④ 会所前休闲庭院
⑤ 特色景墙
⑥ 特色灯柱
⑦ 西班牙风情LOGO墙
⑧ 休闲廊架
⑨ 风情树阵
⑩ 景观微地形
⑪ 会所落客区广场
⑫ 落客区特色水景
⑬ 会所区特色水景
⑭ 会所区休闲木平台
⑮ 泳池休闲空间
⑯ 泳池休闲区
⑰ 景观泳池
⑱ 按摩池
⑲ 泳池边特色雕塑
⑳ 会所边大型活动广场
㉑ 特色景墙
㉒ 节点空间

会所前广场展示面

LOGO景墙

广场特色木廊架

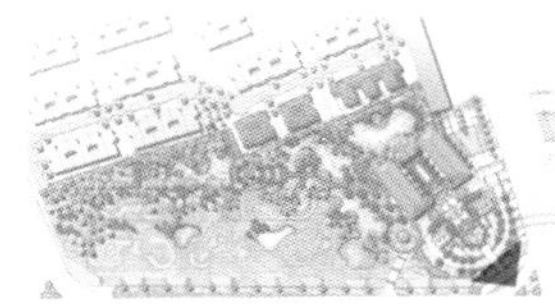

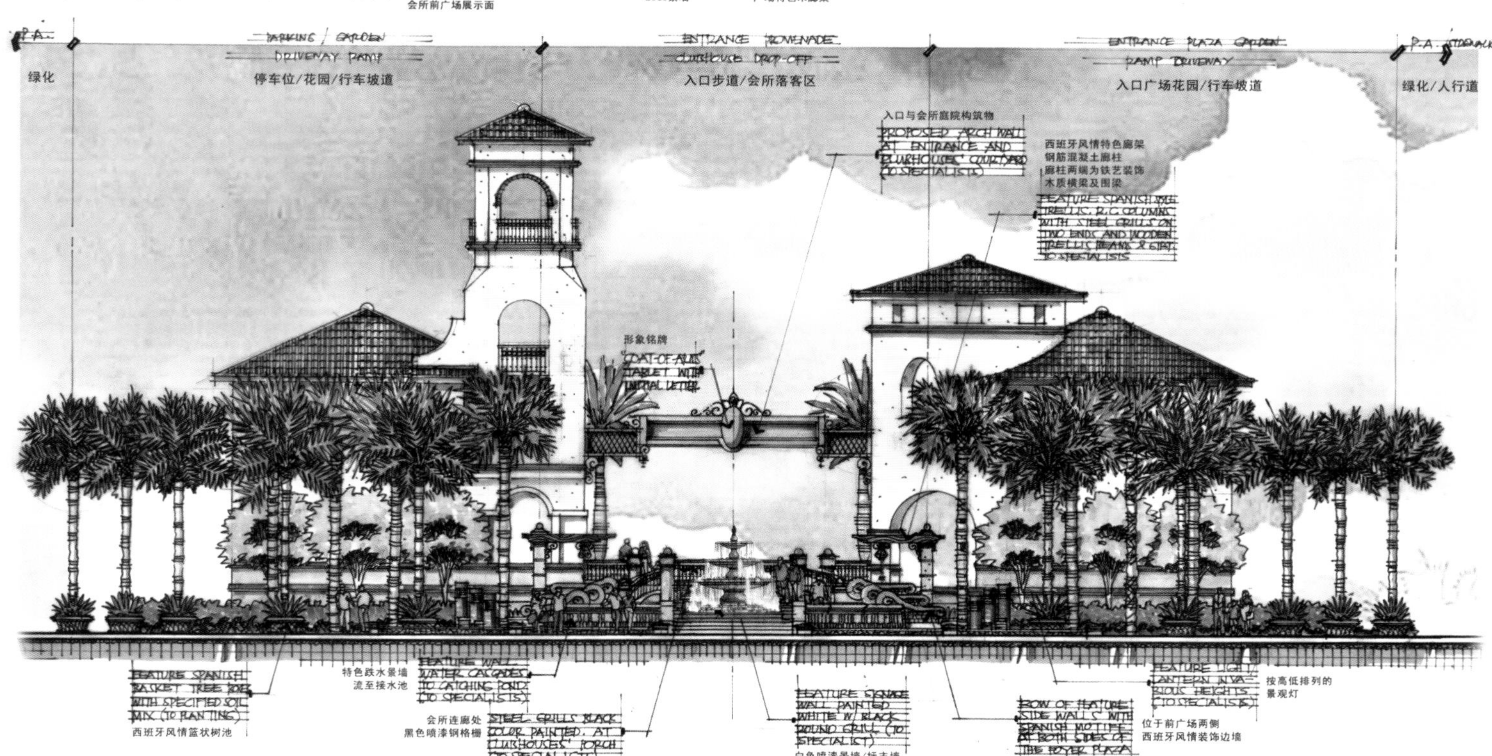

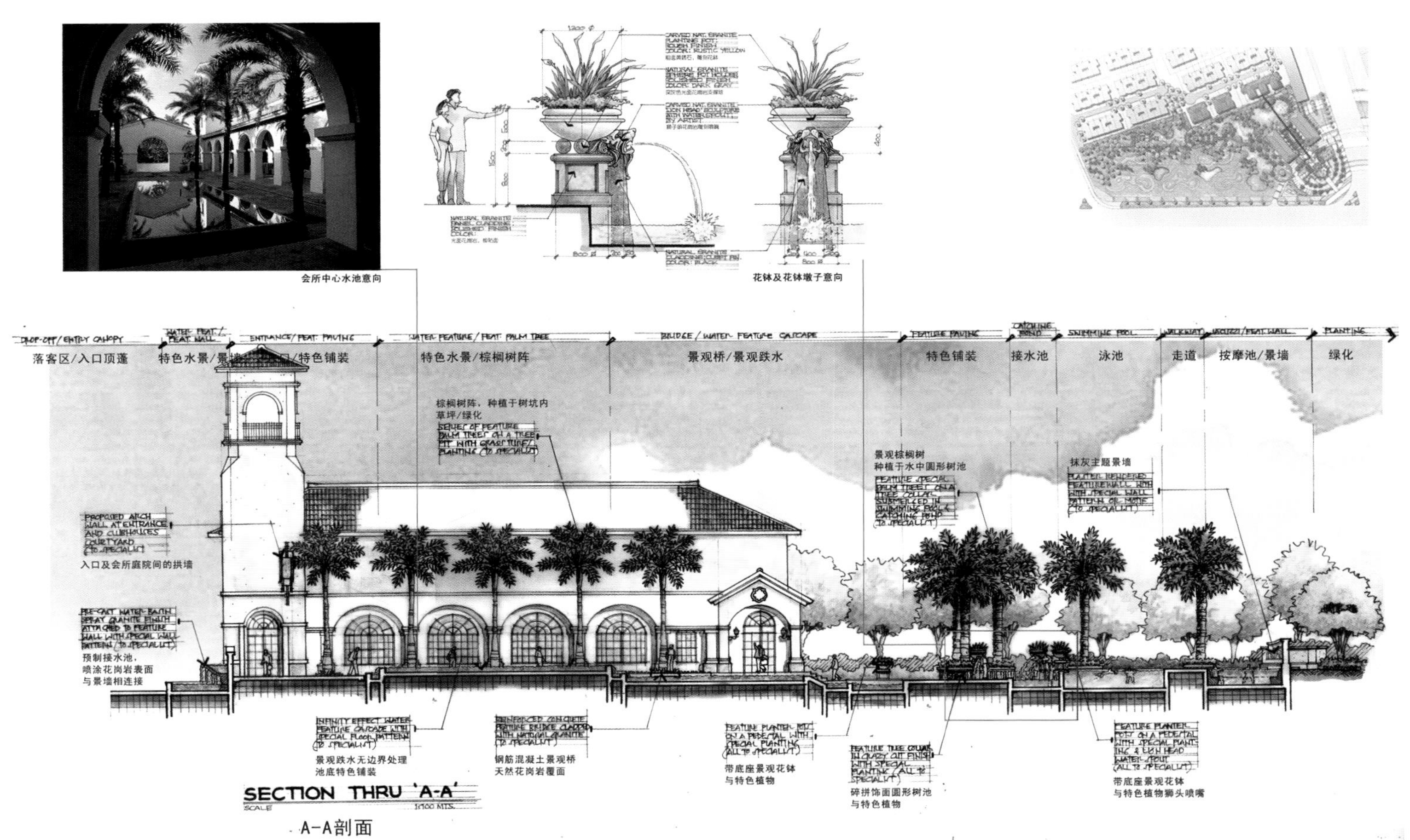
会所中心水池意向
花钵及花钵墩子意向
落客区/入口顶蓬
特色水景/景
特色铺装
特色水景/棕榈树阵
景观桥/景观跌水
特色铺装
接水池
泳池
走道
按摩池/景墙
绿化
棕榈树阵，种植于树坑内
草坪/绿化
景观棕榈树
种植于水中圆形树池
抹灰主题景墙
入口及会所庭院间的拱墙
预制接水池，
喷涂花岗岩表面
与景墙相连接
景观跌水无边界处理
池底特色铺装
钢筋混凝土景观桥
天然花岗岩覆面
带底座景观花钵
与特色植物
碎拼饰面圆形树池
与特色植物
带底座景观花钵
与特色植物狮头喷嘴
SECTION THRU 'A-A'
A-A剖面

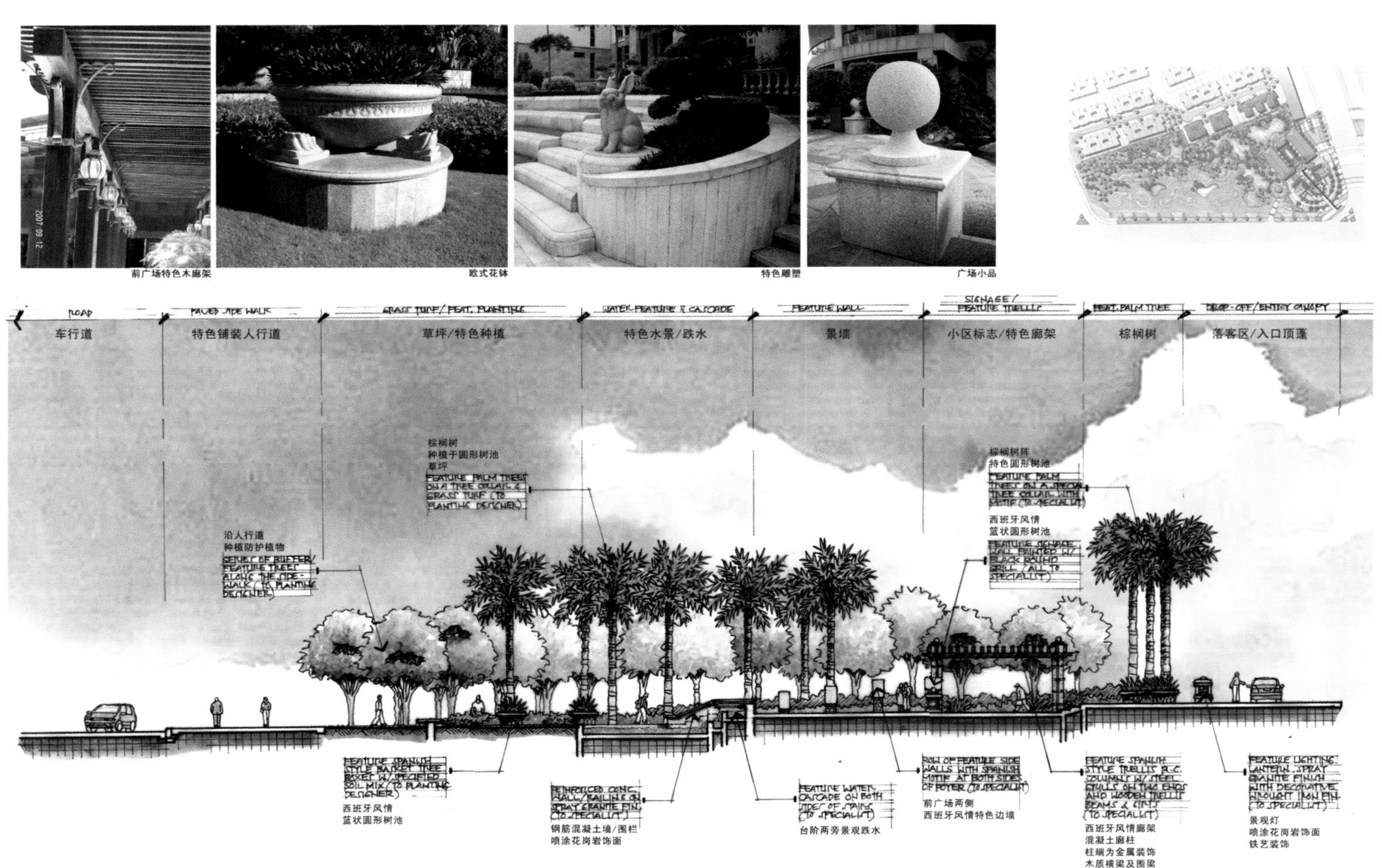
前广场特色木廊架
欧式花钵
特色雕塑
广场小品
ROAD
车行道
特色铺装人行道
草坪/特色种植
特色水景/跌水
景墙
小区标志/特色廊架
棕榈树
落客区/入口顶蓬
棕榈树
种植于圆形树池
草坪
沿人行道
种植防护植物
棕榈树阵
特色圆形树池
西班牙风情
篮状圆形树池
西班牙风情
篮状圆形树池
钢筋混凝土墙/围栏
喷涂花岗岩饰面
台阶两旁景观跌水
前广场两侧
西班牙风情特色边墙
西班牙风情廊架
混凝土廊柱
柱端为金属装饰
木质横梁及围梁
景观灯
喷涂花岗岩饰面
铁艺装饰

长春中海紫御华府

项目地址：吉林省长春市

开 发 商：长春海悦房地产开发有限公司

设计单位：瑞典SED新西林园林景观有限公司

长春中海紫御华府是演绎自然古典主义的豪宅社区。售楼处入口规则对称式，入口两边设置线性水景及大面积茂密景观树，曲径通幽的小径穿过种植林巧妙地到达入口。水景空间处理得收放有致，营造出多变和富有韵律感的景观环境，景观灯柱、浮雕花钵及特色喷泉的灵活应用，将引人入胜的欧式皇家水陆风情表现得淋漓尽致。

长春中海紫御华府参照法国勒·诺特尔式庭院之经典，优雅的古典气息和曼妙的自然人文景观在这里融汇。城南1号整体规划上秉持生态化、人性化的健康生活理念，合理地将建筑体系与景观体系的比例协调到最佳，充分地考虑到居住体系与配套体系之间的呼应，将殿堂式门廊、中轴花园和组团空间合理布局，形成开合有度、收放自如的层次空间，社区人车分流，严格区分公共空间和景观空间，卓然地演绎着自然与文明的优雅风情。

走到长春中海紫御华府，迎面而来的是主入口气派的宫廷式门廊，抬高的平台设计，让入口区的形象更为高大，而住户的回家路线也因为抬高了的空间变化，加之园林化的道路设计，在上上下下的转折变化的空间里有了更多的有趣的空间体验感。宽25m的建筑体量给人震撼大气之势，充分表达了新兴富裕阶层对贵族情愫的热望，形成登堂入室的尊贵感。柔和的线条，繁复缤纷的纹样，凸显建筑细节美感，传颂殿堂奢华的艺术。

门廊前面潺潺流动的跌水，柔美中流露着坦荡的大气，承继着人类延续千年的"水文化"，而入口的特色铺装采用装饰效果很强的图案来构成，这一静一动，恰让浪漫的诗意与理性的法则汇集，瞬间闪现张扬的华彩与内敛的气质，在城市的流光溢彩中，洗尽铅华，刻画一道清丽而执着的人文风景，写就一部永恒的艺术史诗。

入口宫殿式回廊把大气、尊贵、威严演绎得淋漓尽致，登堂入室的回家体验非一般人家可以媲美。走入门廊，进入庭院，则见一片水景空间，过渡空间处理恰到好处，把外界的喧嚣隔绝于此，让回家的心情得到放松。

阳光草坪被水廊道阻隔在主园路之外，观赏性更强的对称型庭院草坪，延续于宫殿式入口门廊之后，与之呼应；被拉细、拉长的水景廊道为回家的人们提供不同的水景体验，或欢呼跳跃，或沉静优雅，而其整形的形状又为枯水期形成空间提供可能；非对称位置上放置特色景观亭，打破轴线的感觉，为空间的转折提供过渡，功能上也满足了人们在入口驻足停留、等候、聚会的需要。大面积的阳光草坪流动于组团宅间，是园区内的主要景观元素，谁又能说北方就没有草坪。

无论置身于中央大型景观绿地、区内共享休闲花园，或漫步于宅间小径、前屋花园，清冽的空气与融融绿意浸润着居者的全部身心。

紫御华府的园林小品雕琢艺术细节，上演华丽的装饰主义风格和复兴色彩，体现尊贵与典雅的大家风范。

门柱、窗框、雕花圆栏、构筑物、花钵、灯具……以至一个小小的导视牌，都以幽雅古典的艺术品质出现在社区中。驻足于阳光草坪，徜徉于艺术喷泉旁，典雅的石凳、古朴的木椅、精致的雕塑皆匠心独具、宛若天成，当城市的天空日渐狭窄黯淡，城南1号却以穿越千古的深沉目光，成就崭新的梦想，镌刻朴质的温情、放怀的冥想，以及纯净与永恒的灵性。

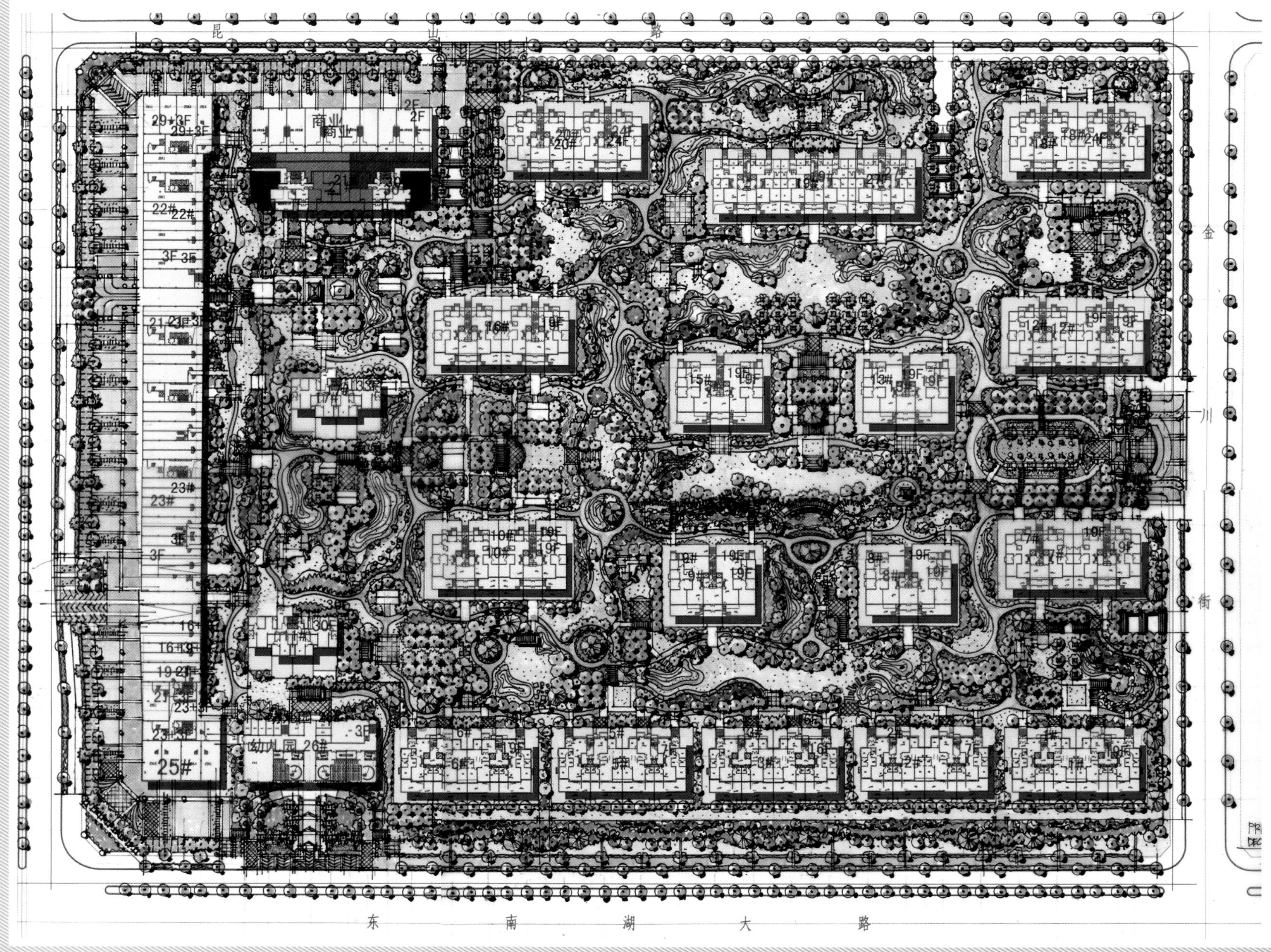

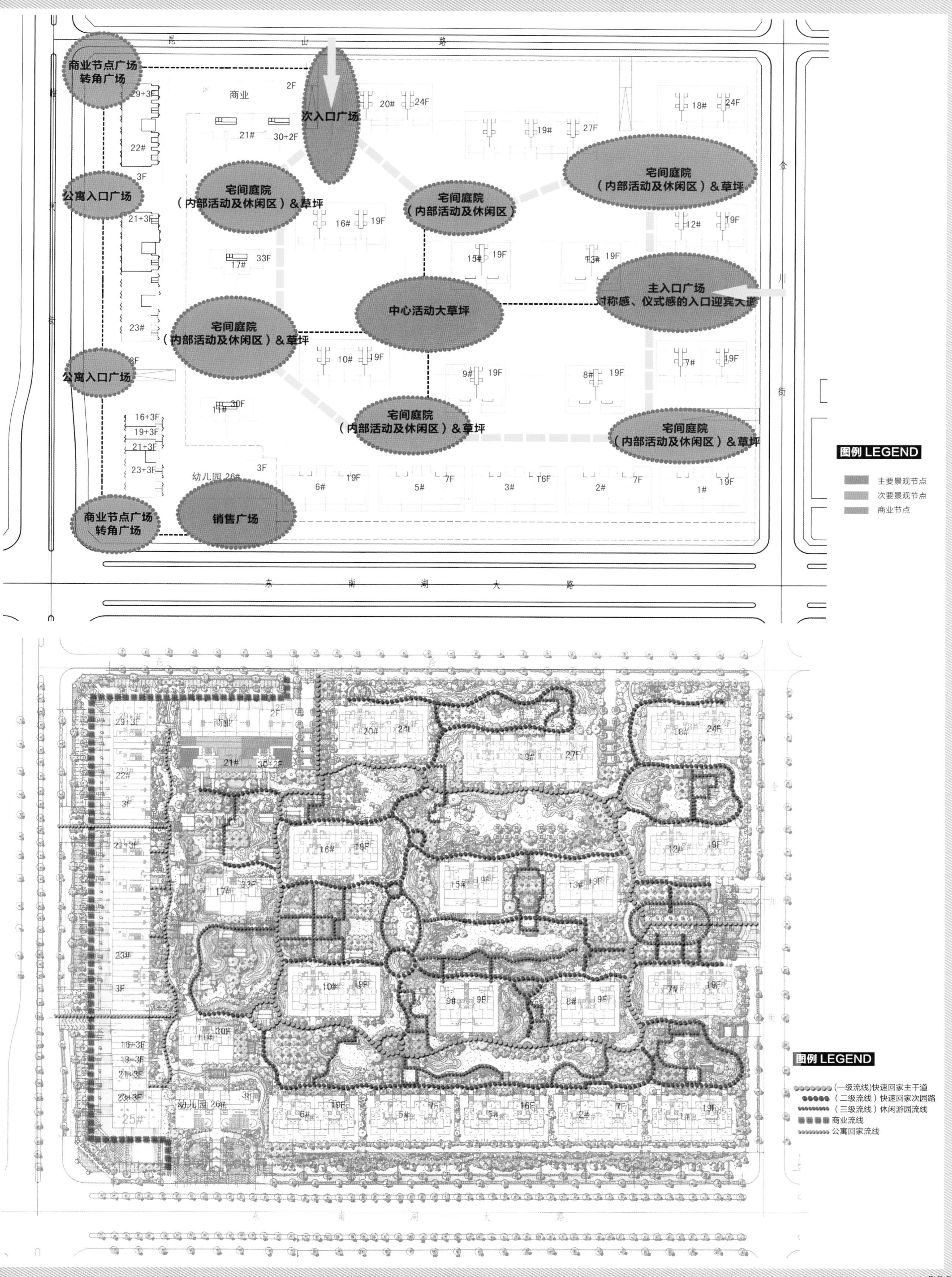
昆山路
商业节点广场
转角广场
次入口广场
商业
宅间庭院
（内部活动及休闲区）&草坪
公寓入口广场
中心活动大草坪
主入口广场
对称感、仪式感的入口迎宾大道
幼儿园 26#
销售广场
东南湖大路
图例 LEGEND
主要景观节点
次要景观节点
商业节点
（一级流线）快速回家主干道
（二级流线）快速回家次园路
（三级流线）休闲游园流线
商业流线
公寓回家流线

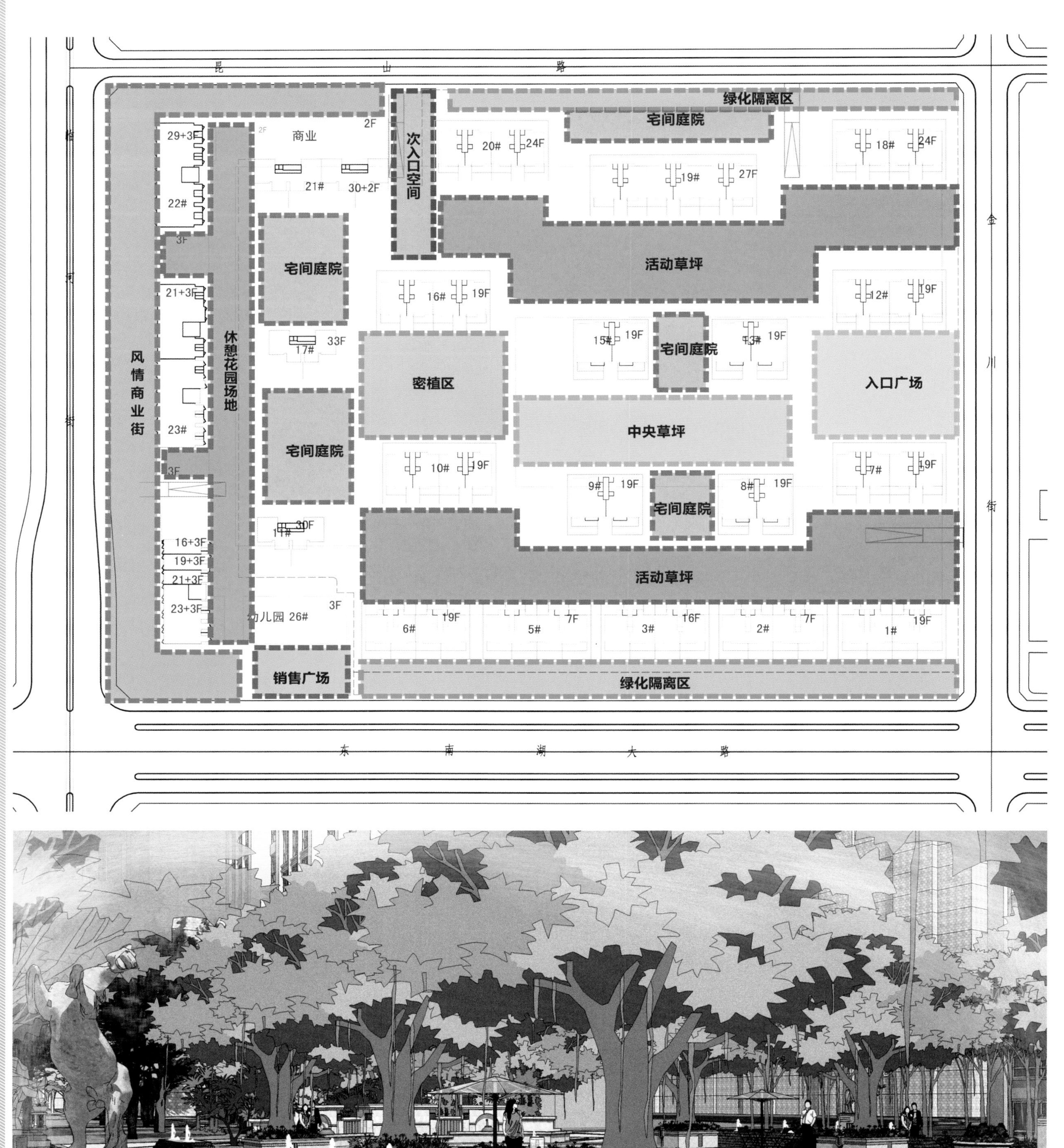
昆山路
绿化隔离区
宅间庭院
次入口空间
商业
2F
21#
30+2F
20#
24F
19#
27F
18#
24F
29+3F
22#
3F
宅间庭院
活动草坪
16#
19F
12#
19F
21+3F
休憩花园场地
风情商业街
17#
33F
15#
19F
宅间庭院
13#
19F
密植区
入口广场
中央草坪
23#
宅间庭院
10#
19F
7#
19F
3F
9#
19F
8#
19F
宅间庭院
11#
30F
16+3F
19+3F
21+3F
23+3F
活动草坪
幼儿园 26#
3F
6#
19F
5#
7F
3#
16F
2#
7F
1#
19F
销售广场
绿化隔离区
金川街
东南湖大路

江上
JIANGSHANG

贵阳•兴隆誉峰

项目地点：贵州省贵阳市
委 托 方：贵阳常青藤集团
景观设计：埃迪优（IDU）世界设计联盟联合业务中心

本项目交通便利，配套完善，楼盘东西两侧由山体公园环绕，但周围微观环境较差。方案结合较为规整的规划特征，扬长避短，通过东西方向借山景，做出了独具魅力的内核景观。IDU设计师根据功能和私密性不同将庭院分级，增强对比，使公共区域更显气度，使私密庭院更显幽深。在微观层面，通过景观设计手法使整个小区景观达到步移景异、小中见大的效果。整合边缘空间，变为可利用的功能性空间。小区整体环境规划为一心三园一带，一个社区级核心花园——四季花园；三个组团级宅间庭院——雅境园、香堤园、美域园；一个连贯的过渡景观带——运动休闲长廊，打造出一个具有异域热带风情的高尚住宅区。

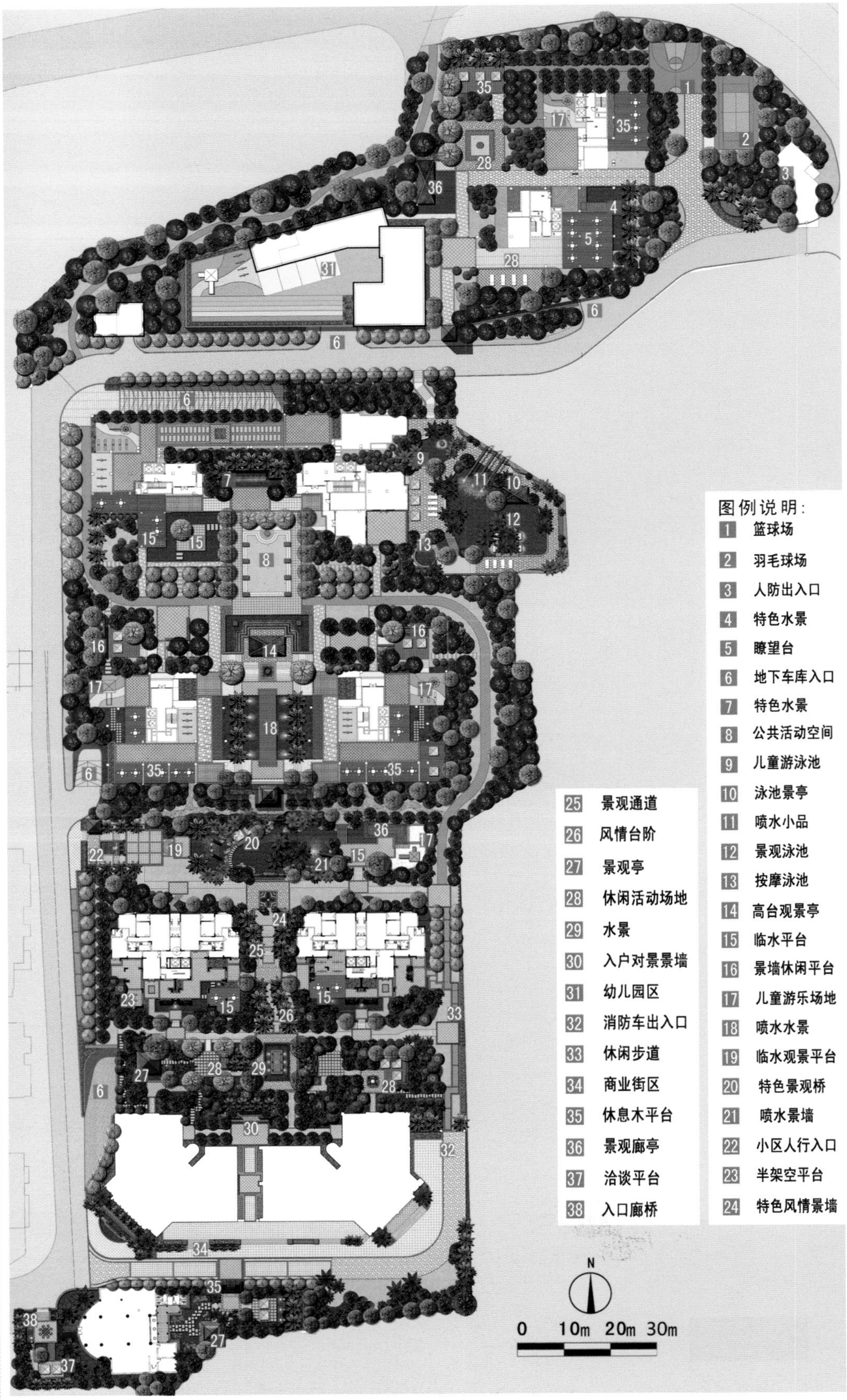

图例说明：
1 篮球场
2 羽毛球场
3 人防出入口
4 特色水景
5 瞭望台
6 地下车库入口
7 特色水景
8 公共活动空间
9 儿童游泳池
10 泳池景亭
11 喷水小品
12 景观泳池
13 按摩泳池
14 高台观景亭
15 临水平台
16 景墙休闲平台
17 儿童游乐场地
18 喷水水景
19 临水观景平台
20 特色景观桥
21 喷水景墙
22 小区人行入口
23 半架空平台
24 特色风情景墙
25 景观通道
26 风情台阶
27 景观亭
28 休闲活动场地
29 水景
30 入户对景景墙
31 幼儿园区
32 消防车出入口
33 休闲步道
34 商业街区
35 休息木平台
36 景观廊亭
37 洽谈平台
38 入口廊桥
N
0 10m 20m 30m

N EVER
VOLVING
ARDEN"

"TRADITIONS
REVISITED"

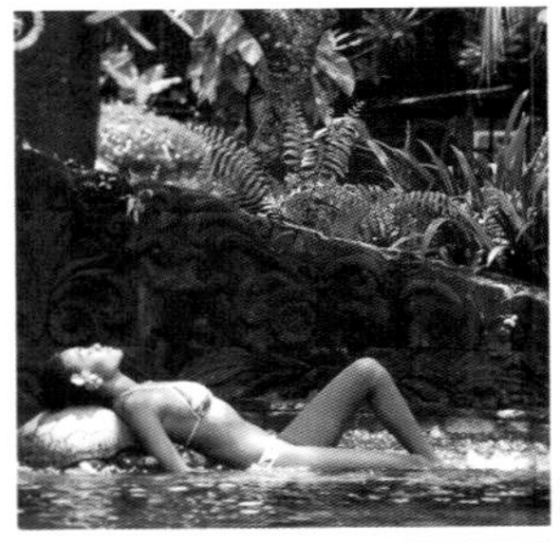

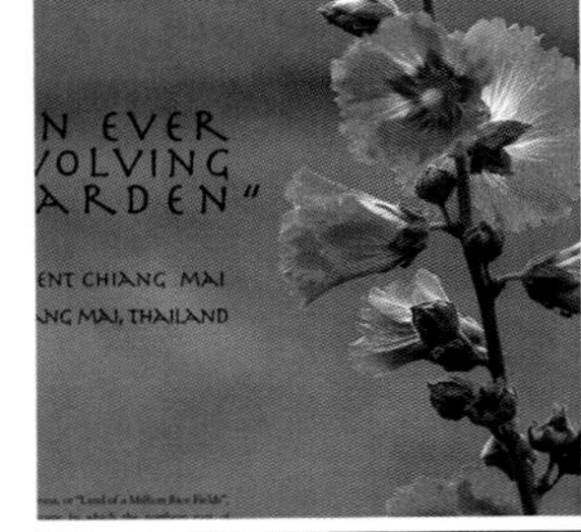

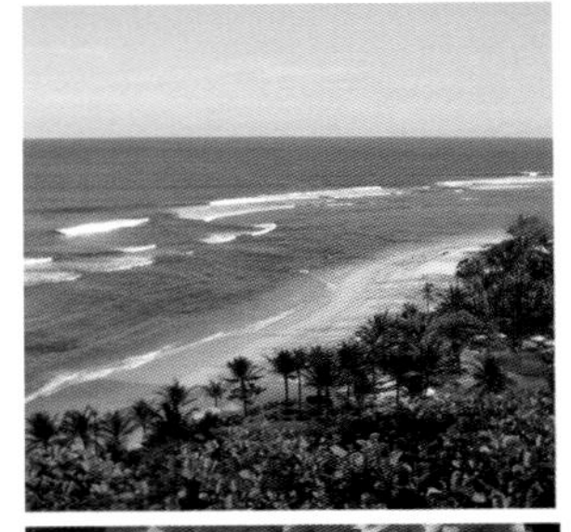

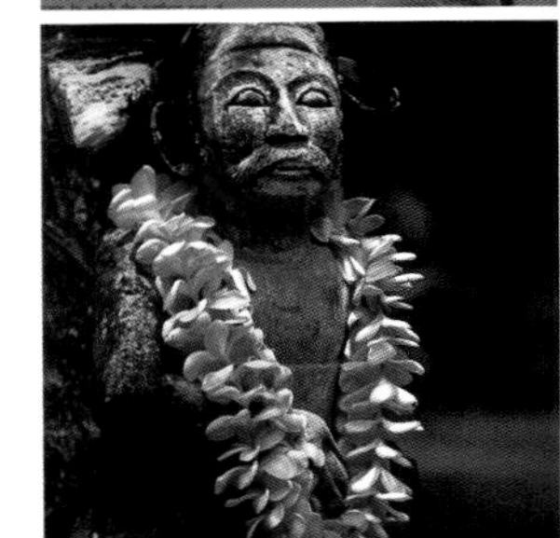

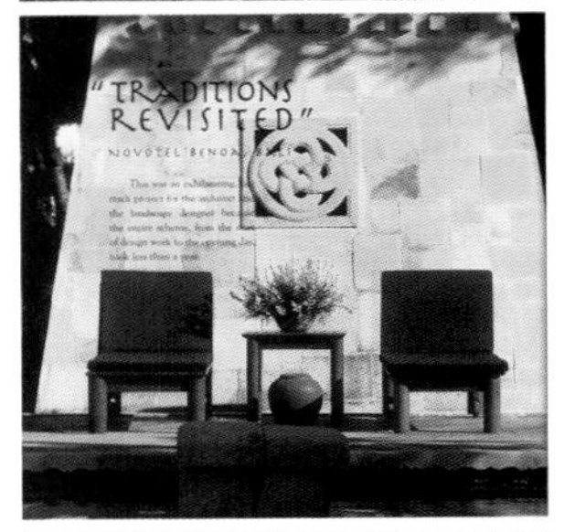

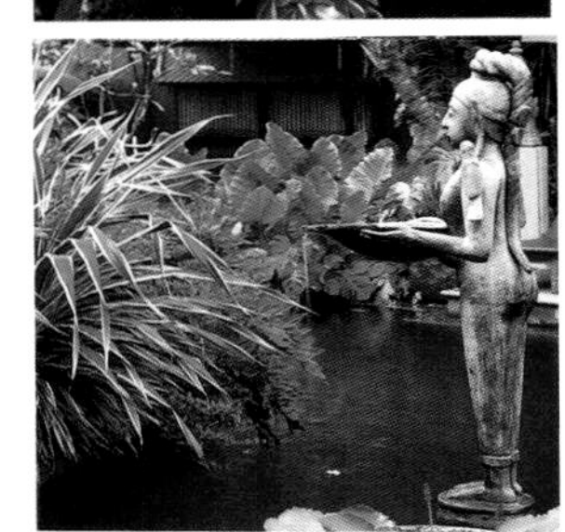

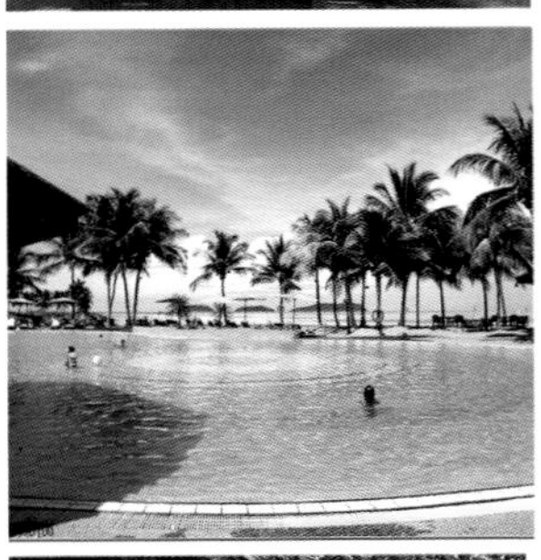

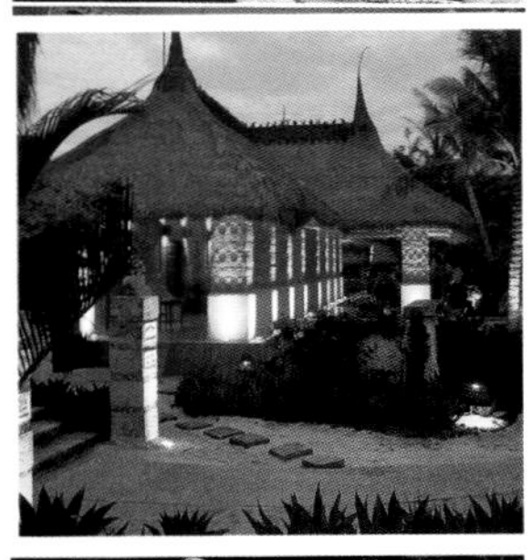

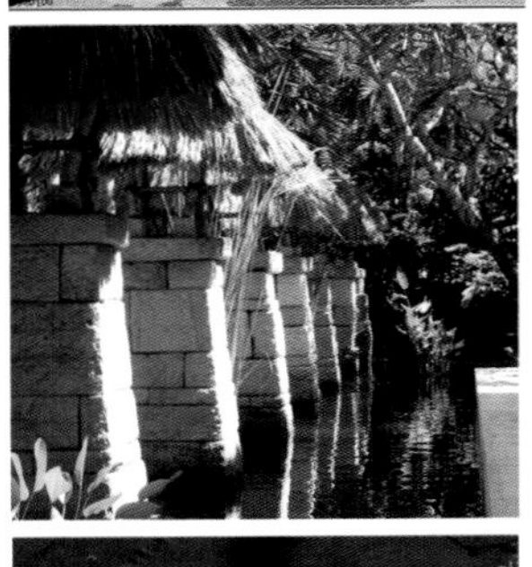

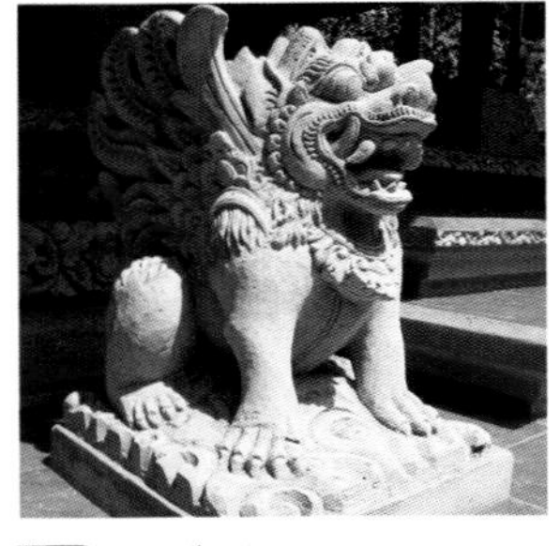

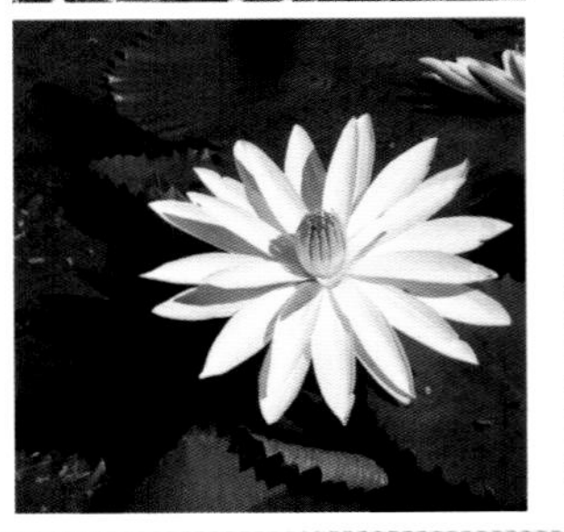

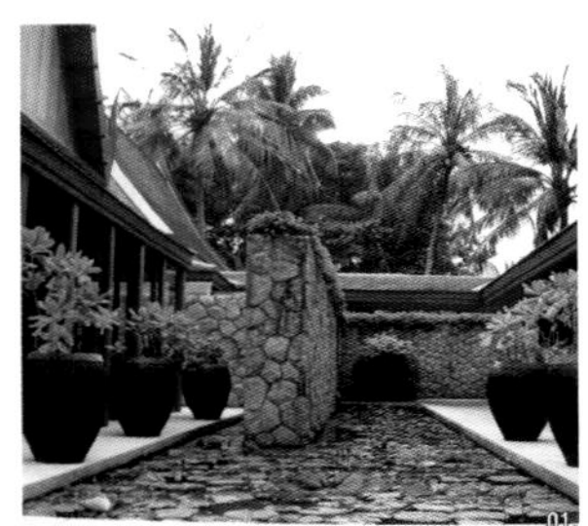

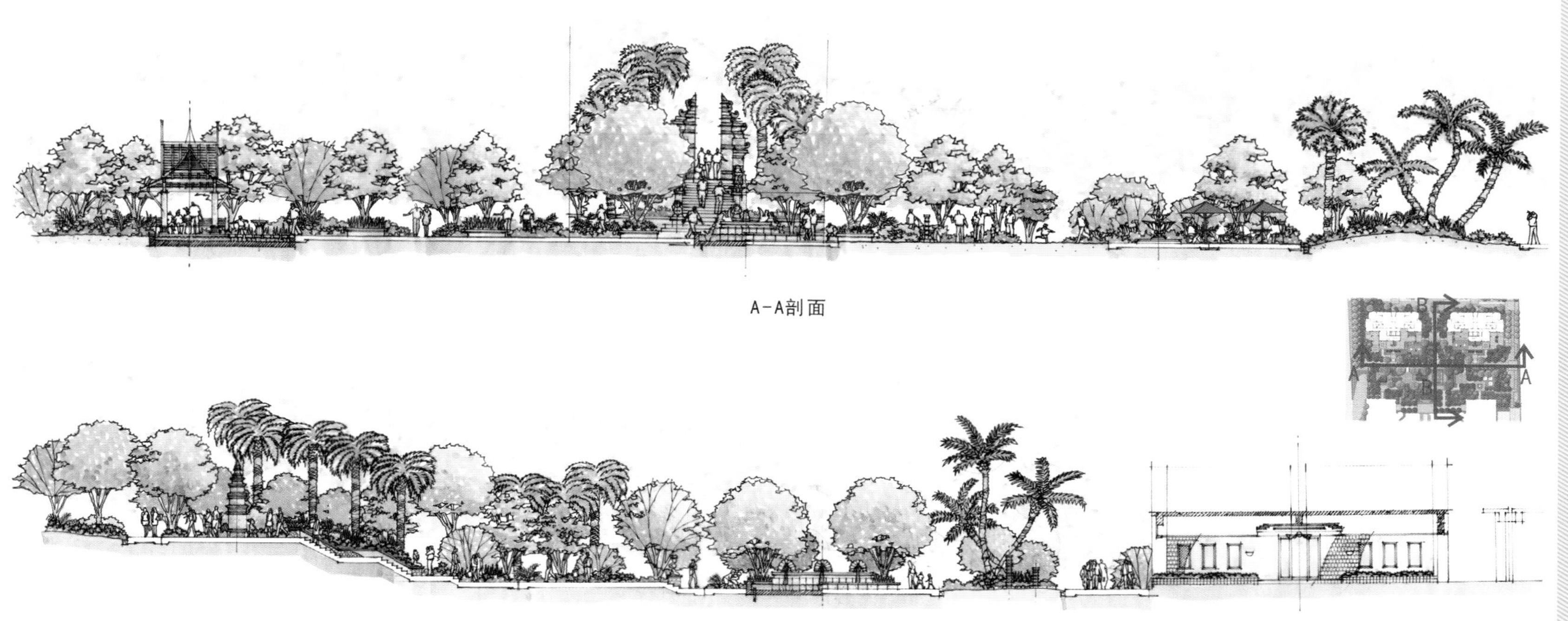
A-A剖面

B-B剖面

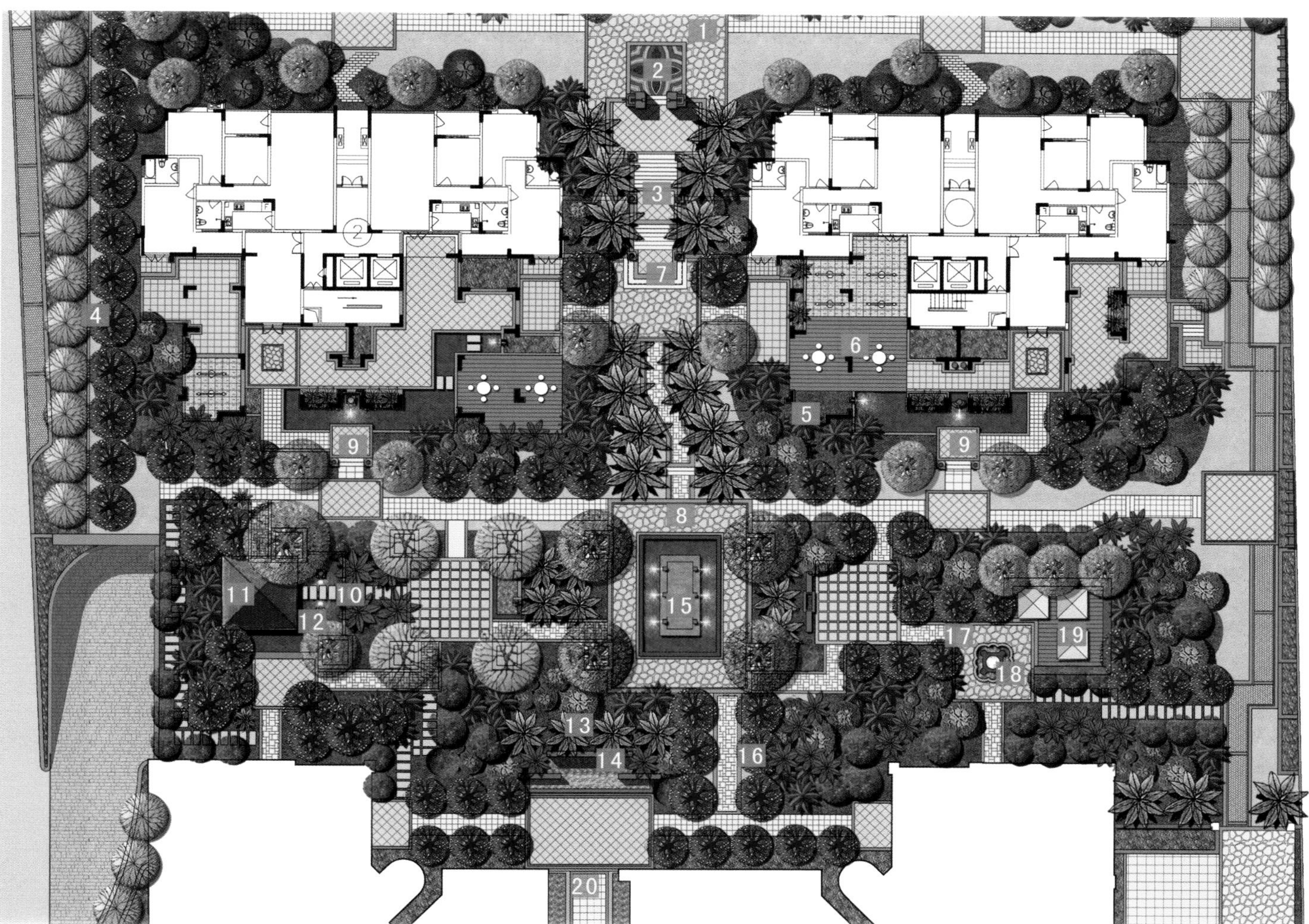

图例说明：

1 广场
2 观水平台
3 景观大道
4 林荫步道
5 花池
6 休息木平台
7 特色大台阶
8 主题水景广场
9 入户平台
10 特色汀步
11 景观亭
12 水景小品
13 特色植物
14 喷水景墙
15 特色水景
16 景观树
17 邻里交流场地
18 喷水雕塑
19 休息木平台
20 入户通道

B
A
A

A-A剖面
B-B剖面

图例说明：

1 塔式岗亭
2 特色跌水
3 主入口广场
4 活动花钵
5 亲水平台
6 景观大树
7 喷水景墙
8 水中汀步
9 休息凉亭
10 观景平台
11 架空木楼梯
12 下面架空的景亭
13 绿色喷水景墙
14 绿色喷水水钵
15 休息廊架
16 儿童活动场地
17 邻里交流场地
18 休闲场地
19 观景平台
20 休闲步道

B-B剖面

A-A剖面

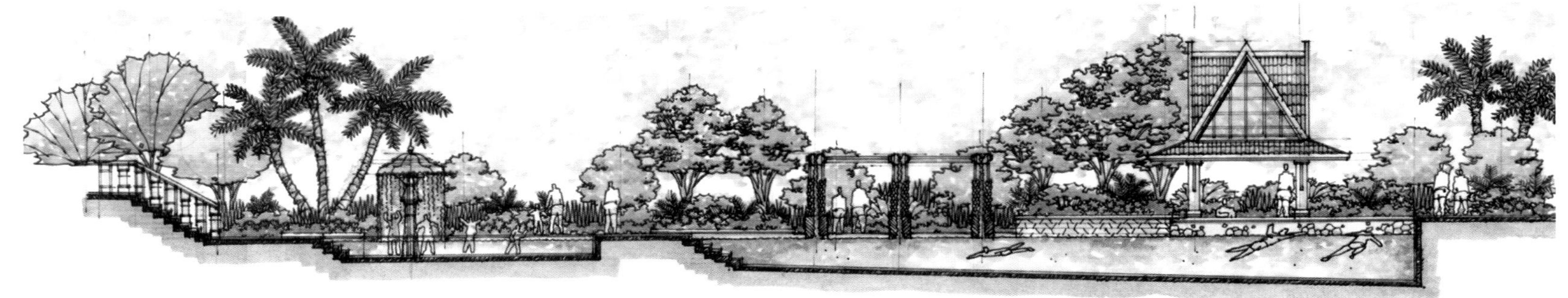

B-B剖面

图例说明：

1 地下车库入口
2 休闲步道
3 特色水景
4 观景平台
5 儿童游乐场地
6 亲水平台
7 公共活动空间
8 休息平台
9 按摩池景亭
10 喷水小品
11 景观泳池
12 景观叠水
13 高台景观亭
14 景墙
15 喷水水景
16 健身器材
17 情景雕塑
18 休闲平台

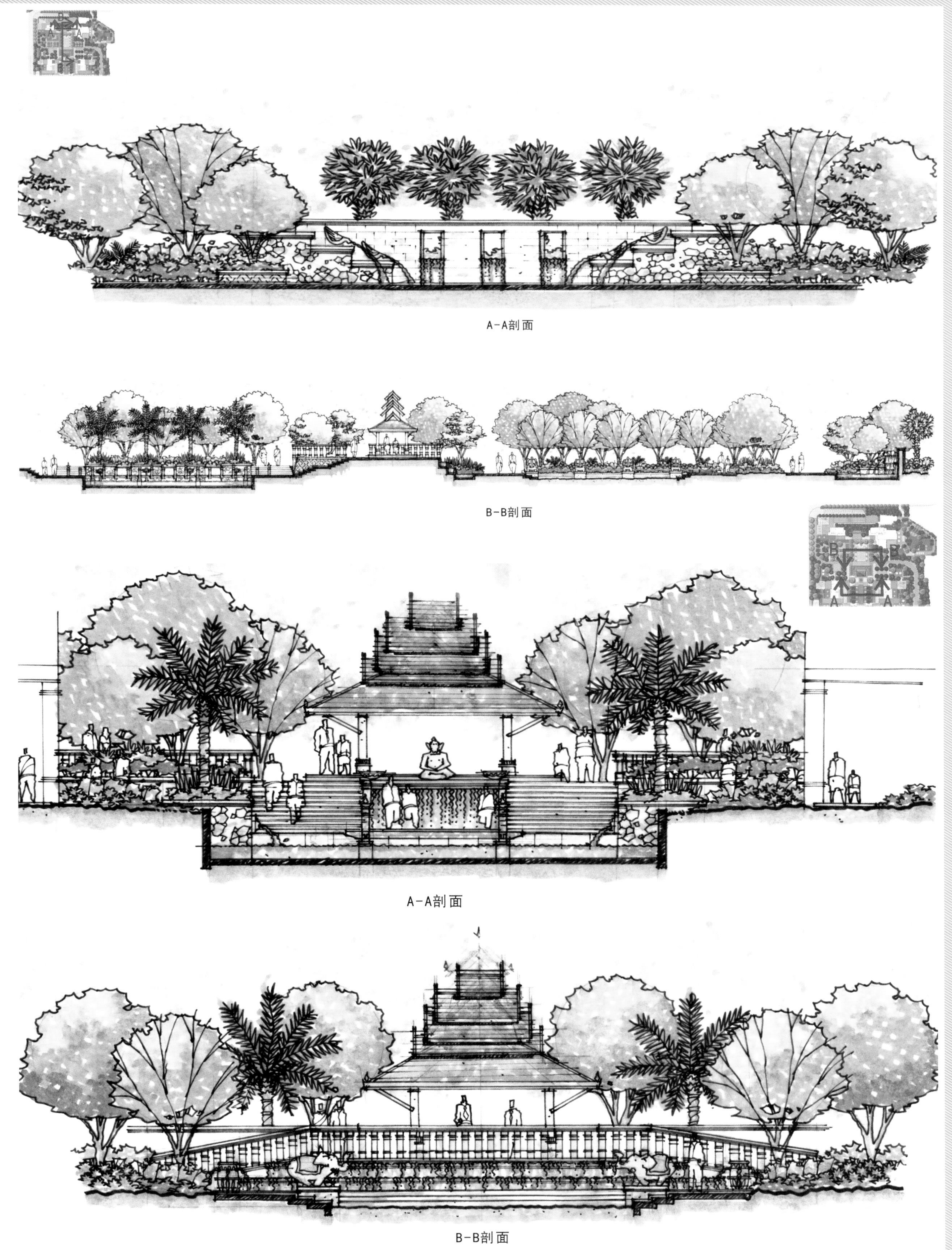
A-A剖面

B-B剖面

A-A剖面

B-B剖面

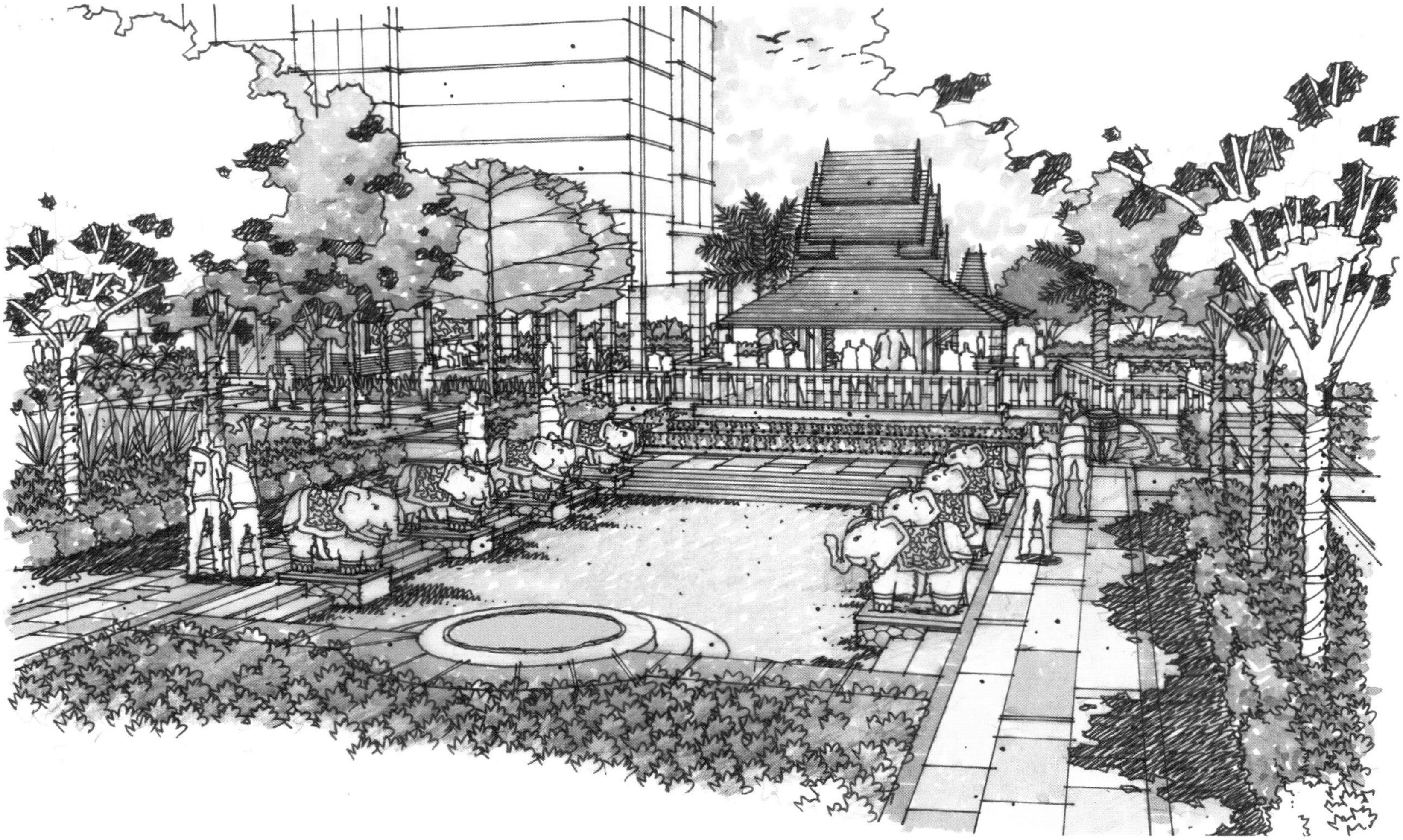

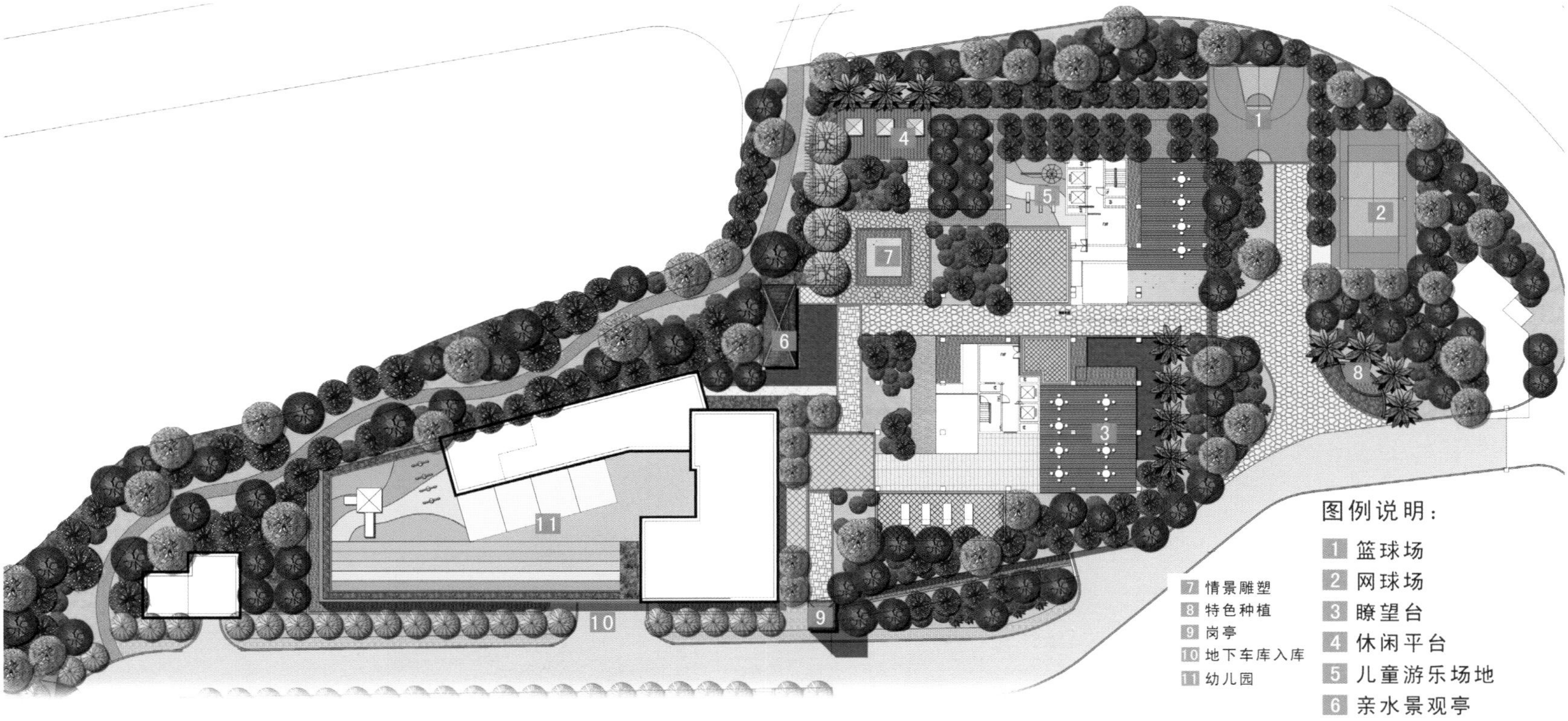

图例说明：

1 篮球场
2 网球场
3 瞭望台
4 休闲平台
5 儿童游乐场地
6 亲水景观亭
7 情景雕塑
8 特色种植
9 岗亭
10 地下车库入库
11 幼儿园

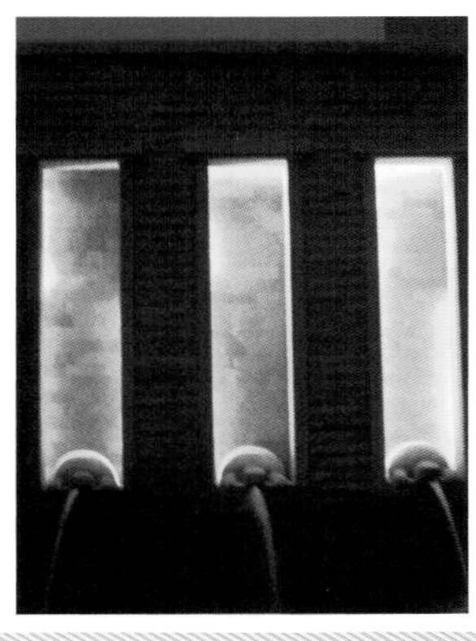

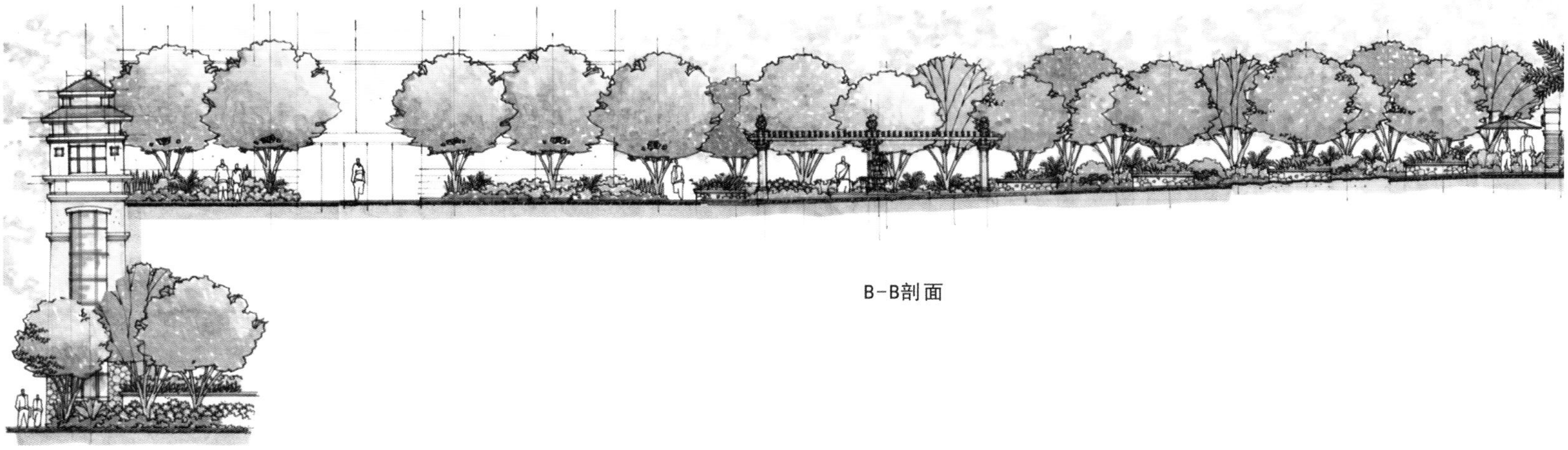

B-B剖面

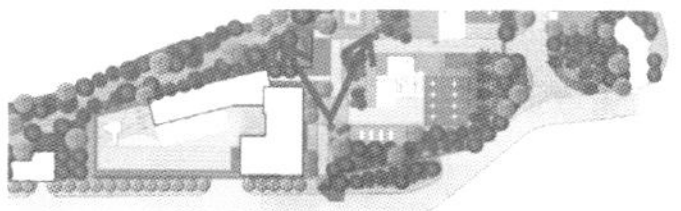

重庆融汇半岛五期

项目地点：重庆市
委 托 方：重庆融华房地产有限公司
景观设计：埃迪优（IDU）世界设计联盟联合业务中心

本项目为现代中式风格，以再现自然山水为设计的基本原则，追求建筑和自然的和谐，达到“天人合一”的效果。但并不是简单地模仿自然，而是“本于自然，高于自然”，把人工美和自然美巧妙地结合起来。这一思想在造园当中的具体表现就是“因地制宜”“依山就势”，善于利用现有的自然环境条件，体现出人工建造对自然的尊重与利用。“虚实相间，以虚为主”强调建筑群体之间的关系，而不是强调建筑单体，这使建筑物之间的院落往往成为设计的重点。

景观空间以无庭不居为规划理念，强调传统的合院空间，院落组合是传统村落的基本单元，空间层次从街坊—街巷—公共院落—私家院落进行有效过渡，既强调私密性和领域感，又突出共享性，为邻里间提供充分的交流场所。

B地块临时入口
商业广场
开盘区
B地块次入口
荷香园
梅香园
会所前广场
B地块主入口

A地块主入口
商业广场
海棠园
中心庭院
桂香园
幼儿园
幼儿园前广场
A地块次入口

点景大树
亲水平台
景观桥
荷花塘
景观小品
小沉广场
观水平台
荷花亭
景 墙
林荫小道
休闲广场
点景大树
入户道路

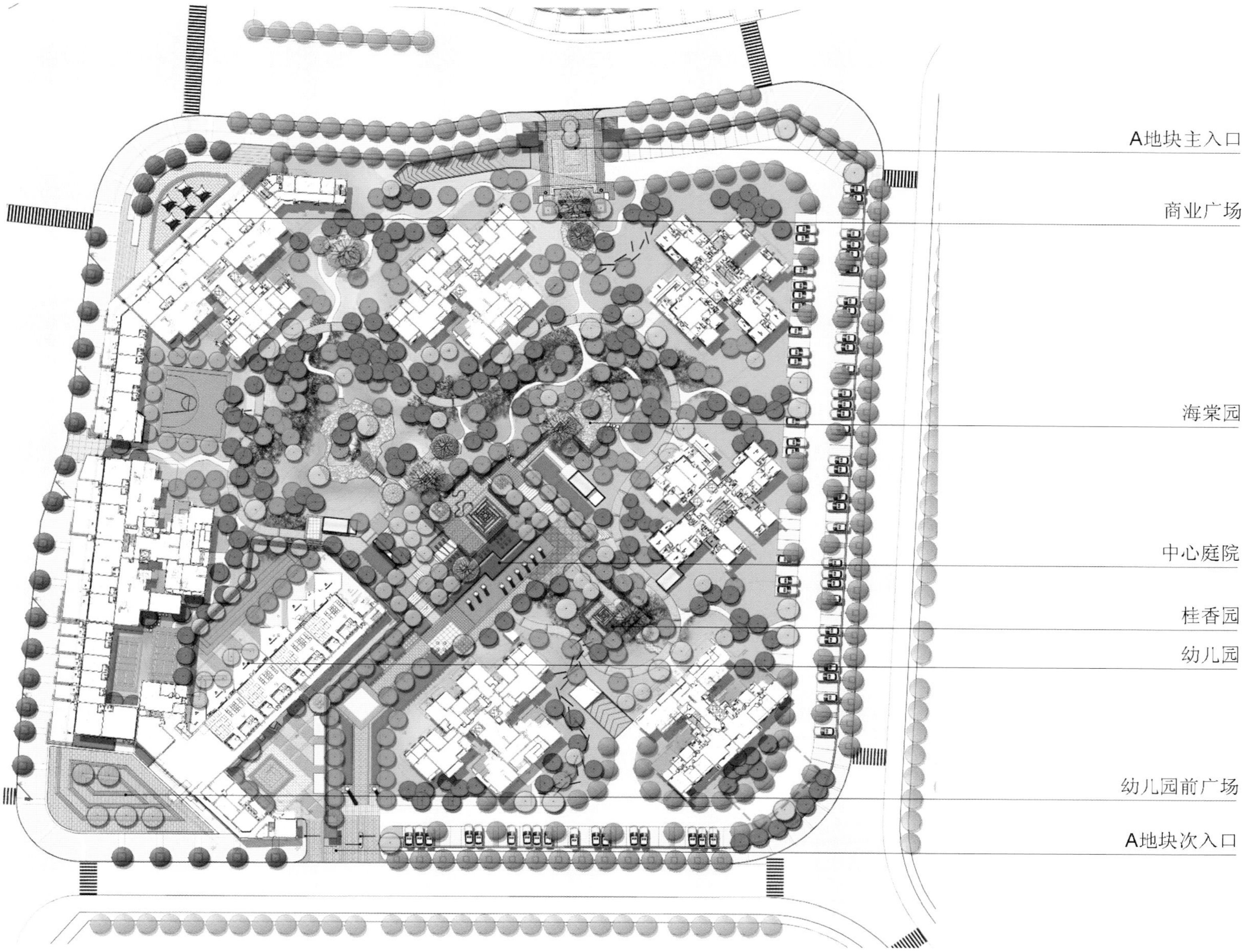

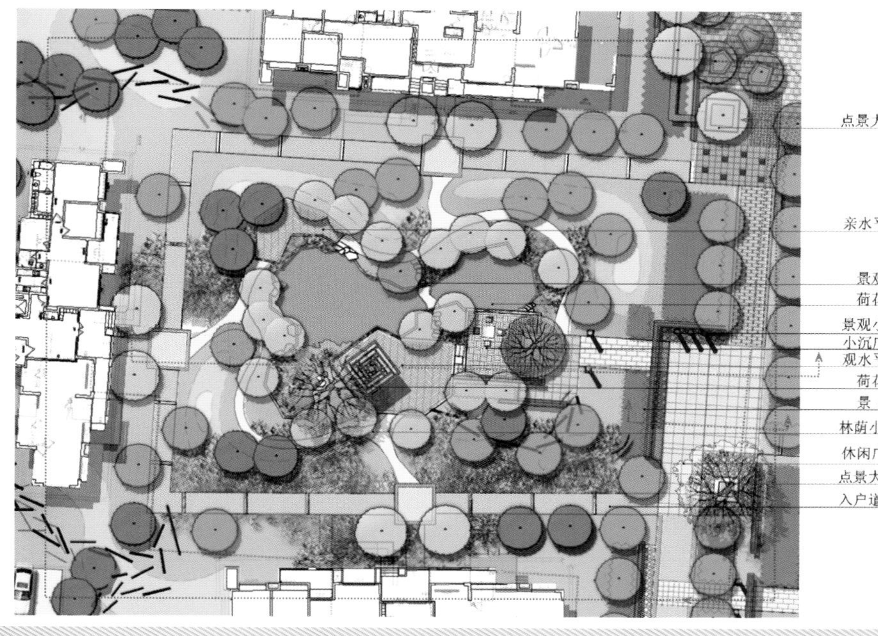

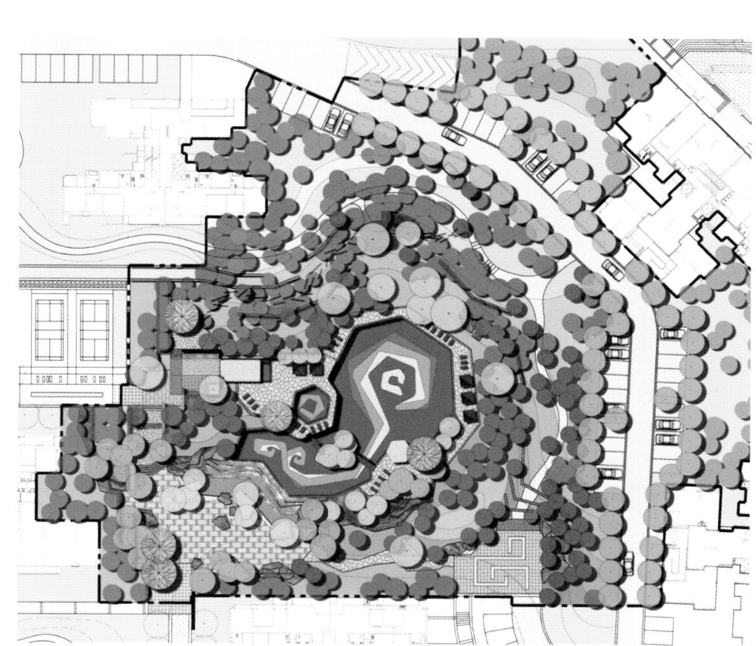

长江第一排

西安澜泊湾

所在地点：陕西省西安市
景观设计：三色国际设计机构
项目面积：53 574m²

项目位于银桥绿色工业园斜对面，是临潼商贸开发区首席顶端景观豪宅。小区设有临潼区首家超大型户外温泉游泳池和星级商务会所，是临潼区首家以水岸景观为主题的园林景观社区。本项目为欧式风格，充满异域风情，主打园林景观。项目拥有西班牙建筑标志性的大圆顶花园、假山跌水、三层的欧式风格的休闲娱乐会所和两边的近万平方米的商业街区、银行、医院、幼儿园等。

加拿利海枣树阵
前广场水景观
树阵跌水景观
室外体验温泉池
主景观跌水
室外游泳池
温泉池
溪谷跌水景观
中心观景广场
欧式景墙
喷泉景观
环岛
欧式跌水
休闲活动景区
入口广场
阳光草地
组团广场
绿荫长廊
入户广场
晨练广场
欧式景墙
下层广场
表演舞台
艺术长廊
欧式喷泉跌水
环岛景观
休闲中心

REVLON

SAN SIWAN

天津首创•国际半岛

项目地点：天津市
景观设计：三色国际设计机构
设计面积：110 000㎡

销售中心作为项目展示的第一窗口，承担的不仅仅是销售房屋功能，它还可展示出企业的开发理念、设计思想、工程形象、员工素质和生活氛围等各个方面，并借此巩固项目的品牌形象和公司的品牌形象。通过对方案的初步分析，确定园区整体景观风格。在设计中主要运用多种园林景观设计手法，在风格上融合了古典、现代、自然等多种设计形式，营造一种既优雅舒适，又富有展示性、教育性和参与性的公共空间气氛。

根据售楼的需要设计师对园区做了两个功能分区：

售楼处形象展示区：在功能设计上，根据客户群体制定了不同的活动空间，并且设计了销售路线，这条路线也是园区的参观路线，便于客户以最便捷的方式进入各个展区，标志系统的设计方便了客户的进入。

售楼处体验区：在景观色彩上处理协调、新颖，具有极强的视觉效果；在植被种植上，强调了疏与密的对比，大开大合。重点部位植物加厚，进行林荫化处理，一部分区域用地形加植物遮挡的方式，使客户进入园区后能够感受不同效果的植物氛围。

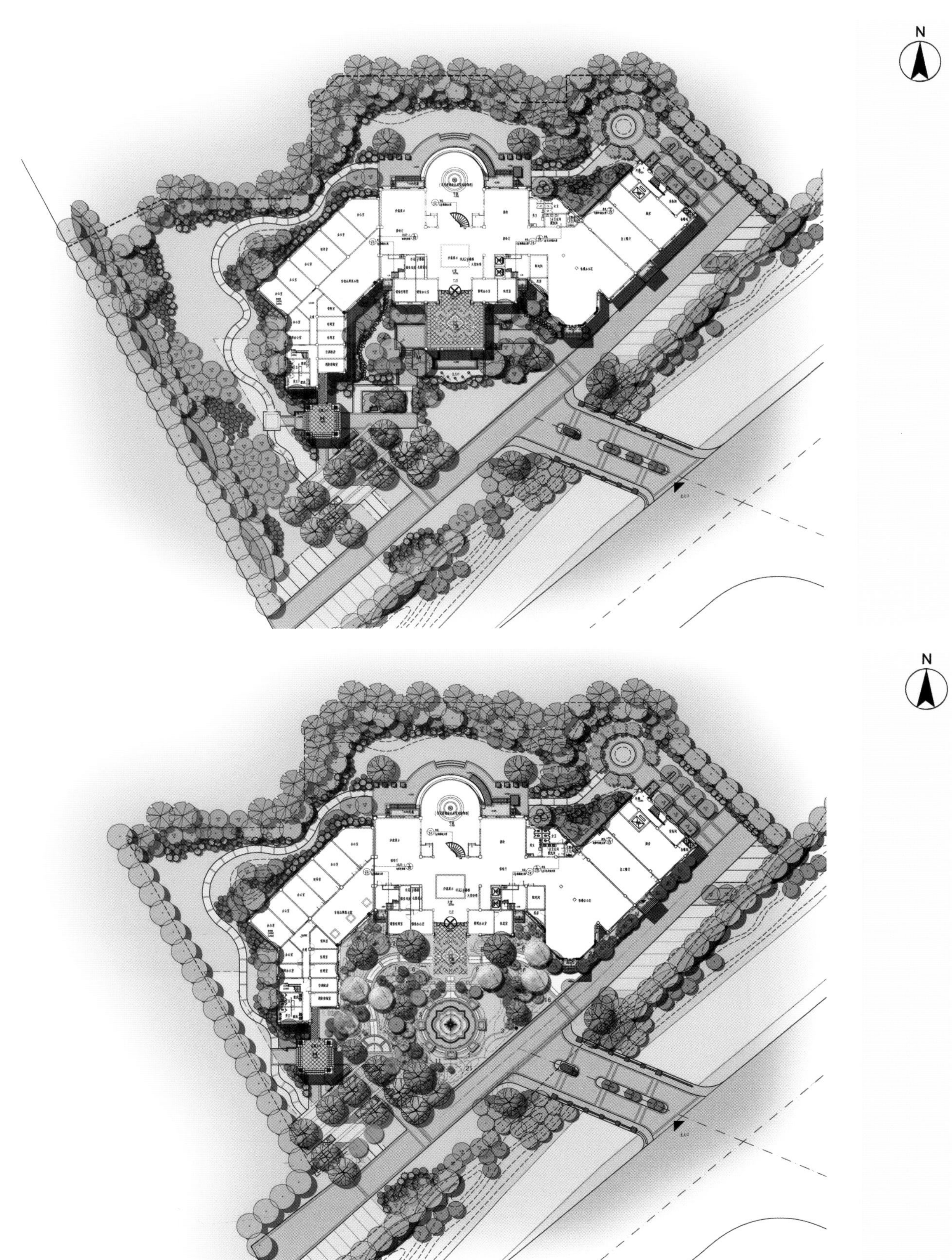

首创

济宁森泰御城

项目地点：山东省济宁市
开 发 商：济宁森泰房地产开发有限公司
设计单位：广州市太合景观设计有限公司
景观面积：38 000㎡

根据城市住宅区规划原理，在整个社区的景观规划中，充分考量项目特质，量身定做最适宜的园林景观。在小区空间环境分布上，采用了“一个中心，两个要点，三个整体”的空间布局概念。

一个中心是指在小区的中心空间地带设置了一个主体景观，利用园建、植物和水景组织一个具有独特景观的公共空间环境。

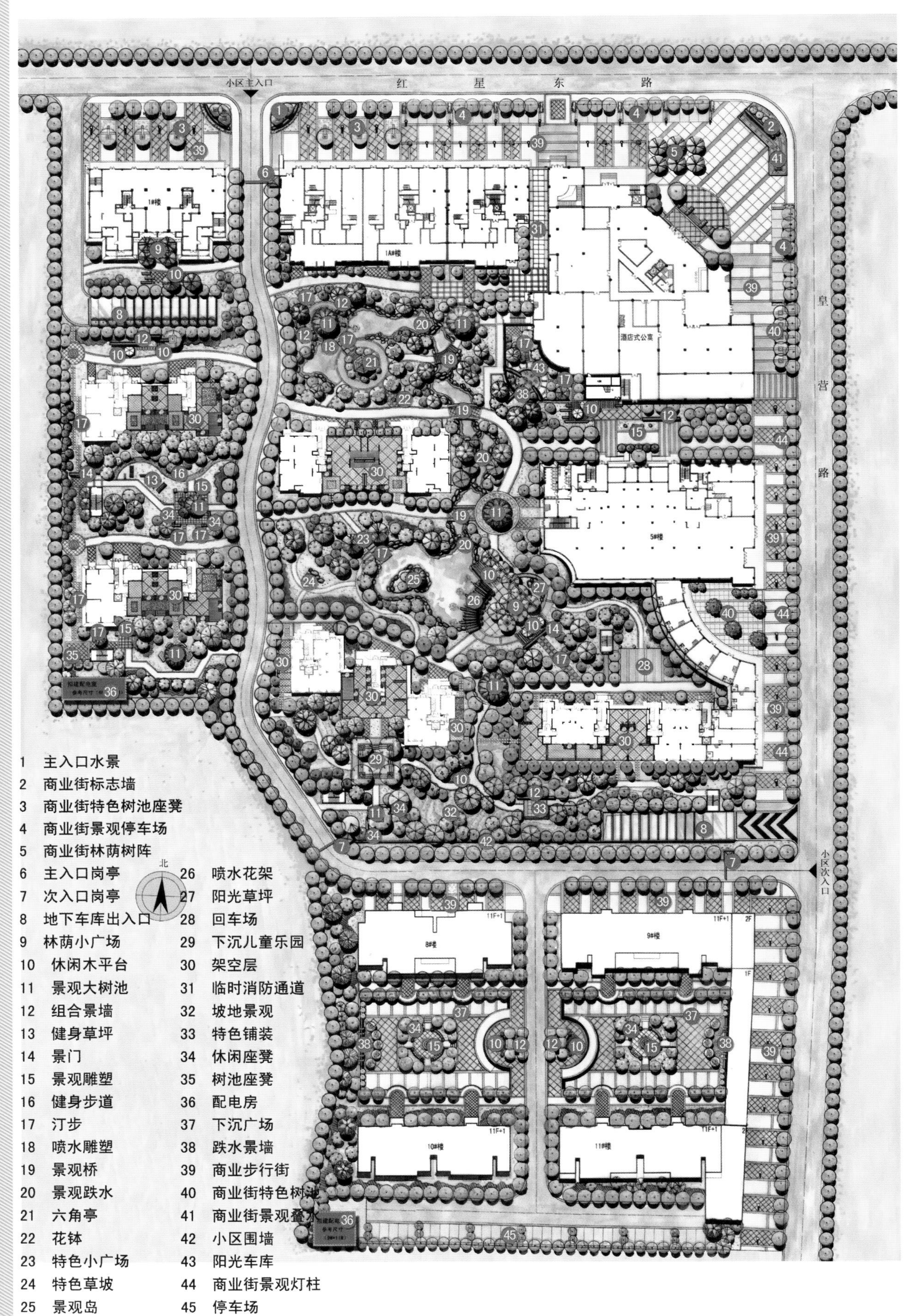

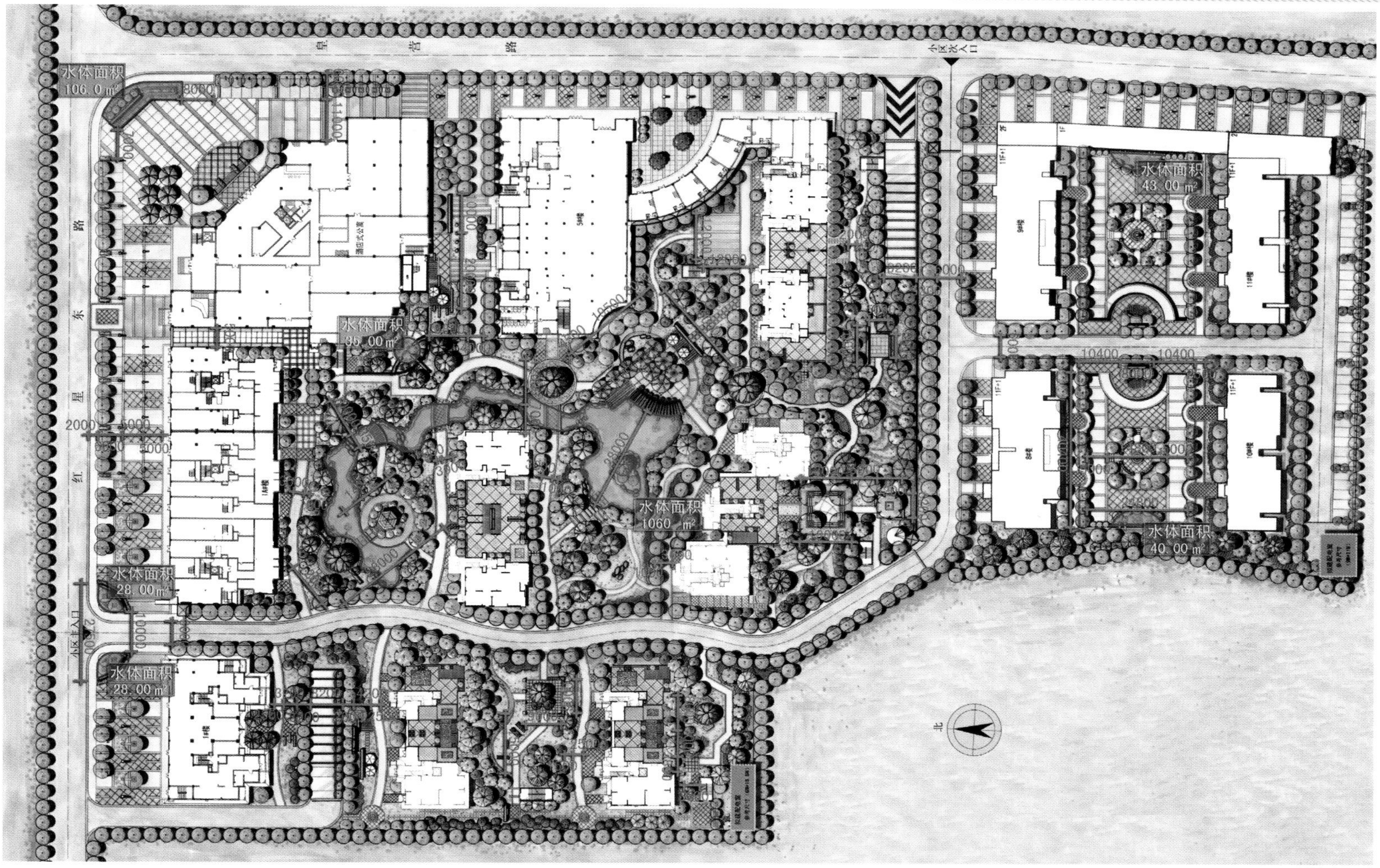

两个要点是指商业街景观与入口景观，作为外部景观区域，环境品质的高低直接反映了小区品位的高低，所以设计师也把这里作为一个重点来打造，力求以精致的细节设计来展现外部景观区的环境效果，提升小区的整体环境形象。

三个整体是指三个局部组团空间的设计，三个组团成并列式空间，三者之间相对独立。所以设计师从销售、生活习性及消费心理等多方面考虑，以体现小区多元化空间和景观分布的均好性为出发点，将三个组团区域设计成各有特点又遥相呼应的居住空间，或潺潺流水，或浓荫叠翠，每个空间都洋溢着小区里品质生活的写意，清波碧水、观景小岛、喷水花架、林木绿地、雕塑小品……徜徉其间，有江南园林的清丽，有东南亚园林的葱郁，更传承了帝王行宫林苑之灵秀，宛若现代皇家水景园林，风景瑰丽如画，体验尊贵非凡。

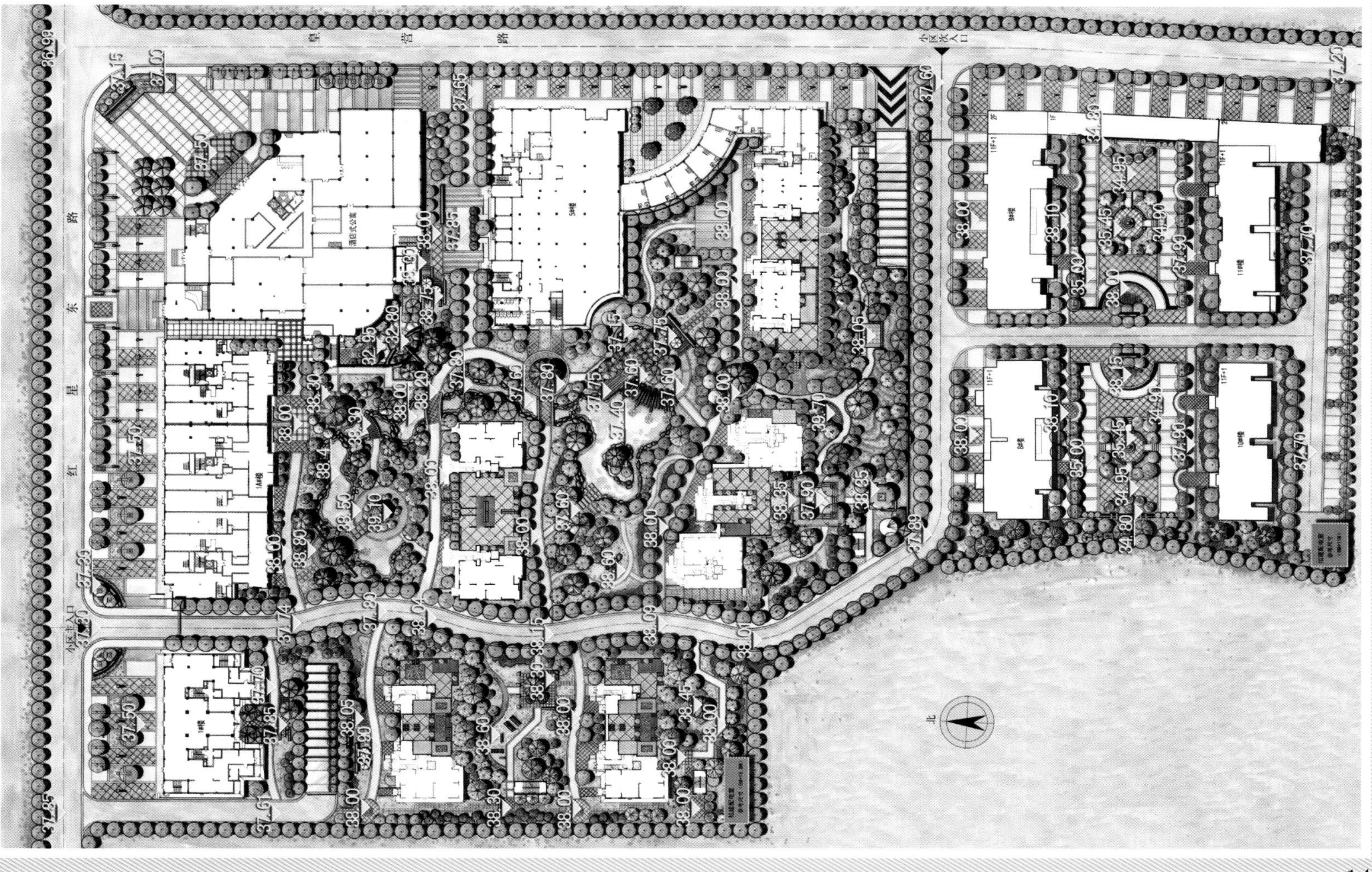

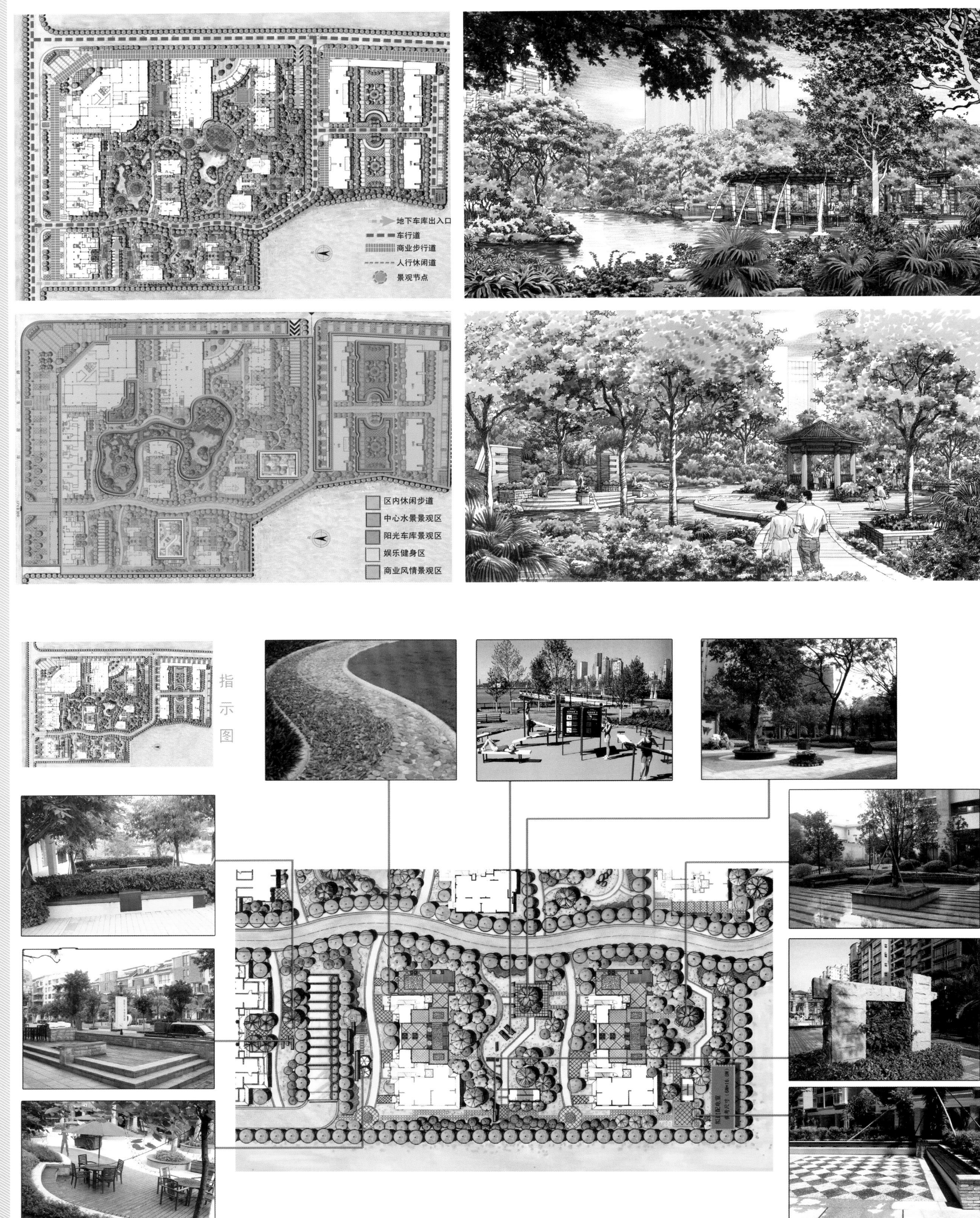

地下车库出入口
车行道
商业步行道
人行休闲道
景观节点
区内休闲步道
中心水景景观区
阳光车库景观区
娱乐健身区
商业风情景观区
指
示
图

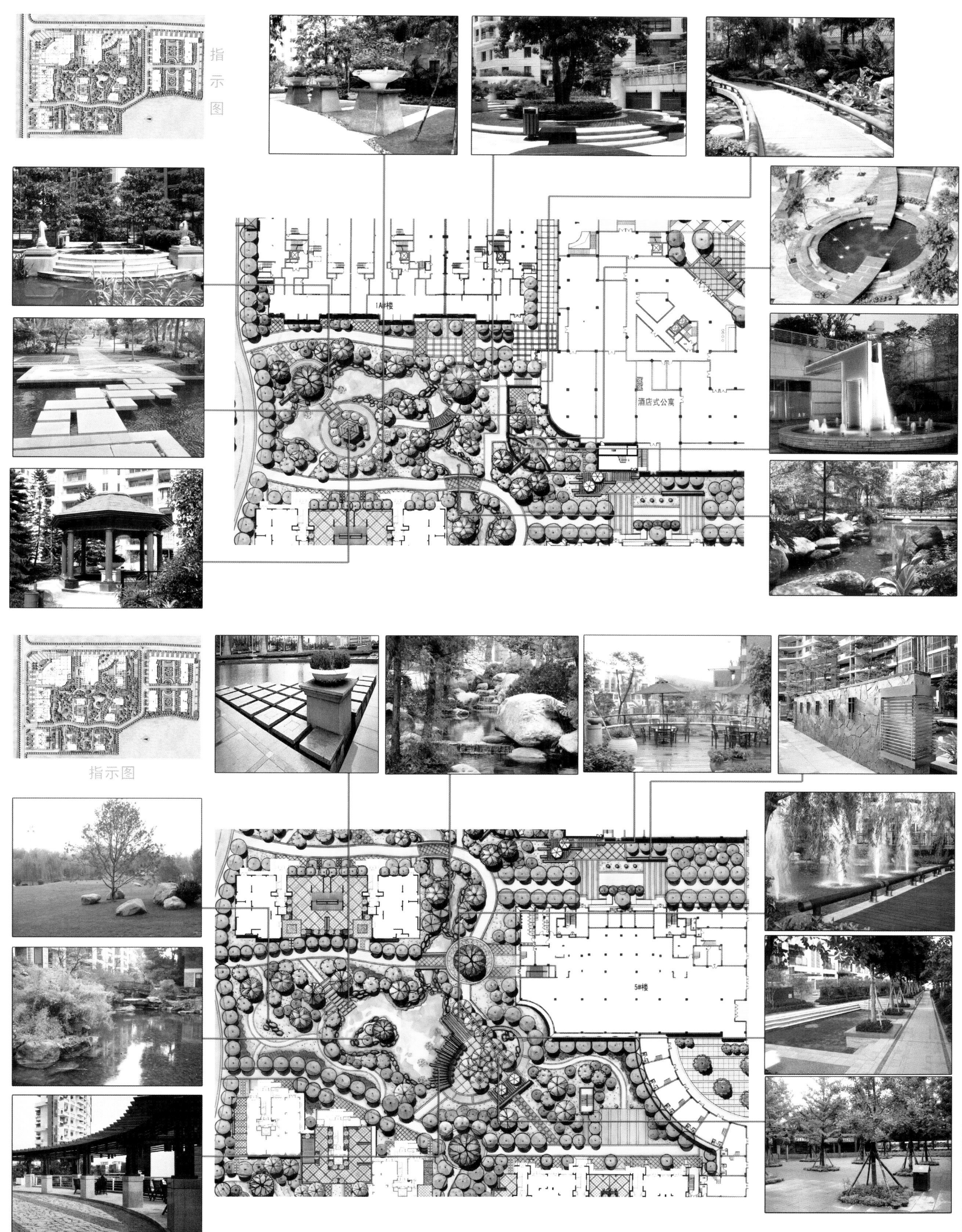

指示图
1A#楼
酒店式公寓
指示图
5#楼

指
示
图
8#楼
9#楼
10#楼
11#楼
11F+1

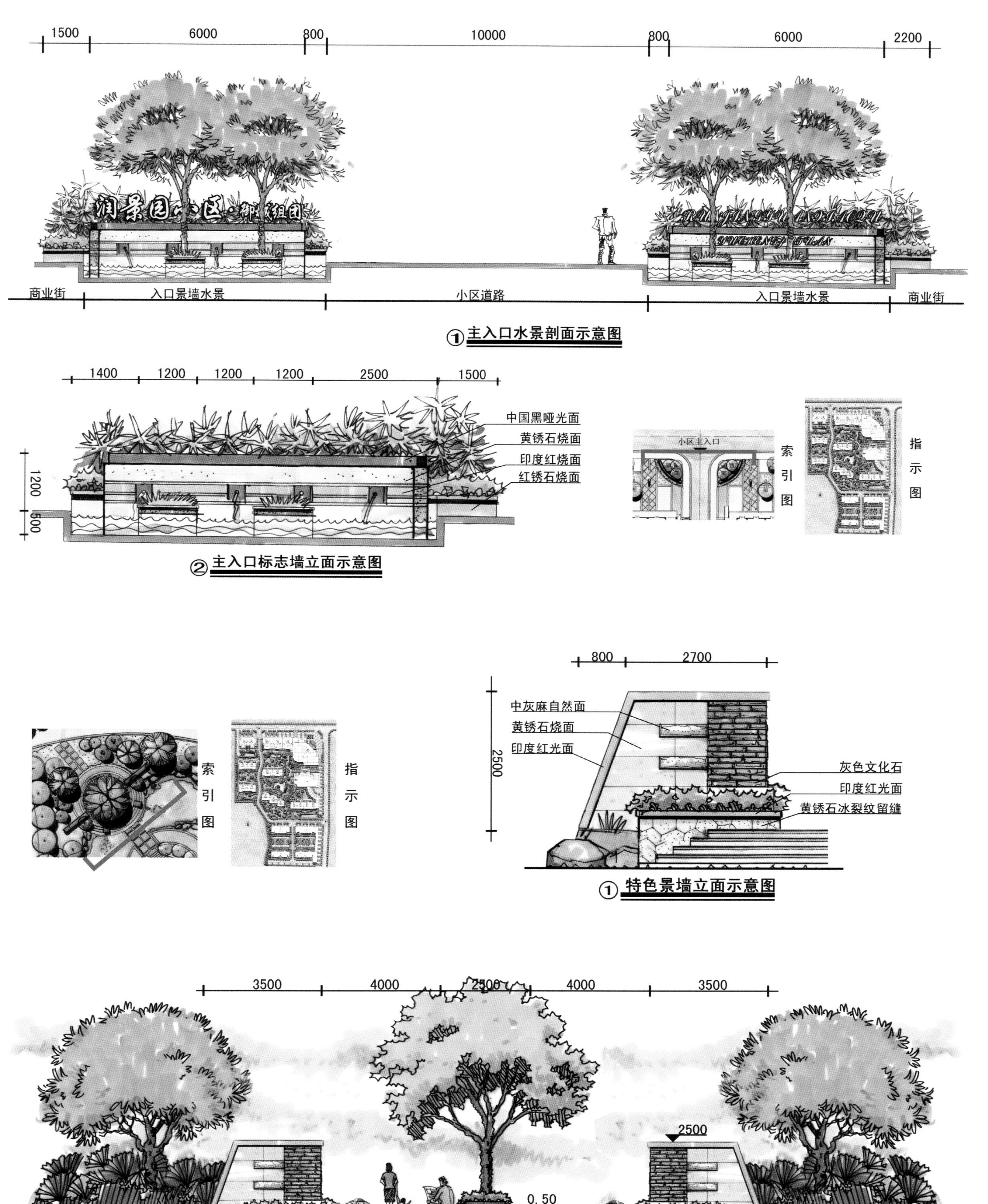
1500
6000
800
10000
800
6000
2200
商业街
入口景墙水景
小区道路
入口景墙水景
商业街
①主入口水景剖面示意图
1400
1200
1200
1200
2500
1500
1200
500
中国黑哑光面
黄锈石烧面
印度红烧面
红锈石烧面
②主入口标志墙立面示意图
小区主入口
索引图
指示图
索引图
指示图
800
2700
2500
中灰麻自然面
黄锈石烧面
印度红光面
灰色文化石
印度红光面
黄锈石冰裂纹留缝
①特色景墙立面示意图
3500
4000
2500
4000
3500
2500
0.50
±0.00
植物组景
特色景墙
喷水雕塑
亲水阶梯
景观大树池
亲水阶梯
喷水雕塑
特色景墙
植物组景
②雕塑喷泉水景剖面示意图

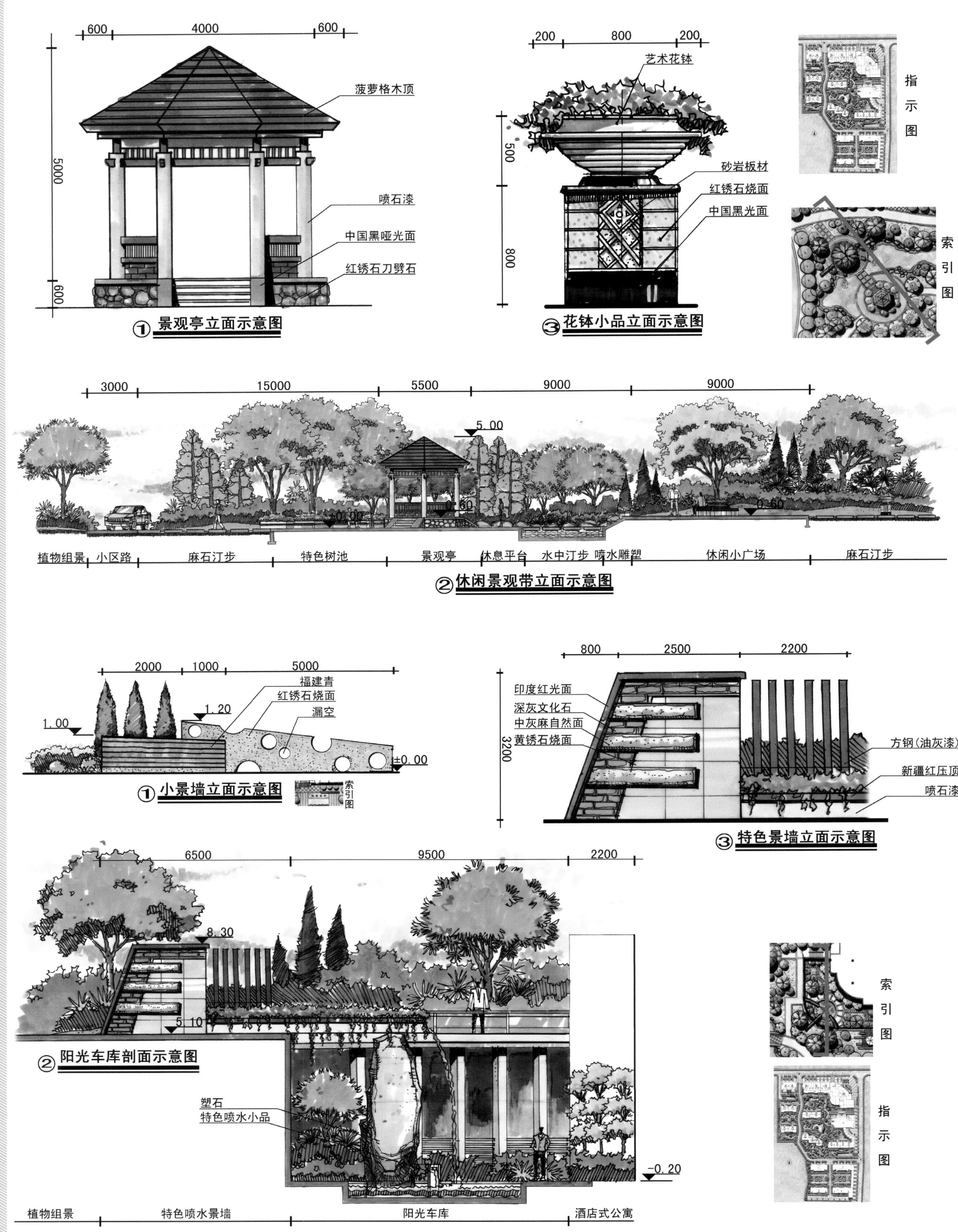

600
4000
600
5000
600
菠萝格木顶
喷石漆
中国黑哑光面
红锈石刀劈石
①景观亭立面示意图
200
800
200
艺术花钵
500
800
砂岩板材
红锈石烧面
中国黑光面
③花钵小品立面示意图
指示图
索引图
3000
15000
5500
9000
9000
5.00
±0.00
0.60
0.60
植物组景
小区路
麻石汀步
特色树池
景观亭
休息平台
水中汀步
喷水雕塑
休闲小广场
麻石汀步
②休闲景观带立面示意图
2000
1000
5000
福建青
红锈石烧面
漏空
1.00
1.20
±0.00
①小景墙立面示意图
索引图
800
2500
2200
3200
印度红光面
深灰文化石
中灰麻自然面
黄锈石烧面
方钢(油灰漆)
新疆红压顶
喷石漆
③特色景墙立面示意图
6500
9500
2200
8.30
5.10
-0.20
②阳光车库剖面示意图
塑石
特色喷水小品
植物组景
特色喷水景墙
阳光车库
酒店式公寓
索引图
指示图

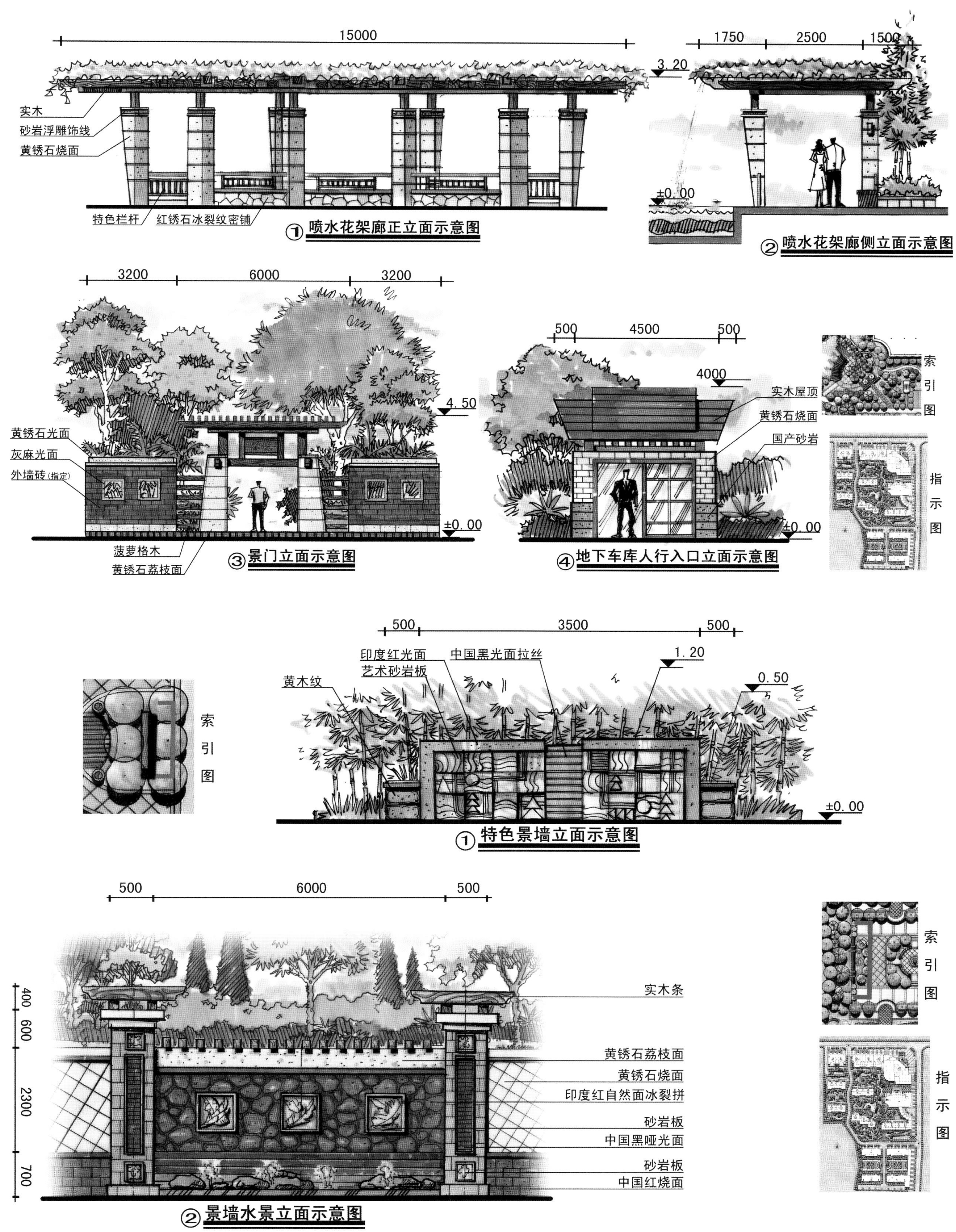

15000
1750
2500
1500
3.20
±0.00
实木
砂岩浮雕饰线
黄锈石烧面
特色栏杆
红锈石冰裂纹密铺
①喷水花架廊正立面示意图
②喷水花架廊侧立面示意图
3200
6000
3200
4.50
黄锈石光面
灰麻光面
外墙砖(指定)
±0.00
菠萝格木
黄锈石荔枝面
③景门立面示意图
500
4500
500
4000
实木屋顶
黄锈石烧面
国产砂岩
±0.00
④地下车库人行入口立面示意图
索引图
指示图
500
3500
500
印度红光面
中国黑光面拉丝
艺术砂岩板
黄木纹
1.20
0.50
±0.00
索引图
①特色景墙立面示意图
500
6000
500
400
600
2300
700
实木条
黄锈石荔枝面
黄锈石烧面
印度红自然面冰裂拼
砂岩板
中国黑哑光面
砂岩板
中国红烧面
索引图
指示图
②景墙水景立面示意图

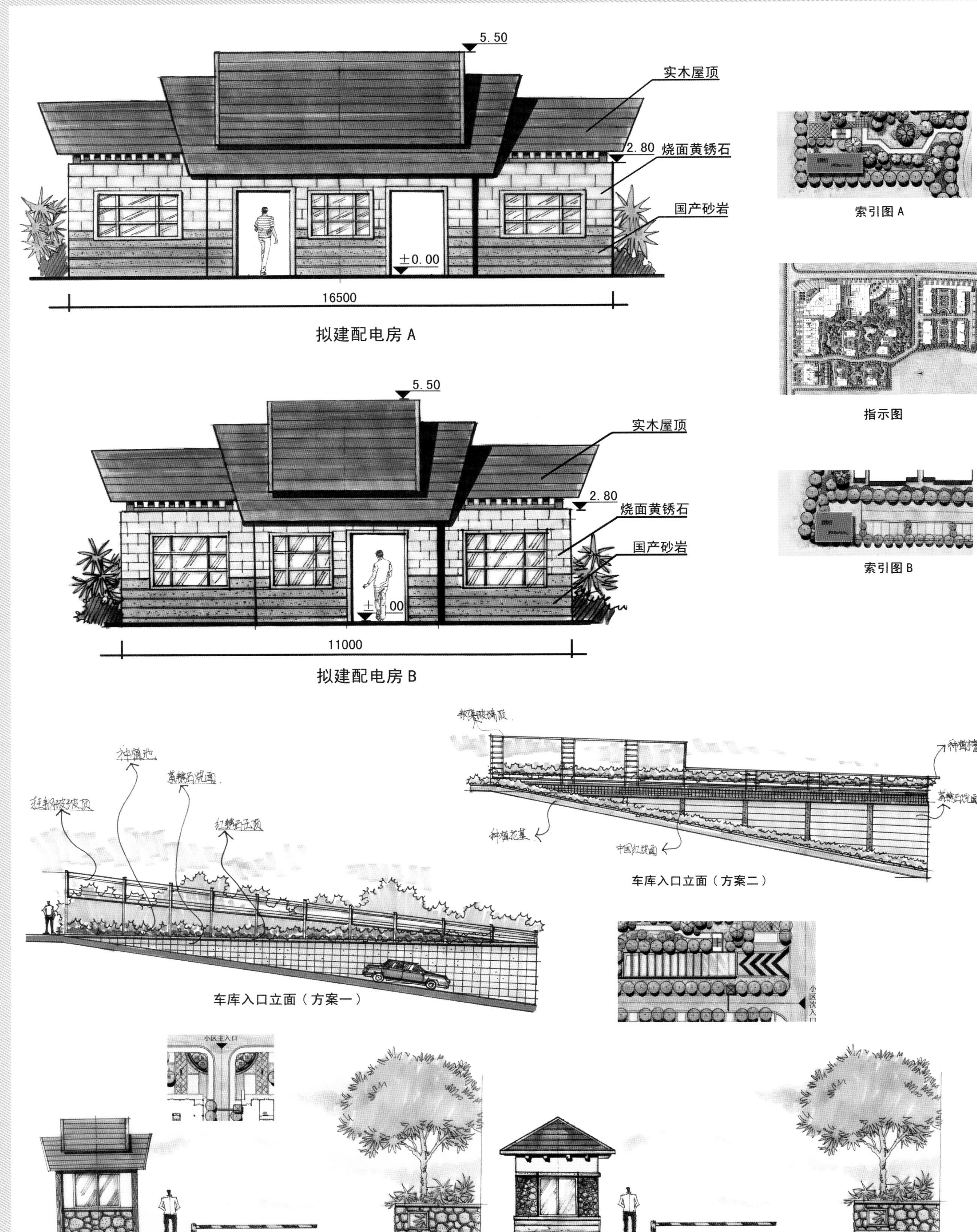

拟建配电房 A

索引图 A

指示图

拟建配电房 B

索引图 B

车库入口立面（方案二）

车库入口立面（方案一）

小区入口立面（方案二）

小区入口立面（方案一）

雅境

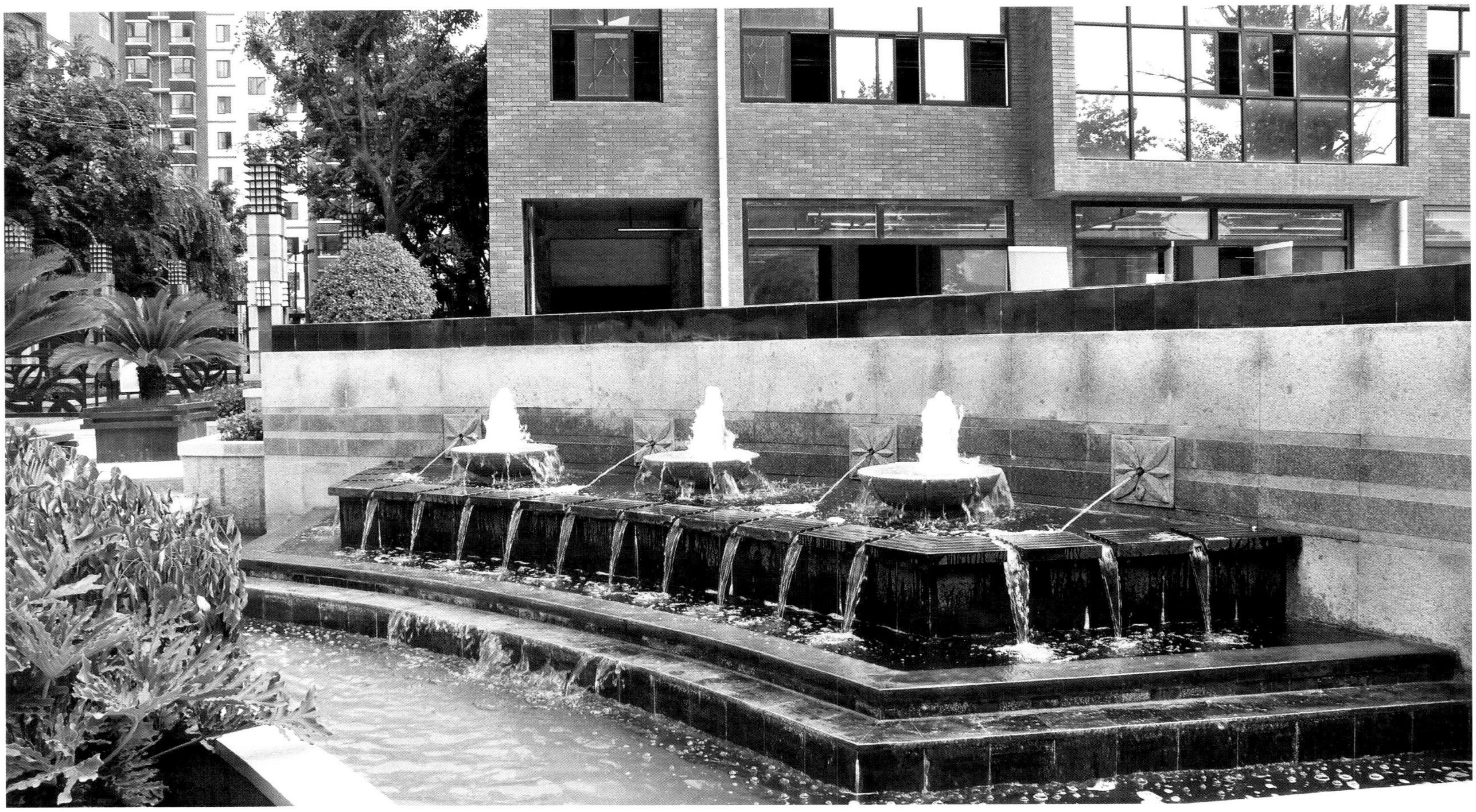

AVENIR 高丝
全羊馆
名酒商贸
全羊馆试营业啦

顾家工艺
皇朝家私

雅境

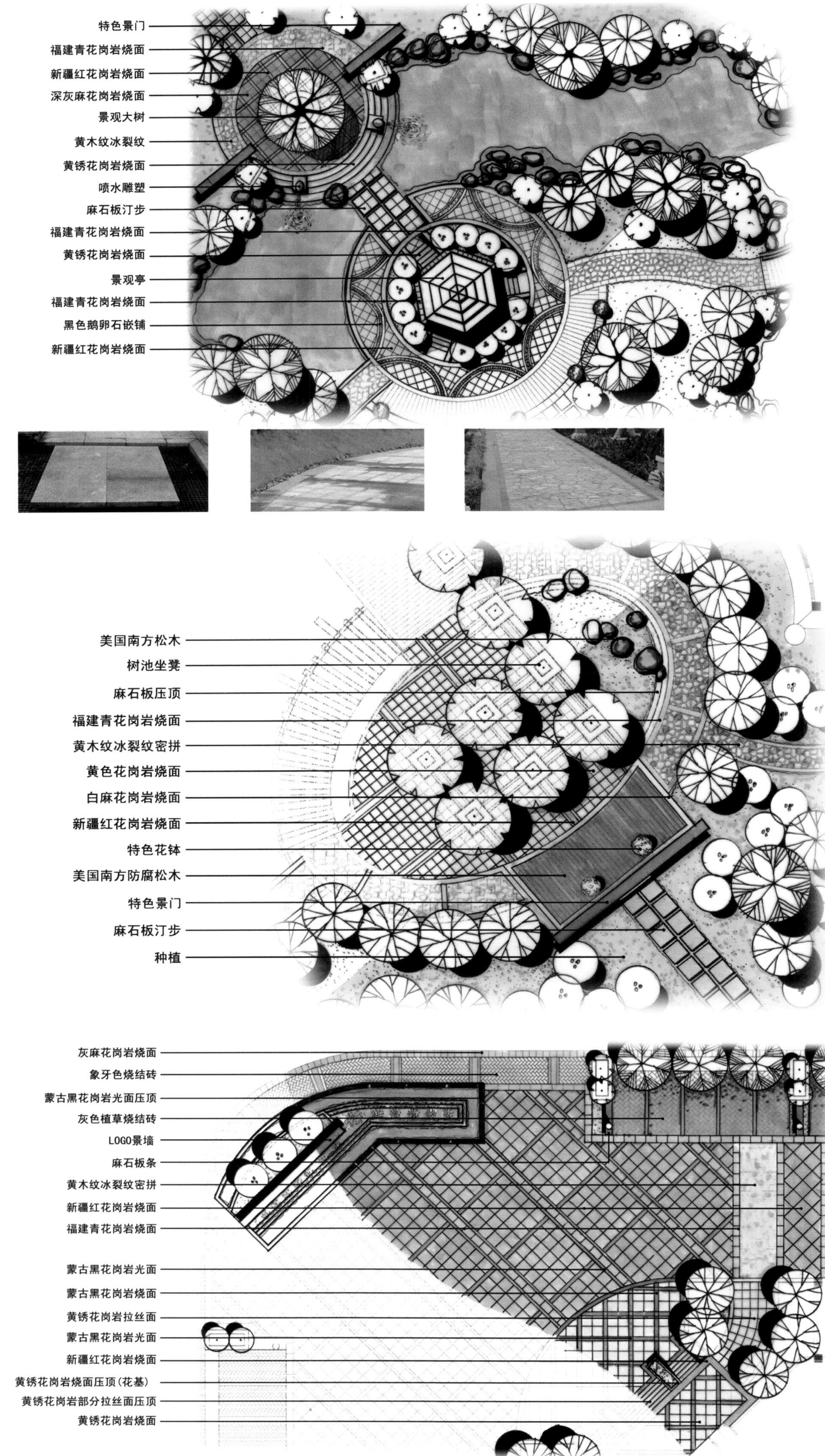
特色景门
福建青花岗岩烧面
新疆红花岗岩烧面
深灰麻花岗岩烧面
景观大树
黄木纹冰裂纹
黄锈花岗岩烧面
喷水雕塑
麻石板汀步
福建青花岗岩烧面
黄锈花岗岩烧面
景观亭
福建青花岗岩烧面
黑色鹅卵石嵌铺
新疆红花岗岩烧面
美国南方松木
树池坐凳
麻石板压顶
福建青花岗岩烧面
黄木纹冰裂纹密拼
黄色花岗岩烧面
白麻花岗岩烧面
新疆红花岗岩烧面
特色花钵
美国南方防腐松木
特色景门
麻石板汀步
种植
灰麻花岗岩烧面
象牙色烧结砖
蒙古黑花岗岩光面压顶
灰色植草烧结砖
LOGO景墙
麻石板条
黄木纹冰裂纹密拼
新疆红花岗岩烧面
福建青花岗岩烧面
蒙古黑花岗岩光面
蒙古黑花岗岩烧面
黄锈花岗岩拉丝面
蒙古黑花岗岩光面
新疆红花岗岩烧面
黄锈花岗岩烧面压顶(花基)
黄锈花岗岩部分拉丝面压顶
黄锈花岗岩烧面

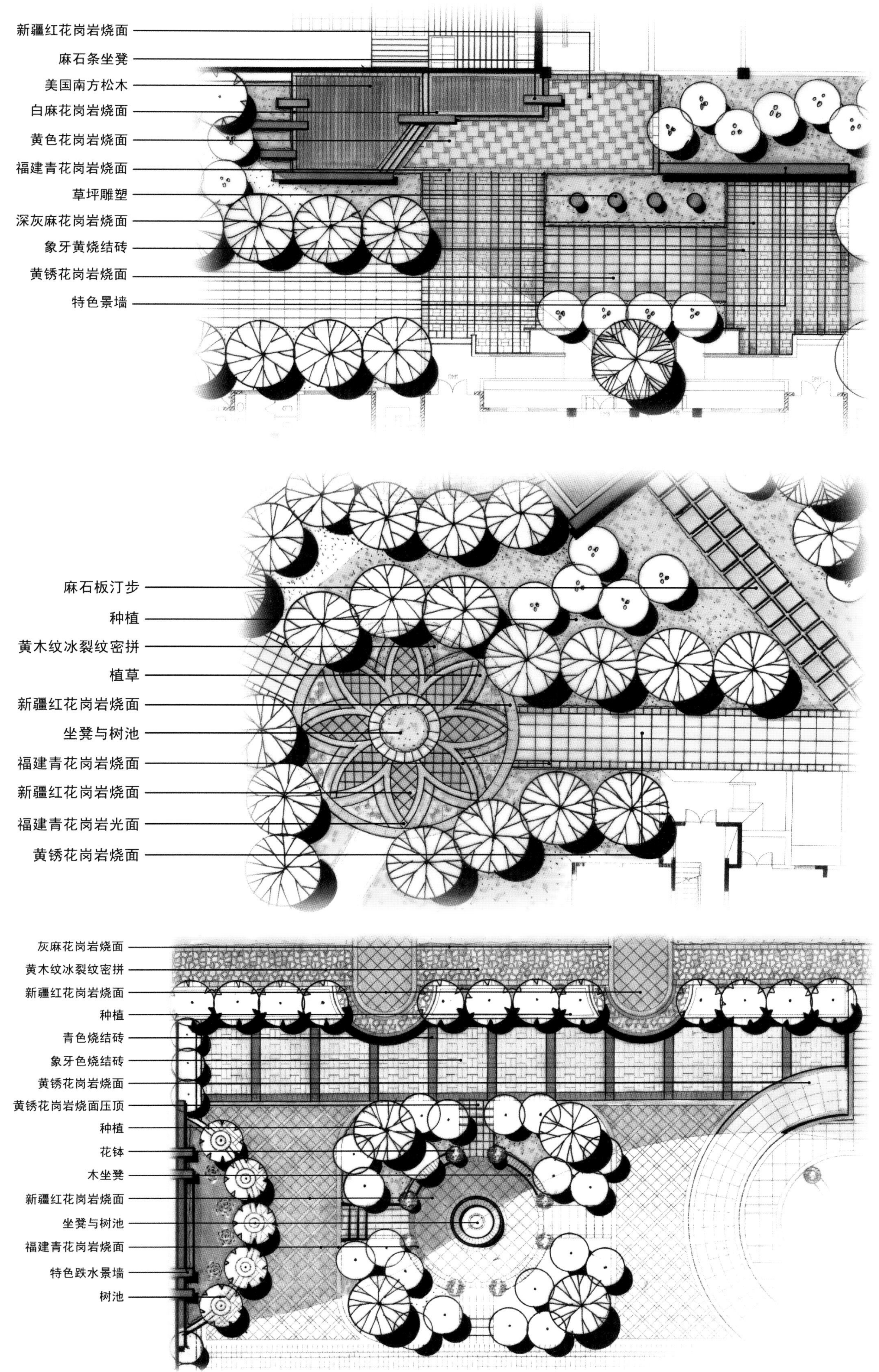

新疆红花岗岩烧面
麻石条坐凳
美国南方松木
白麻花岗岩烧面
黄色花岗岩烧面
福建青花岗岩烧面
草坪雕塑
深灰麻花岗岩烧面
象牙黄烧结砖
黄锈花岗岩烧面
特色景墙
麻石板汀步
种植
黄木纹冰裂纹密拼
植草
新疆红花岗岩烧面
坐凳与树池
福建青花岗岩烧面
新疆红花岗岩烧面
福建青花岗岩光面
黄锈花岗岩烧面
灰麻花岗岩烧面
黄木纹冰裂纹密拼
新疆红花岗岩烧面
种植
青色烧结砖
象牙色烧结砖
黄锈花岗岩烧面
黄锈花岗岩烧面压顶
种植
花钵
木坐凳
新疆红花岗岩烧面
坐凳与树池
福建青花岗岩烧面
特色跌水景墙
树池

宁德COCO广场及高尚住宅区

项目地点：福建省宁德市
开 发 商：福建八闽置业有限公司
设计单位：广州市太合景观设计有限公司
景观面积：110 000㎡

该项目以“阳光、怡静、休闲、运动”为设计理念，秉承现代欧式风格的设计，通过建筑与景观的交相呼应，营造出优雅高尚、品质卓越、崇尚体验、舒适安然的高端精品小区环境。

采光井的景观化处理，遵循因地制宜的原则，通过不同方式对采光井进行精心的设计：在采光井上设计景观桥与特色廊架，或者在其周围种植绚丽地被，形成软质景观与硬质景观协调统一的特色景观。这样处理不但屏蔽了原有采光井所带来的生硬感，而且采光井也得到有效利用。

景观步行系统是景观规划设计的重点，在满足消防通道需求的基础上，重新规划园区道路。除了两条主轴园路外，4m的消防道路采用隐形道路形式进行景观化处理，将其纳入景观步行系统，成为小区的次园路。通过不同景观景点的均好性布局，为营造好的景观交通游览路线创造有利条件，形成不同级别的园区漫步道。强调线性空间感受，步移景异，为住户提供丰富的景观体验。

丰富多彩的软景布置与高低起伏的竖向景观相结合。成片的特色树种，婀娜多姿的乔木、多姿多彩的灌木、散发淡淡清香的花草为小区硬质景观增添不少生气、色彩与绿意。在局部区域进行起坡处理，以此产生优美的弧线，丰富视觉上的层次感，绵延的堆坡造景有效地丰富了竖向景观。

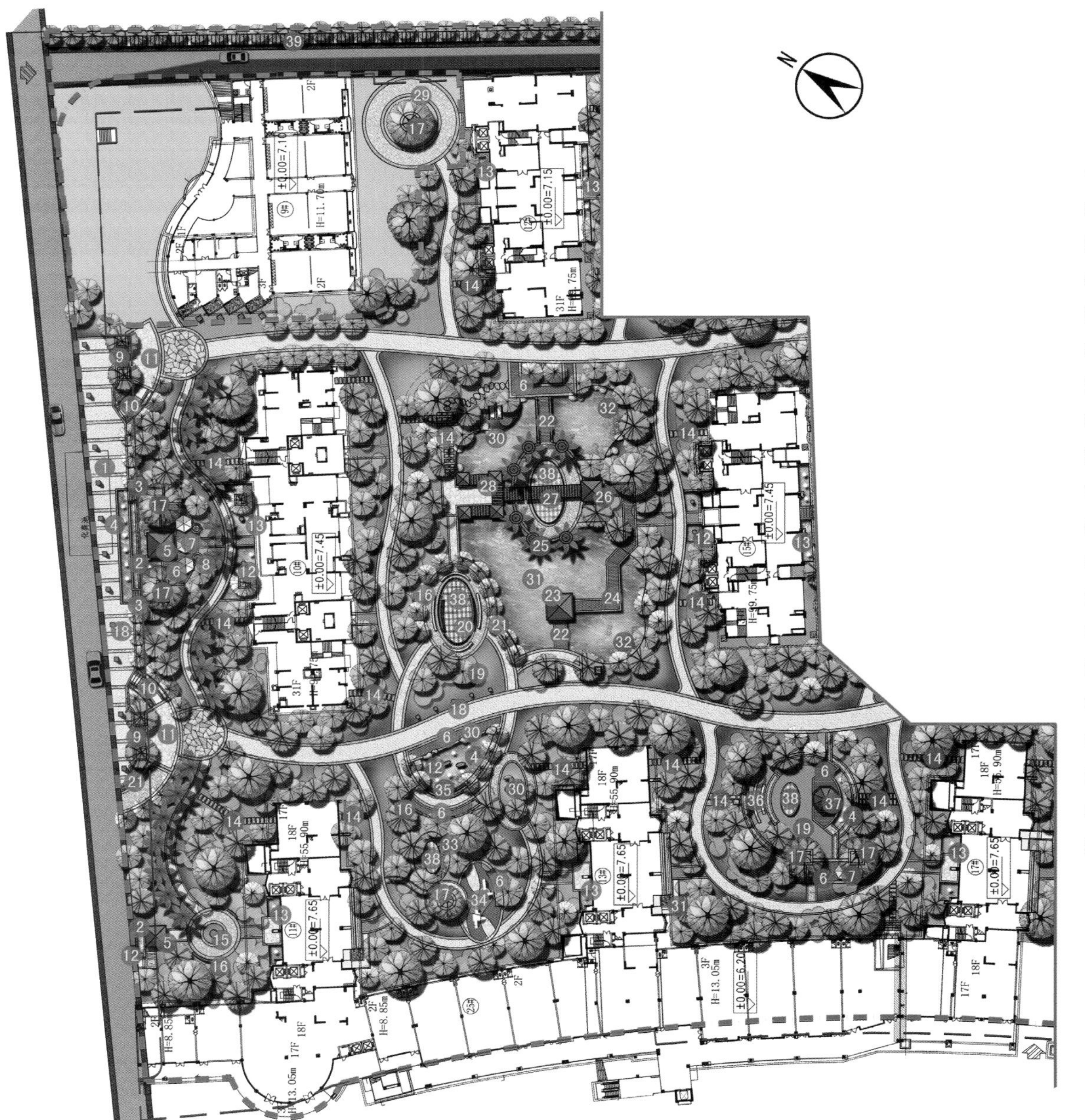

1. 入口前广场
2. 跌级水景
3. 特色水梯
4. 涌泉
5. 观景四角亭
6. 休闲木平台
7. 太阳伞与坐凳
8. 特色花钵
9. 地下室人行出入口
10. 台阶
11. 揽翠平台
12. 水中雕塑
13. 入户涌泉水景
14. 规则汀步
15. 景观雕塑
16. 休息坐凳
17. 主景大树池
18. 景观灯柱
19. 阳光草坪
20. 艺术景墙
21. 特色种植池
22. 卧湖桥
23. 水中四角亭
24. 亲水木栈道
25. 水边树池
26. 悦目亭
27. 特色廊架
28. 特色构筑物
29. 回车场
30. 景石
31. 中心湖面
32. 湖中莲花
33. 绚丽地被
34. 儿童乐园
35. 跌水景墙
36. 嵌草条石
37. 临水八角亭
38. 采光井
39. 非机动车停车棚

幼儿园景观区
生态湖景区
入口展示区
邻里休闲区
邻里休闲区
入口展示区
生态湖景区
邻里休闲区
幼儿园景观区

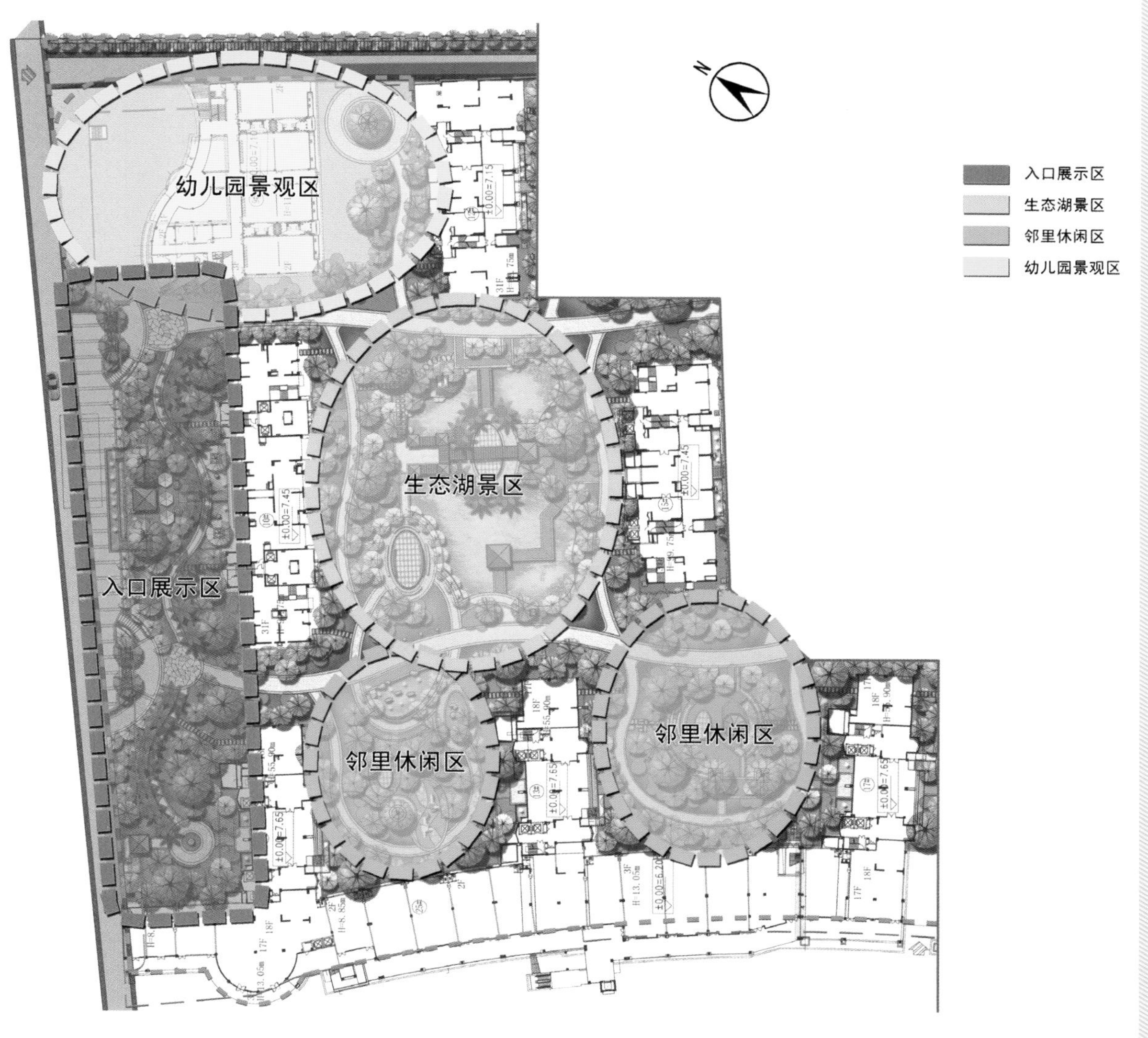

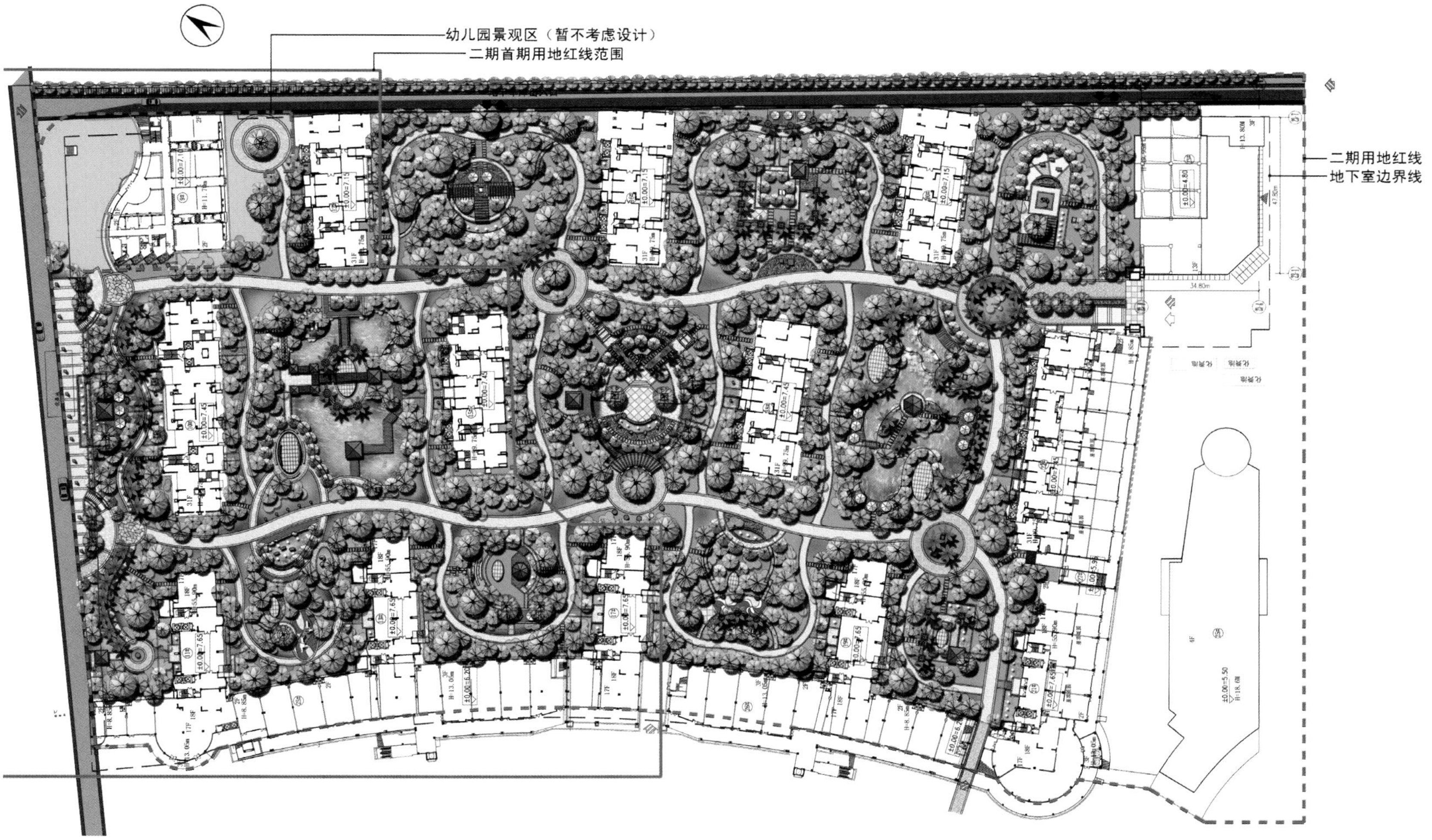

幼儿园景观区（暂不考虑设计）
二期首期用地红线范围
二期用地红线
地下室边界线

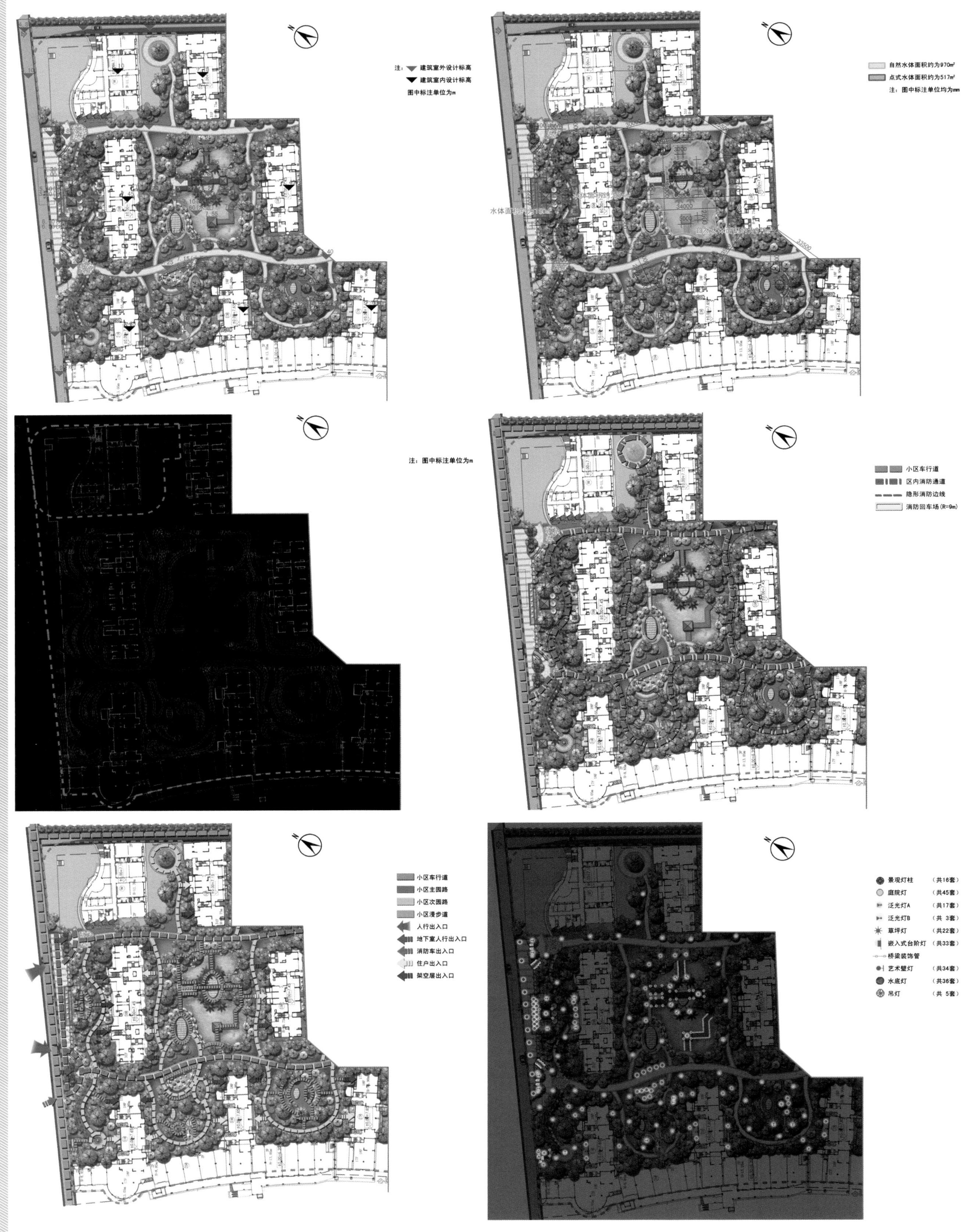

注：建筑室外设计标高
建筑室内设计标高
图中标注单位为m
自然水体面积约为970m²
点式水体面积约为517m²
注：图中标注单位均为mm
注：图中标注单位为m
小区车行道
区内消防通道
隐形消防边线
消防回车场(R=9m)
小区车行道
小区主园路
小区次园路
小区漫步道
人行出入口
地下室人行出入口
消防车出入口
住户出入口
架空层出入口
景观灯柱 （共16套）
庭院灯 （共45套）
泛光灯A （共17套）
泛光灯B （共 3套）
草坪灯 （共22套）
嵌入式台阶灯 （共33套）
桥梁装饰管
艺术壁灯 （共34套）
水底灯 （共36套）
吊灯 （共 5套）

光面中国黑花岗岩
黄色文化石马赛克
烧面新疆红花岗岩
烧面黄锈石花岗岩
隐形消防车道
休闲坐凳
光面拉丝黄锈石花岗岩
特色景墙
跌级水景
涌泉
艺术雕塑
亲水木平台
景观灯柱
光面中国黑花岗岩
黄色文化石马赛克
烧面黄锈石花岗岩
烧面新疆红花岗岩
光面中国黑花岗岩
光面中国黑花岗岩
黄色文化石马赛克
烧面新疆红花岗岩
光面拉丝黄锈石花岗岩
烧面新疆红花岗岩
黄色文化石马赛克
光面中国黑花岗岩
烧面黄锈石花岗岩（坐凳）
光面中国黑花岗岩
采光井
黑色卵石
特色景墙
烧面黄锈石花岗岩
黄蜡石

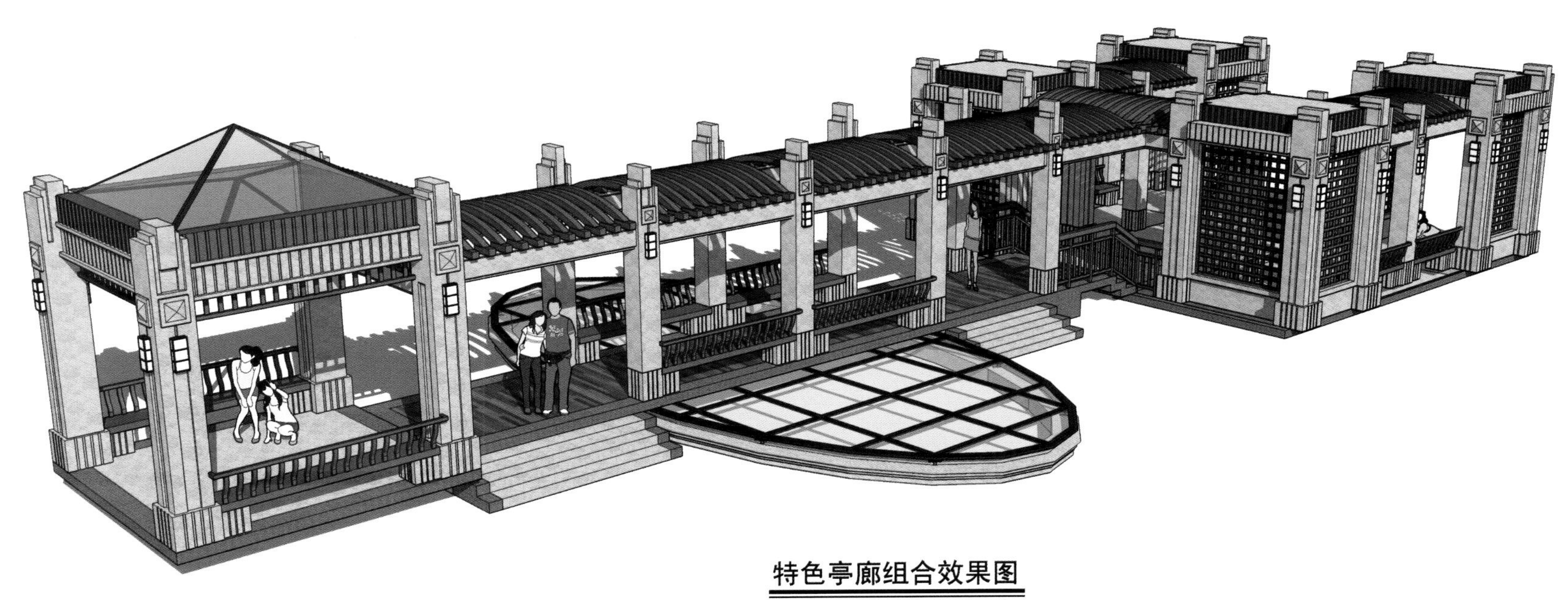

特色亭廊组合效果图

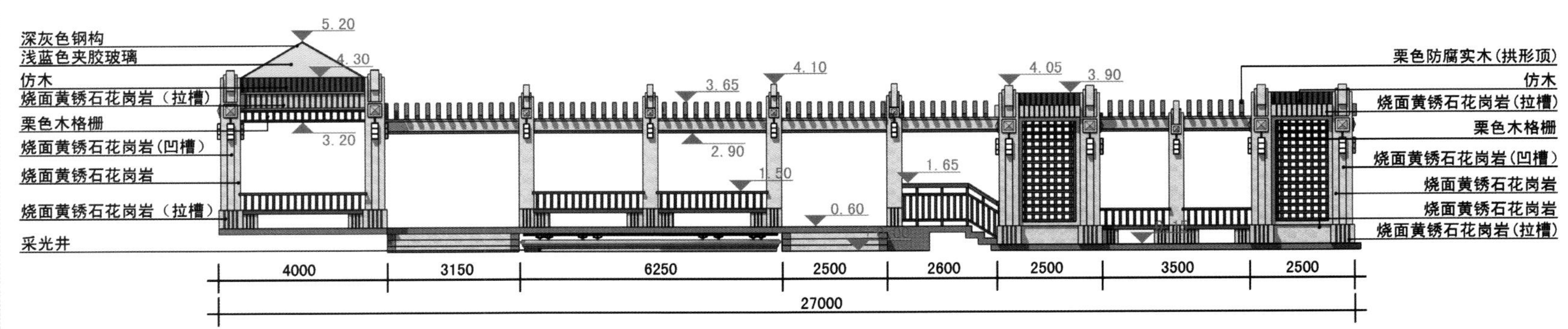

特色亭廊组合立面图

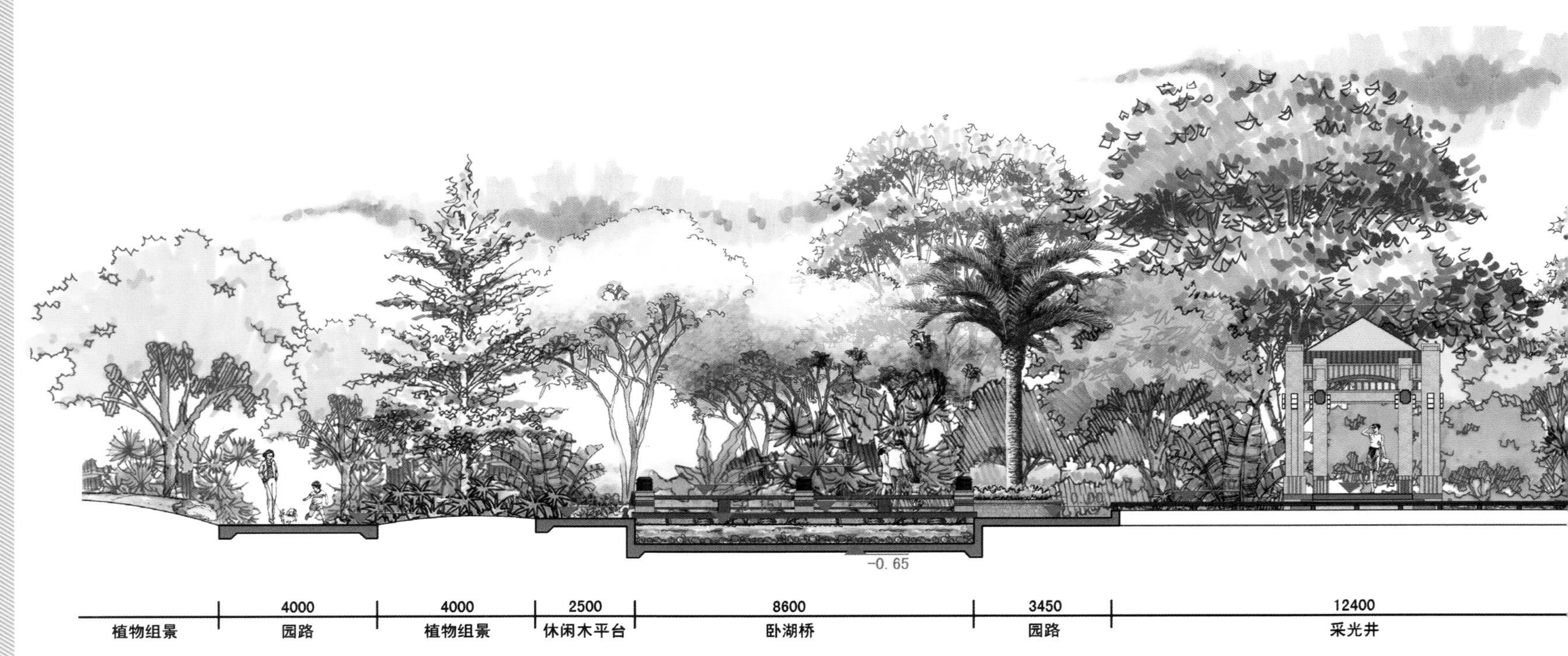

生态

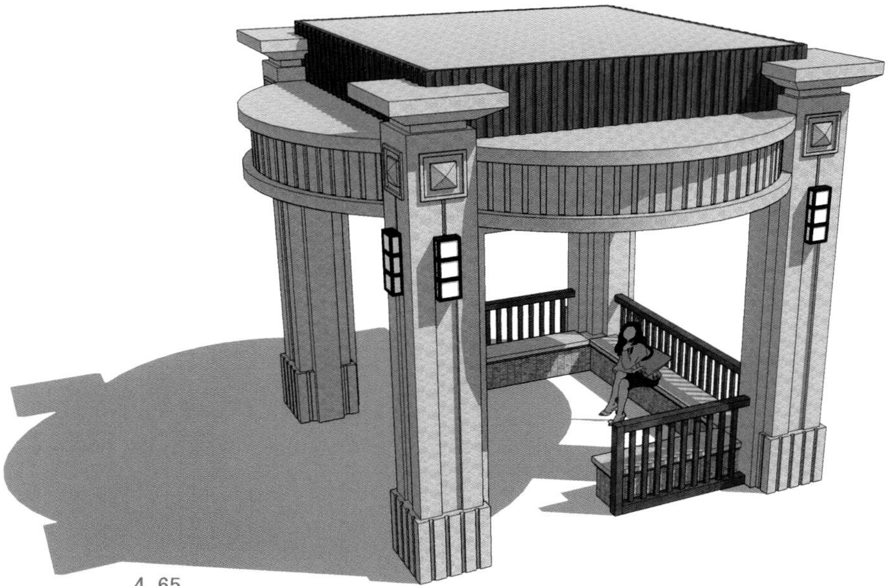

景观四角亭效果图

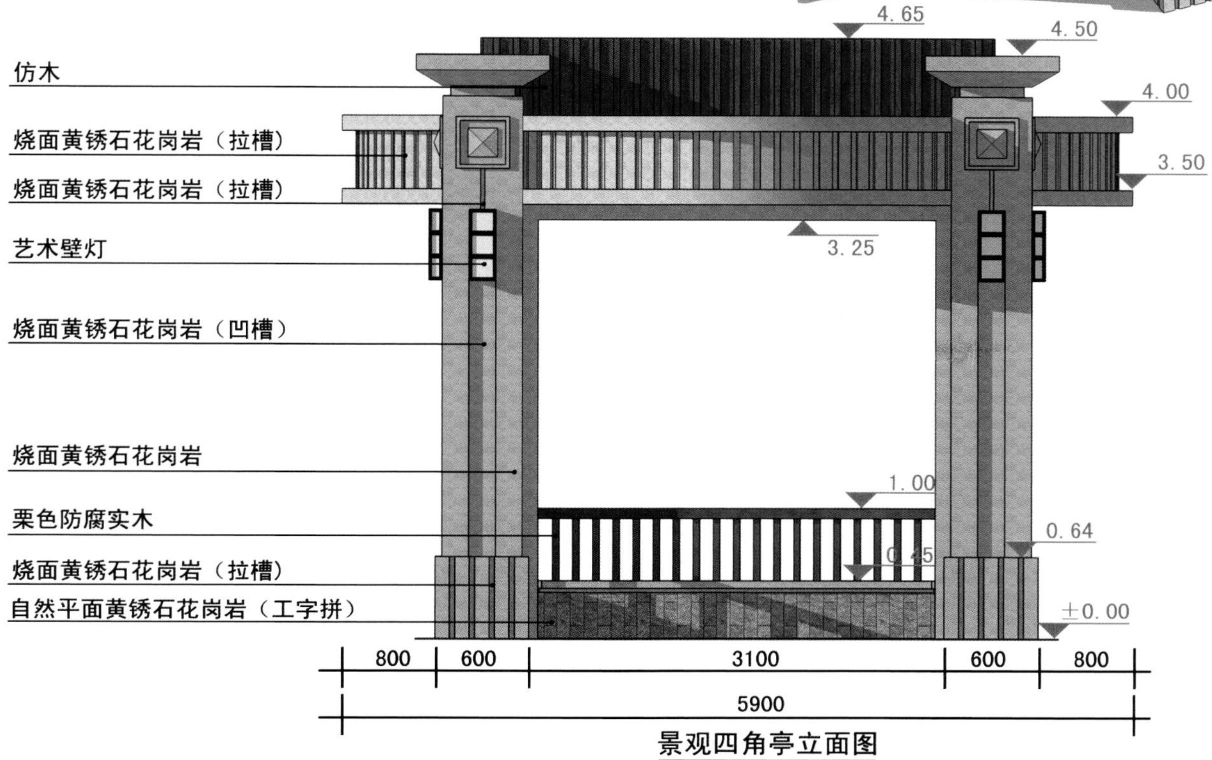

仿木
烧面黄锈石花岗岩（拉槽）
烧面黄锈石花岗岩（拉槽）
艺术壁灯
烧面黄锈石花岗岩（凹槽）
烧面黄锈石花岗岩
栗色防腐实木
烧面黄锈石花岗岩（拉槽）
自然平面黄锈石花岗岩（工字拼）
4.65
4.50
4.00
3.50
3.25
1.00
0.64
0.45
±0.00
800
600
3100
600
800
5900

景观四角亭立面图

4.95
4.80
0.30
-0.65
10000
自然湖面
5000
水中亭
5500
自然湖面
6600
园路
4000
园路
植物组景

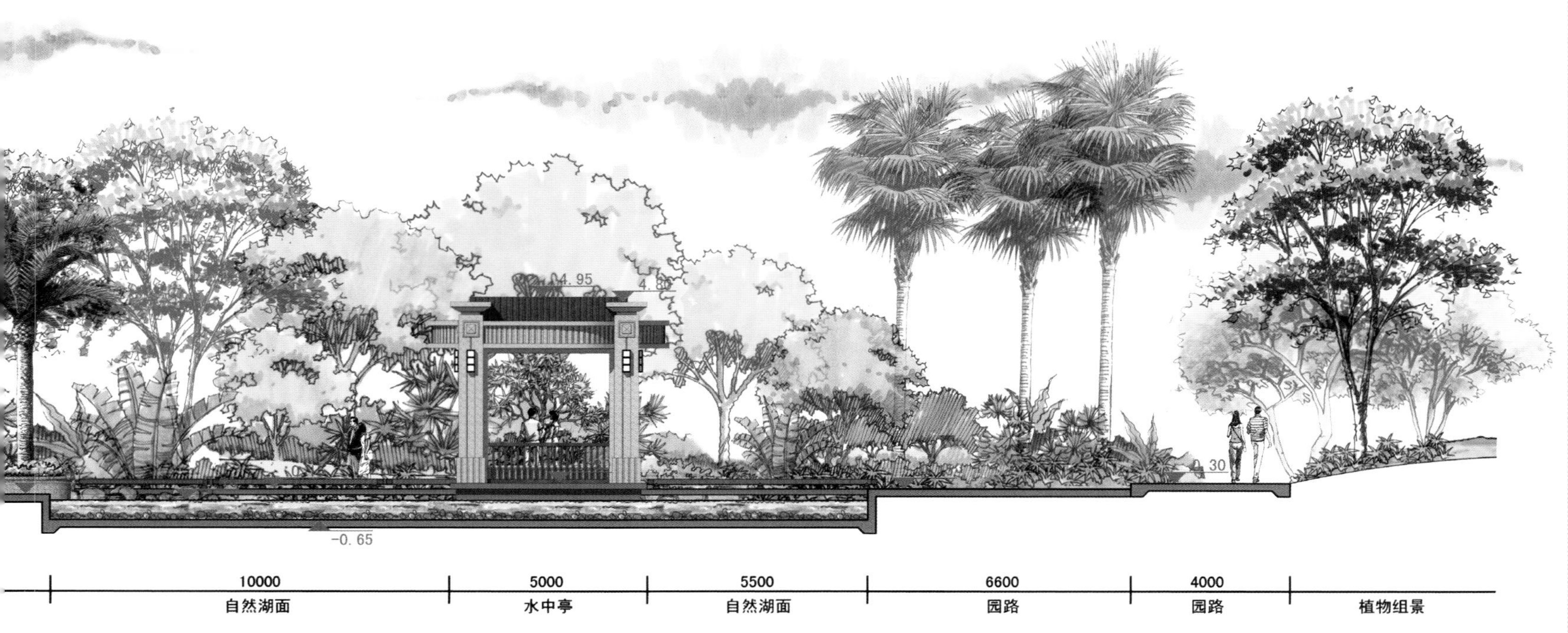

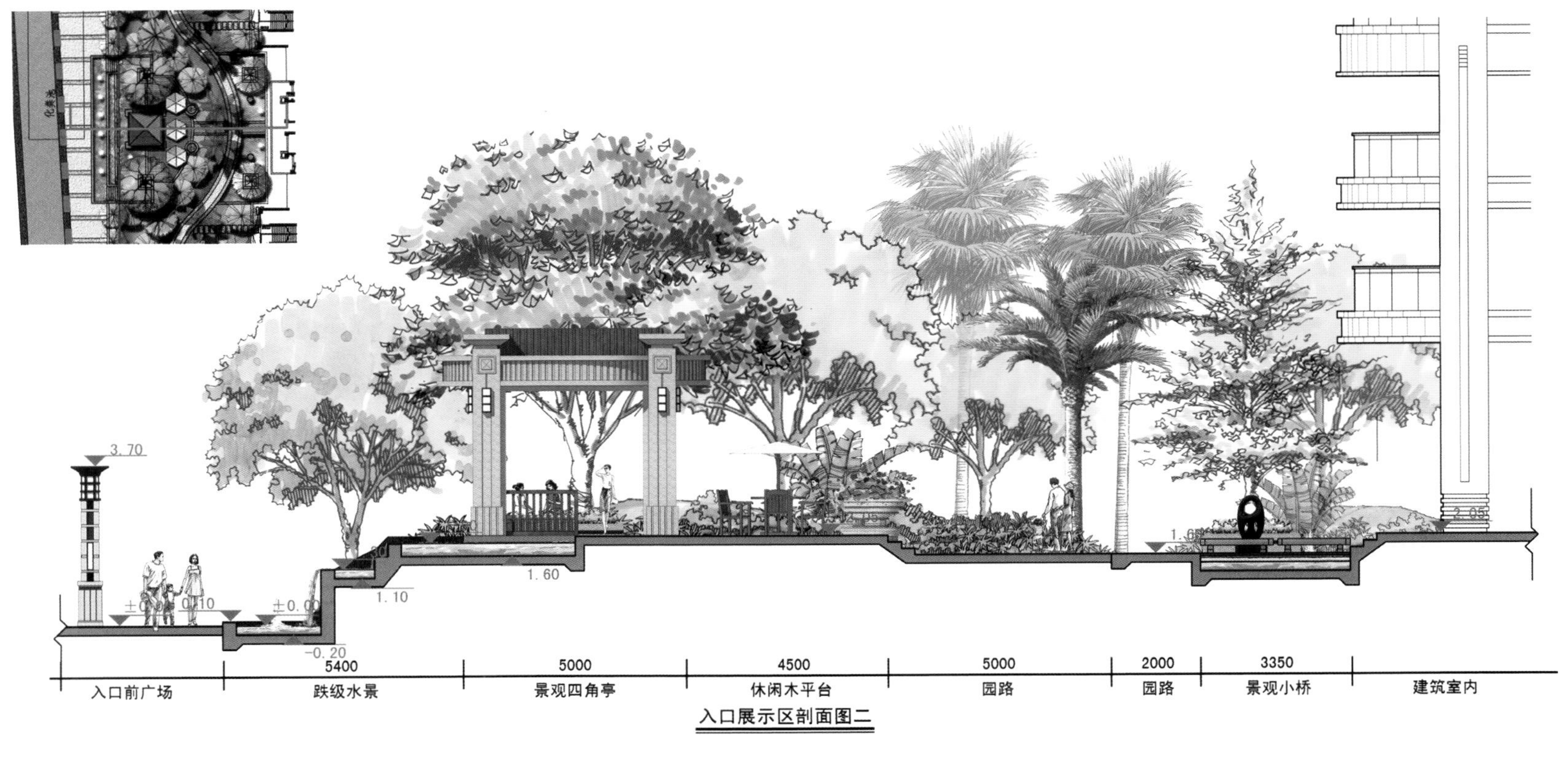

入口展示区剖面图二

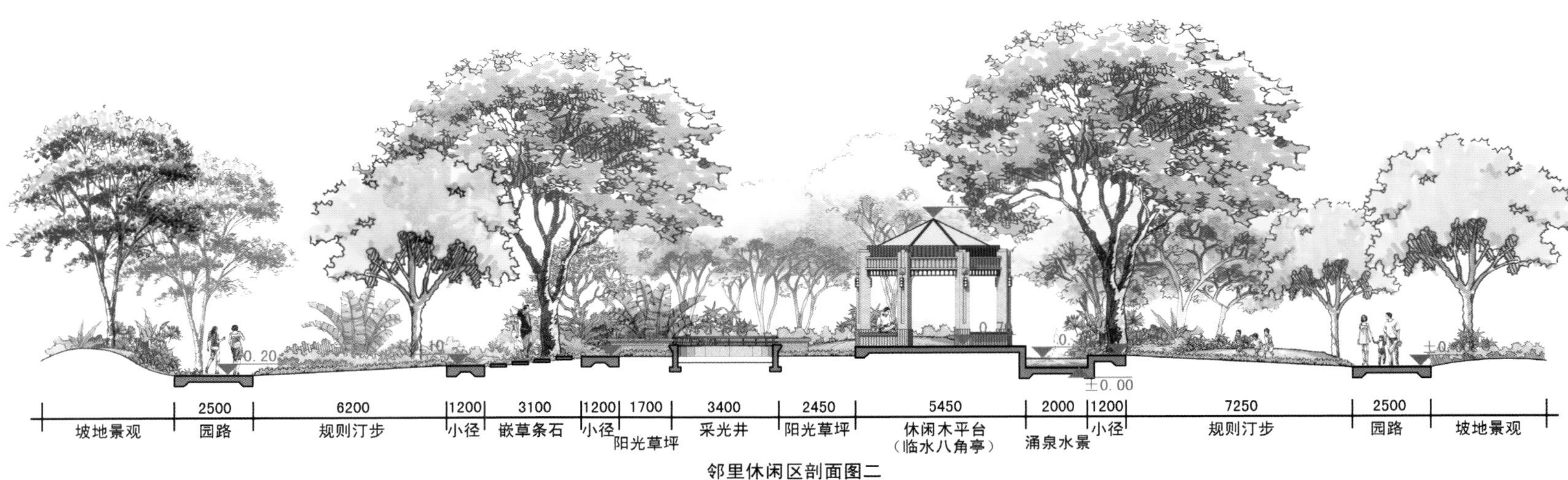

邻里休闲区剖面图二

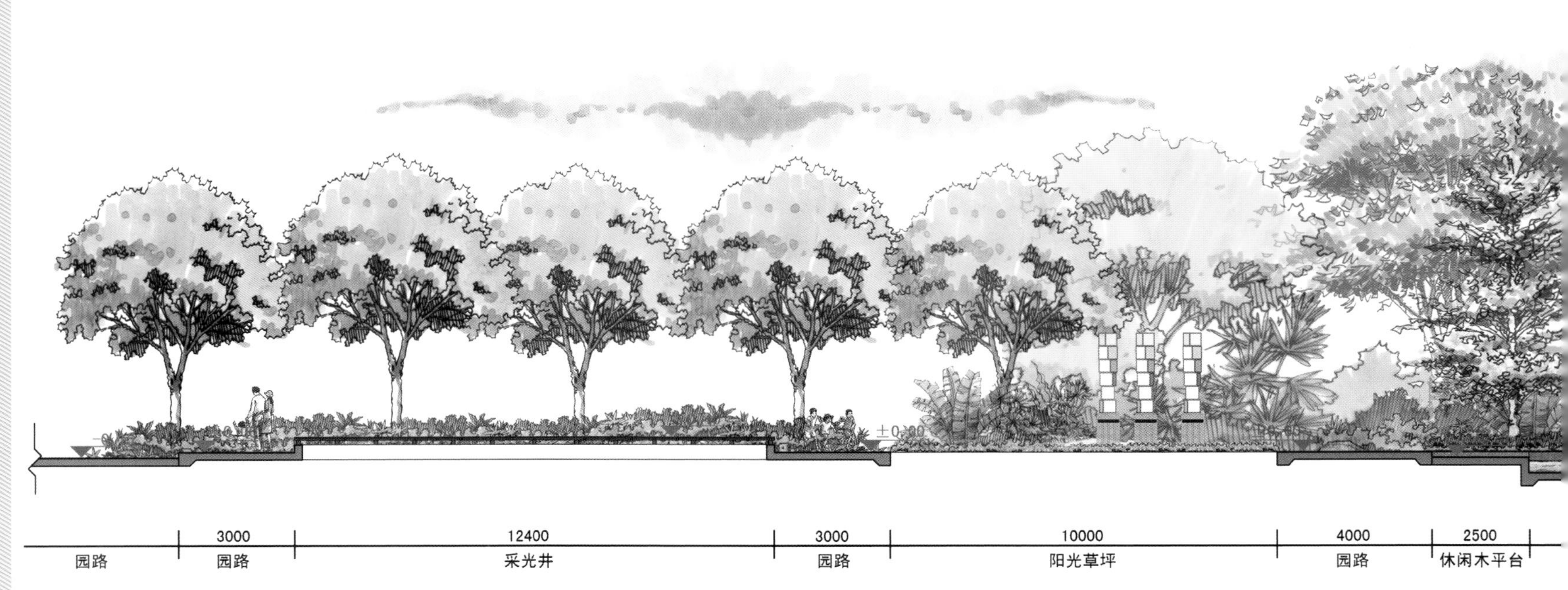

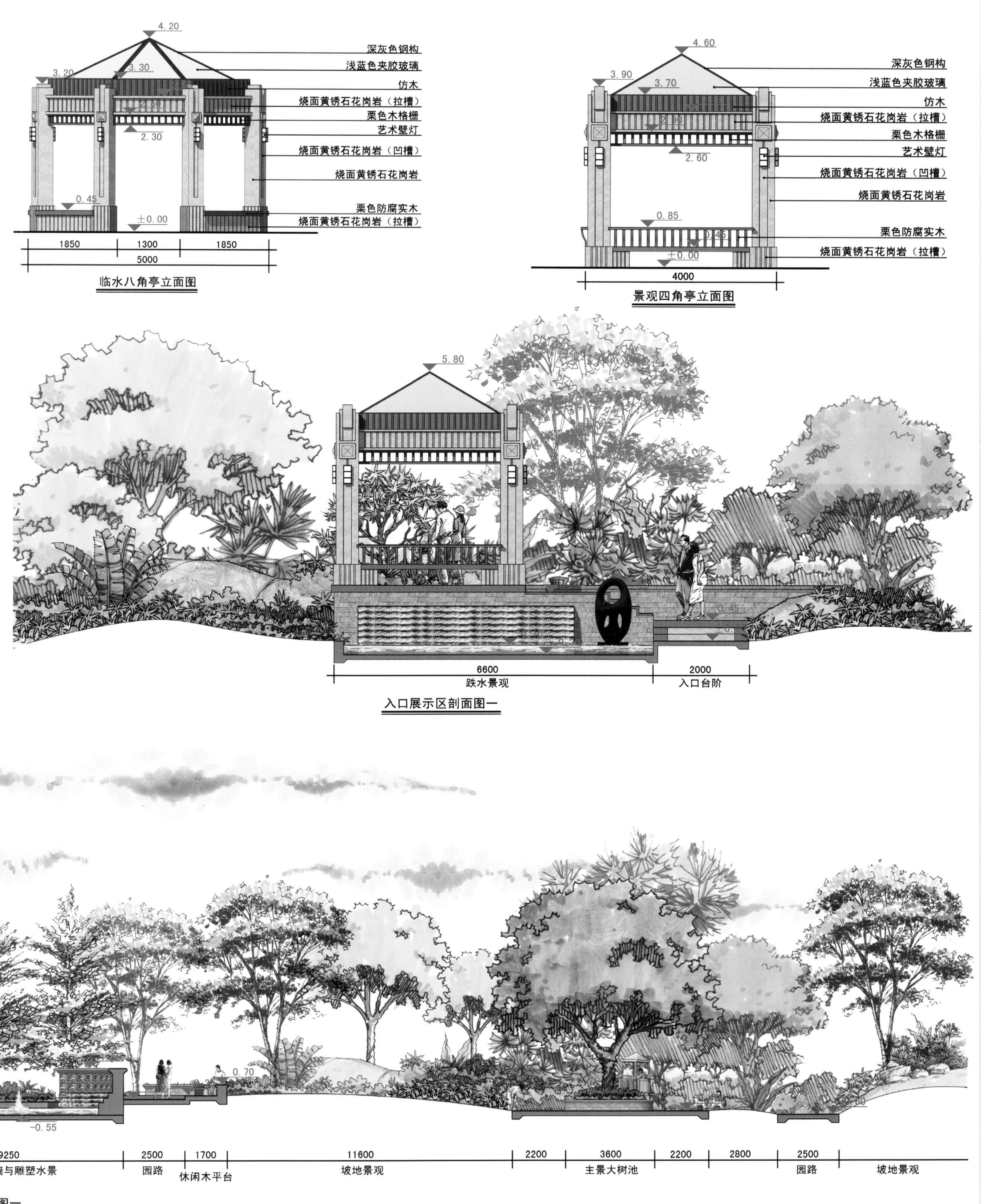
4.20
3.20
3.30
2.50
2.30
0.45
±0.00
深灰色钢构
浅蓝色夹胶玻璃
仿木
烧面黄锈石花岗岩（拉槽）
栗色木格栅
艺术壁灯
烧面黄锈石花岗岩（凹槽）
烧面黄锈石花岗岩
栗色防腐实木
烧面黄锈石花岗岩（拉槽）
1850
1300
1850
5000
临水八角亭立面图
4.60
3.90
3.70
2.90
2.60
0.85
0.45
±0.00
深灰色钢构
浅蓝色夹胶玻璃
仿木
烧面黄锈石花岗岩（拉槽）
栗色木格栅
艺术壁灯
烧面黄锈石花岗岩（凹槽）
烧面黄锈石花岗岩
栗色防腐实木
烧面黄锈石花岗岩（拉槽）
4000
景观四角亭立面图
5.80
0.45
6600
跌水景观
2000
入口台阶
入口展示区剖面图一
0.70
-0.55
9250
2500
1700
11600
2200
3600
2200
2800
2500
墙与雕塑水景
园路
休闲木平台
坡地景观
主景大树池
园路
坡地景观
图一

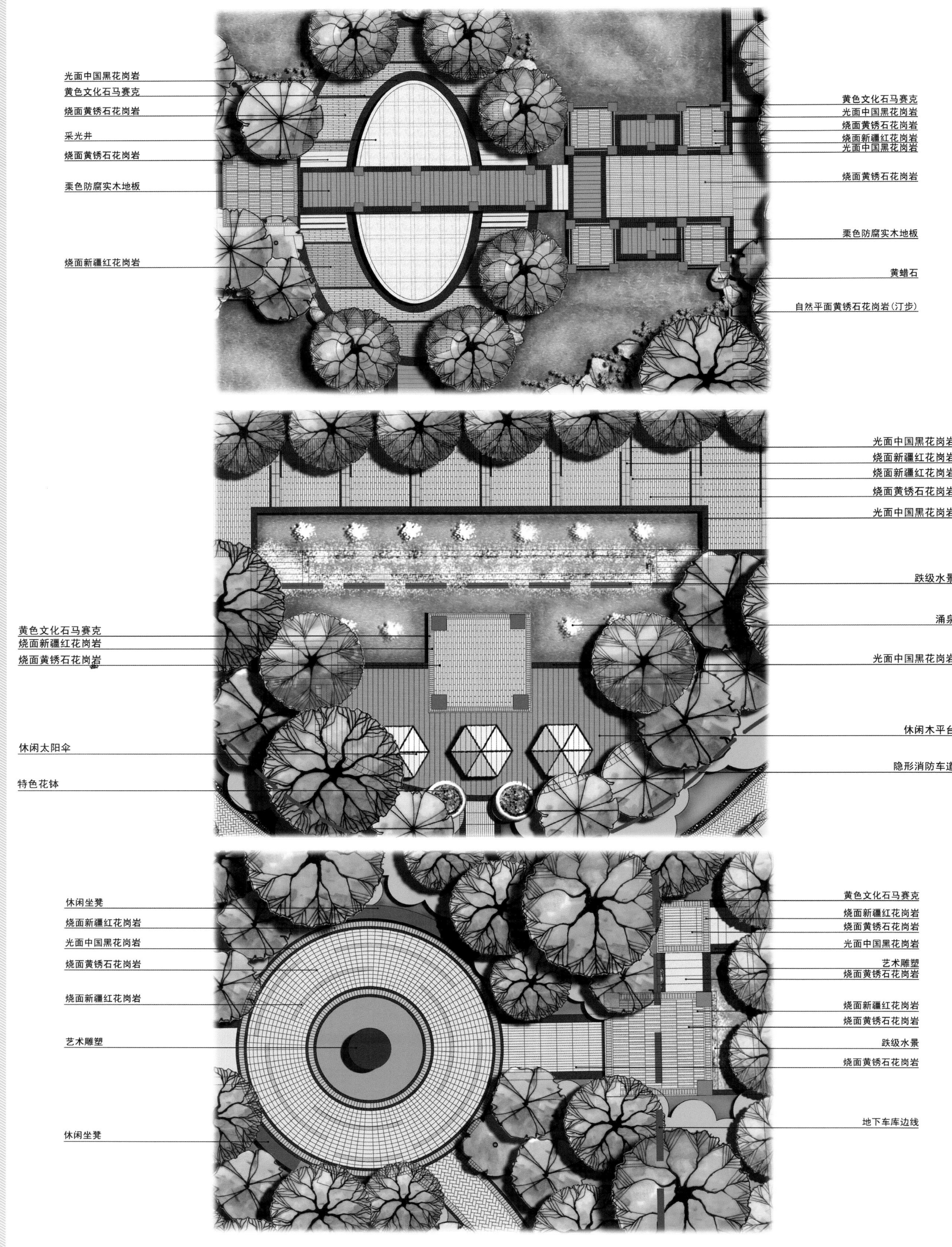

光面中国黑花岗岩
黄色文化石马赛克
烧面黄锈石花岗岩
采光井
烧面黄锈石花岗岩
栗色防腐实木地板
烧面新疆红花岗岩
黄色文化石马赛克
光面中国黑花岗岩
烧面黄锈石花岗岩
烧面新疆红花岗岩
光面中国黑花岗岩
烧面黄锈石花岗岩
栗色防腐实木地板
黄蜡石
自然平面黄锈石花岗岩(汀步)
光面中国黑花岗岩
烧面新疆红花岗岩
烧面新疆红花岗岩
烧面黄锈石花岗岩
光面中国黑花岗岩
跌级水景
涌泉
光面中国黑花岗岩
休闲木平台
隐形消防车道
黄色文化石马赛克
烧面新疆红花岗岩
烧面黄锈石花岗岩
休闲太阳伞
特色花钵
休闲坐凳
烧面新疆红花岗岩
光面中国黑花岗岩
烧面黄锈石花岗岩
烧面新疆红花岗岩
艺术雕塑
休闲坐凳
黄色文化石马赛克
烧面新疆红花岗岩
烧面黄锈石花岗岩
光面中国黑花岗岩
艺术雕塑
烧面黄锈石花岗岩
烧面新疆红花岗岩
烧面黄锈石花岗岩
跌级水景
烧面黄锈石花岗岩
地下车库边线

烧面新疆红花岗岩

光面中国黑花岗岩

烧面新疆红花岗岩

主景树

烧面黄锈石花岗岩

地下车库边线

隐形消防车道

黑色雨花石

光面中国黑花岗岩

烧面黄锈石花岗岩

烧面新疆红花岗岩

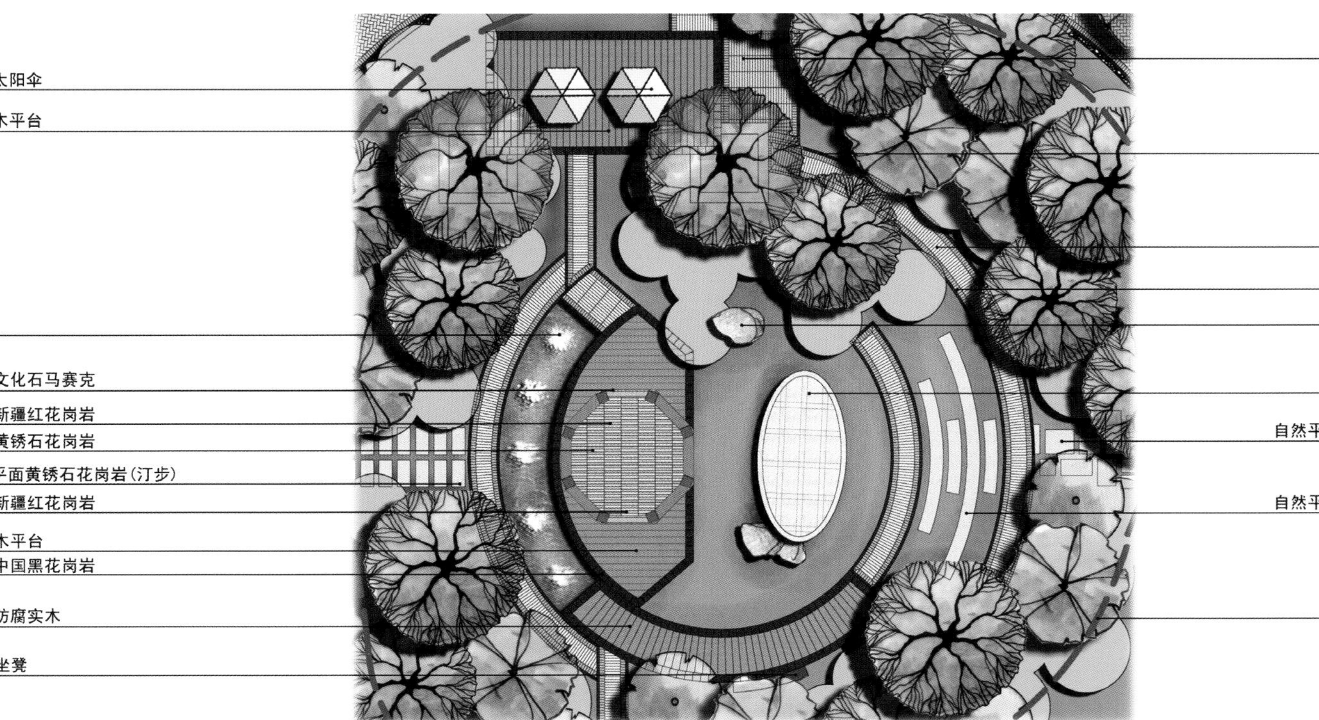

南宁荣和MOCO（摩客）社区

项目地点：广西壮族自治区省南宁市
开发单位：荣和集团
景观设计：普梵思洛（亚洲）景观规划设计事务所
用地面积：31 505m²

本项目位于南宁市，用地基本成长条形，周边交通便利。项目规划将建筑设计、环境绿化和道路系统三者完美地结合起来，为住户营造了一个自然、舒适、现代的生活环境。小区在总体上分为东西两个部分。东段为小户型住宅，西段为LOFT公寓，在用地中央东西向设置贯穿整个小区的16m宽商业步行街，同时规划有丰富的空间变化，首层、二层商业系统通过外廊、挑廊、连廊、垂直交通形成围绕商业步行内街展开的丰富商业体系，在用地中部形成开阔的广场，并由此进入开阔的东段小区中心庭院，再通过台阶、连廊，贯通各栋公寓或住宅的三层架空花园，最后进入建筑内空间，建立有序的居住空间。

建筑立面为现代简约风格，色彩以活泼、丰富且协调为目标。生态园林绿化规划通过尽量降低建筑密度，设计住宅底层架空活动等措施，为园林绿化留出了大量的空间，小区绿化通过架空形成一个整体。庭院绿化、架空绿化成为核心景观区的延伸。每栋建筑均可与景观取得直接的联系，满足了景观的均好性要求。景观框架吸纳城市自然景观、营造社区人文景观，为整个小区的景观框架，结合多层次的点（节点空间、中心庭院、架空层景观）、线（景观视线）、面（中心景观相结合的中心体系），通过轴线的连接将中心绿化与各个架空层节点串联构成了区内的环形步行体系，并在建筑底层绿化架空，结合多层次的绿化空间，增强室外绿化空间的渗透与融合。

叠起来的MOCO，就是立体空间+渴望。叠是空间的叠加、风景的叠加、渴望的叠加；游是漫无目的的游、轻松的穿行、无拘无束的闲逛。年轻的MOCO，给了年轻人的“新”，创造了年轻人的生活天堂。

现代都市主义极简空间

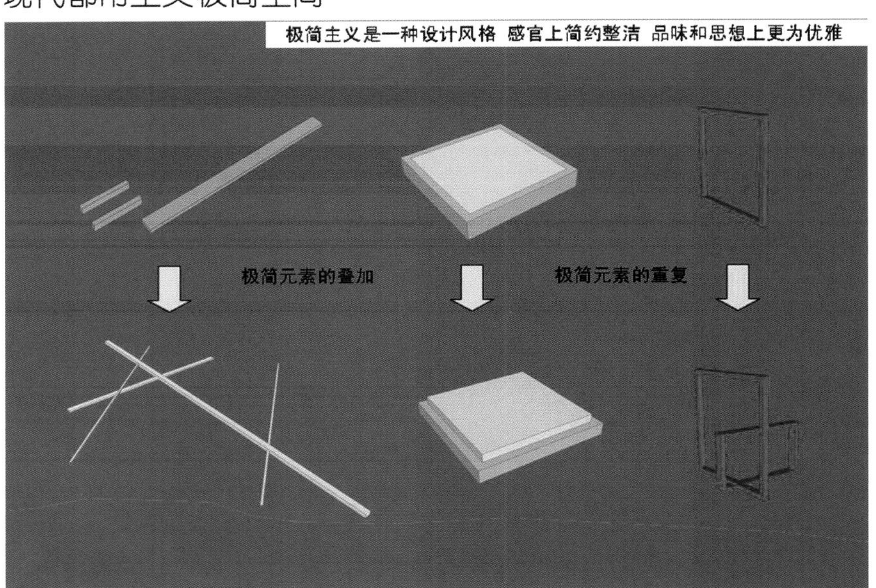

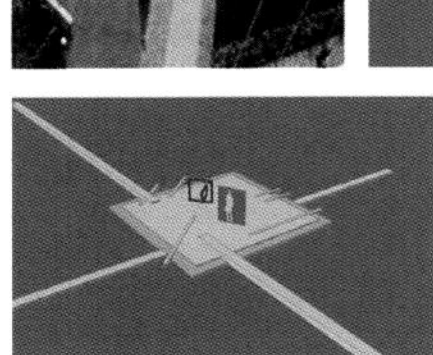

景观设计力求打造现代都市主义极简空间。极简主义是一种设计风格，感官上简约整洁，品味和思想上更为优雅，园区设置休闲沙龙、儿童活动空间、休闲棋牌空间、休闲桌球运动空间、健身空间、四楼屋顶花园休闲平台、三楼休闲观景空间、咖啡厅（休闲吧）。景观小品造型以简洁、大气、线条感为主，与整个设计风格相匹配，与整个环境相融合。在小品本身具备的基本功能基础上，同时具有艺术装饰效果。景观设施选型具有现代自由的景观设施，营造艺术轻松的MOCO社区生活。景观配套设施也是小区风格的一种传动符号，完善的景观设施，有助于提升小区的功能需求。灯光设计原则以采用线性暖光照明为主，突出商业休闲气氛，强调街道指引性，精致的街景小品为照明的主对象。住宅庭院则采用点状照明，突出宁静、舒适的生活气氛，在保障基本安全照明的基础上，对居民日常活动场所进行均和照明及点缀特色景点的精致照明。

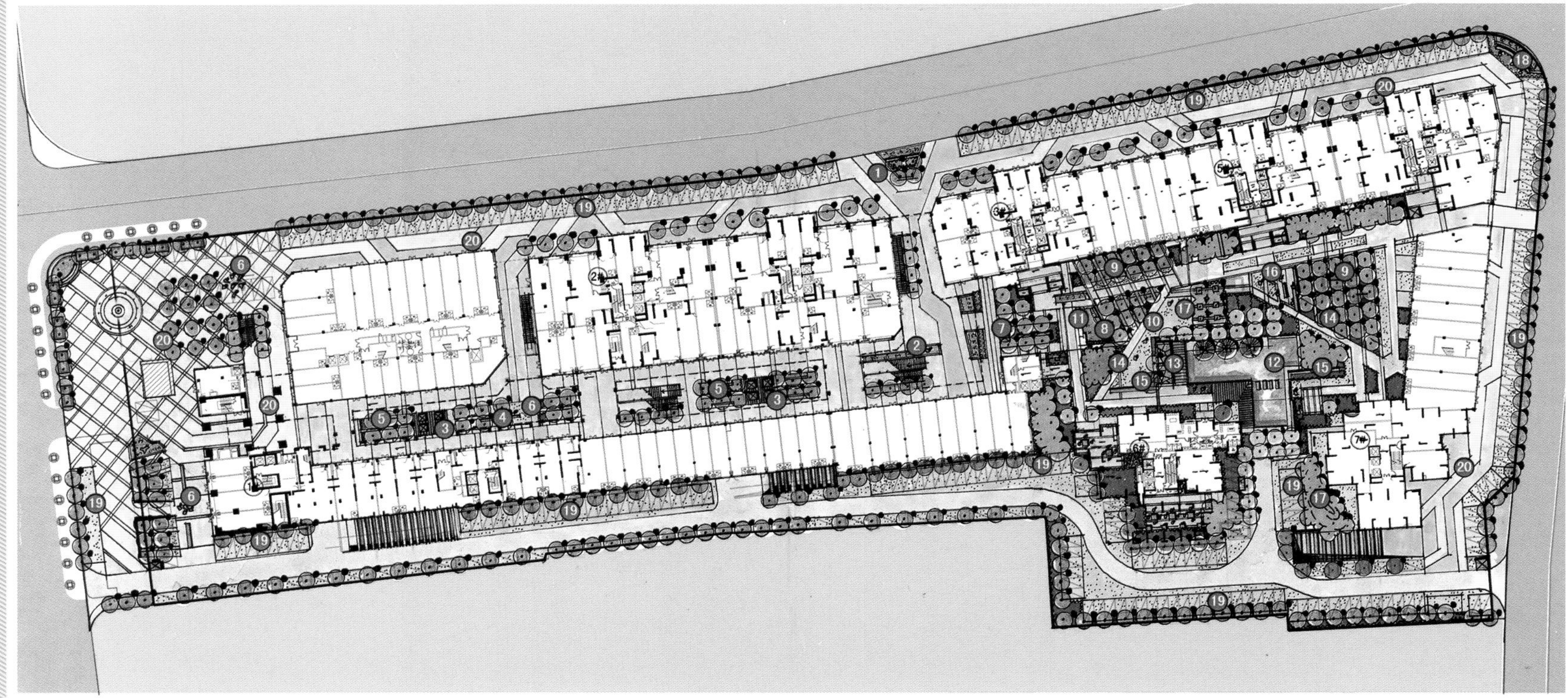

1. 棕榈广场
2. 商业区景观水景
3. 商业区休憩木平台
4. 商业区景墙
5. 商业区树阵
6. 商业区景观雕塑
7. 保安亭
8. 入口形象展示
9. 景观树阵
10. 景观雕塑
11. 景观水景
12. 泳池
13. 构筑物
14. 休闲漫步道
15. 景墙
16. “南宁人的一天”雕塑群
17. 阳光草坪
18. 形象展示墙
19. 生态停车位
20. 商业特色铺装

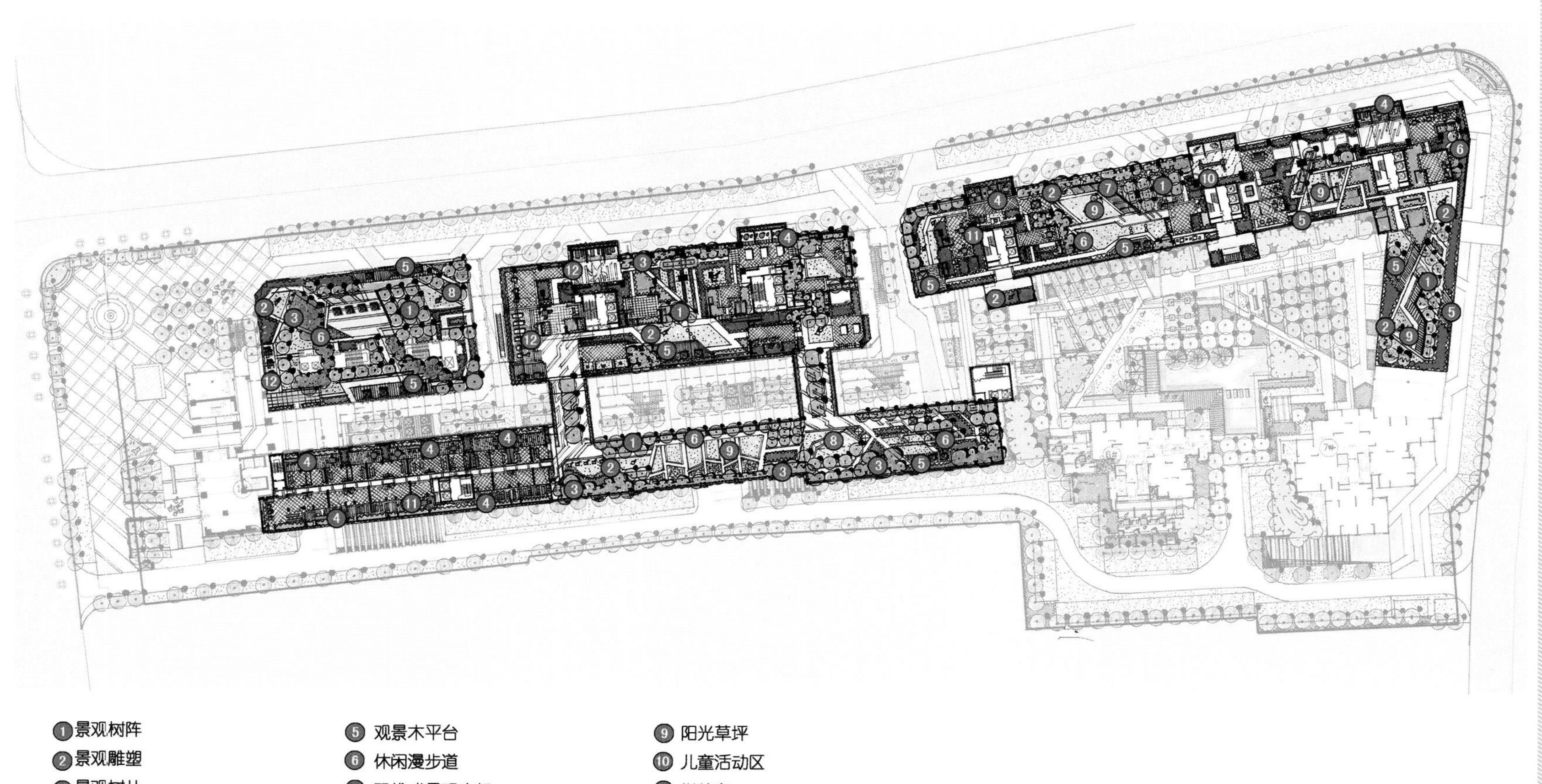

❶景观树阵
❷景观雕塑
❸景观树丛
❹休闲座椅
❺观景木平台
❻休闲漫步道
❼现代感景观廊架
❽微地形
❾阳光草坪
❿儿童活动区
⓫棋牌室
⓬健身活动设施

现场植被需要一个系统的植物带过渡、组合，形成清洁、优美、舒适的环境，打造一个现代、生态、高品质、可持续发展的综合生活环境。植物设计以简洁、干练等手法来体现新都市主义的风格。创造更多、更丰富、更巧妙的绿化空间，可以令其更生动地装点生活。绿化立面层次利用多变的植物群落，让植物本身演变成风景；绿化景点精致丰富，细节处匠心独运、生动活泼。

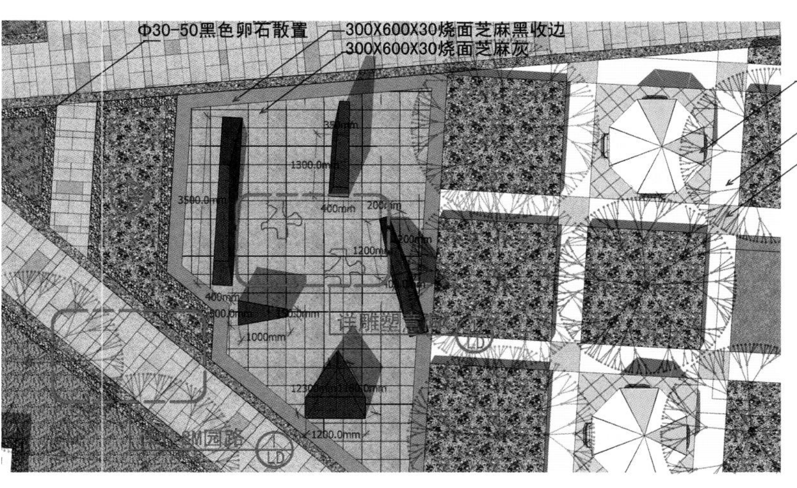

① 组合景墙平面图
SCALE

② 雕塑
SCALE

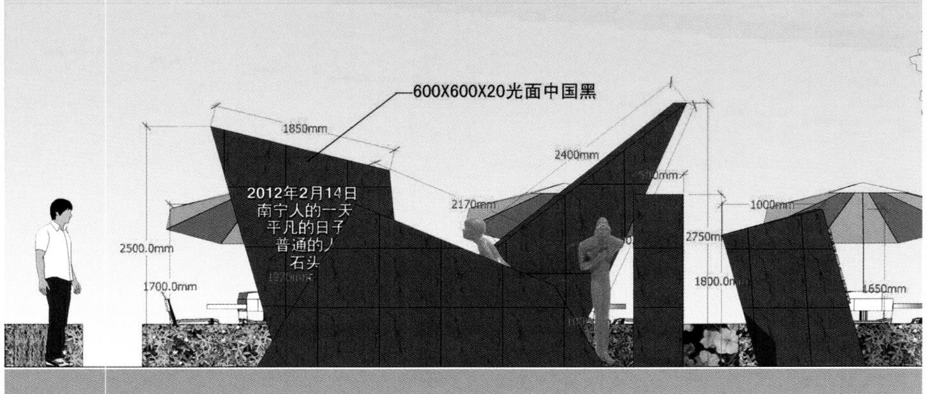

③ 组合景墙立面图
SCALE

④ 组合景墙效果图
SCALE

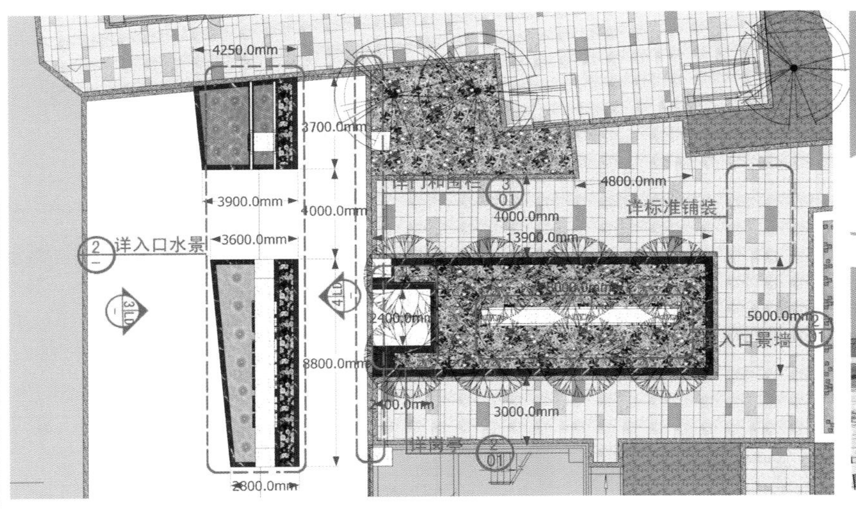

① 入口景观区平面图
SCALE

② 入口水景效果图
SCALE

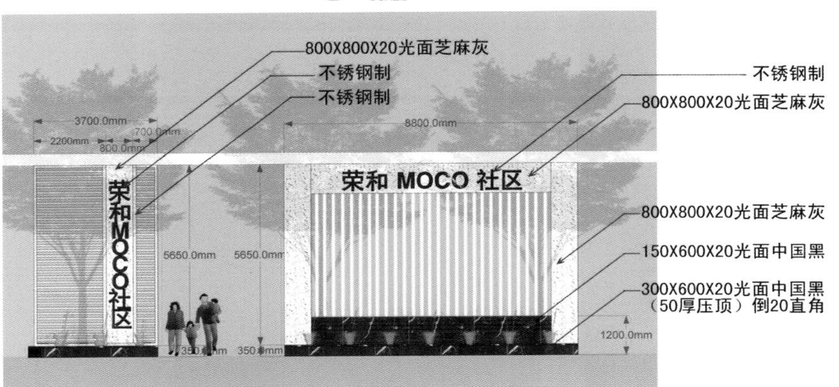

③ 入口水景立面图一
SCALE

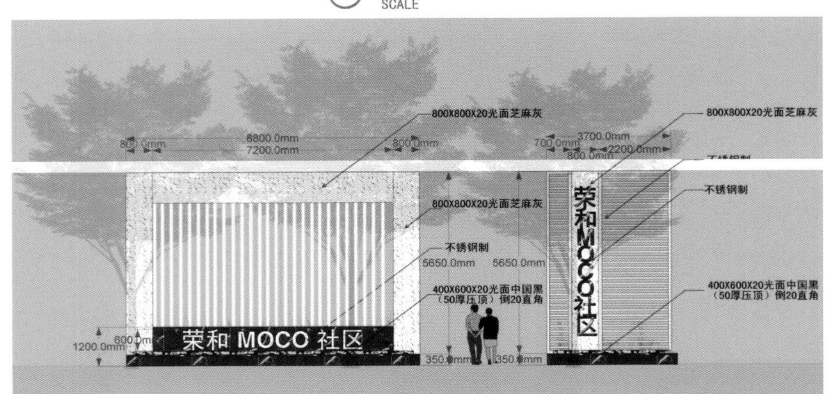

④ 入口水景立面图二
SCALE

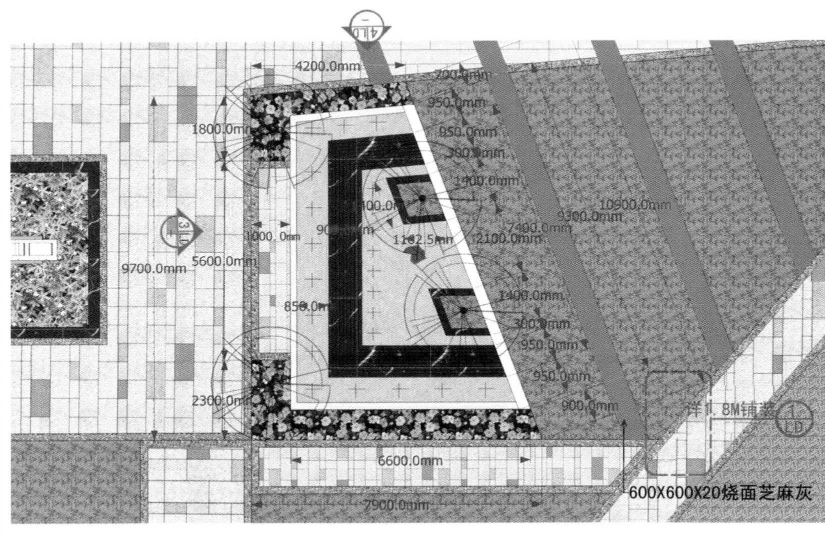

① 入口景观区平面图
SCALE

② 入口水景效果图
SCALE

③ 入口水景立面图一
SCALE

④ 入口水景立面图二
SCALE

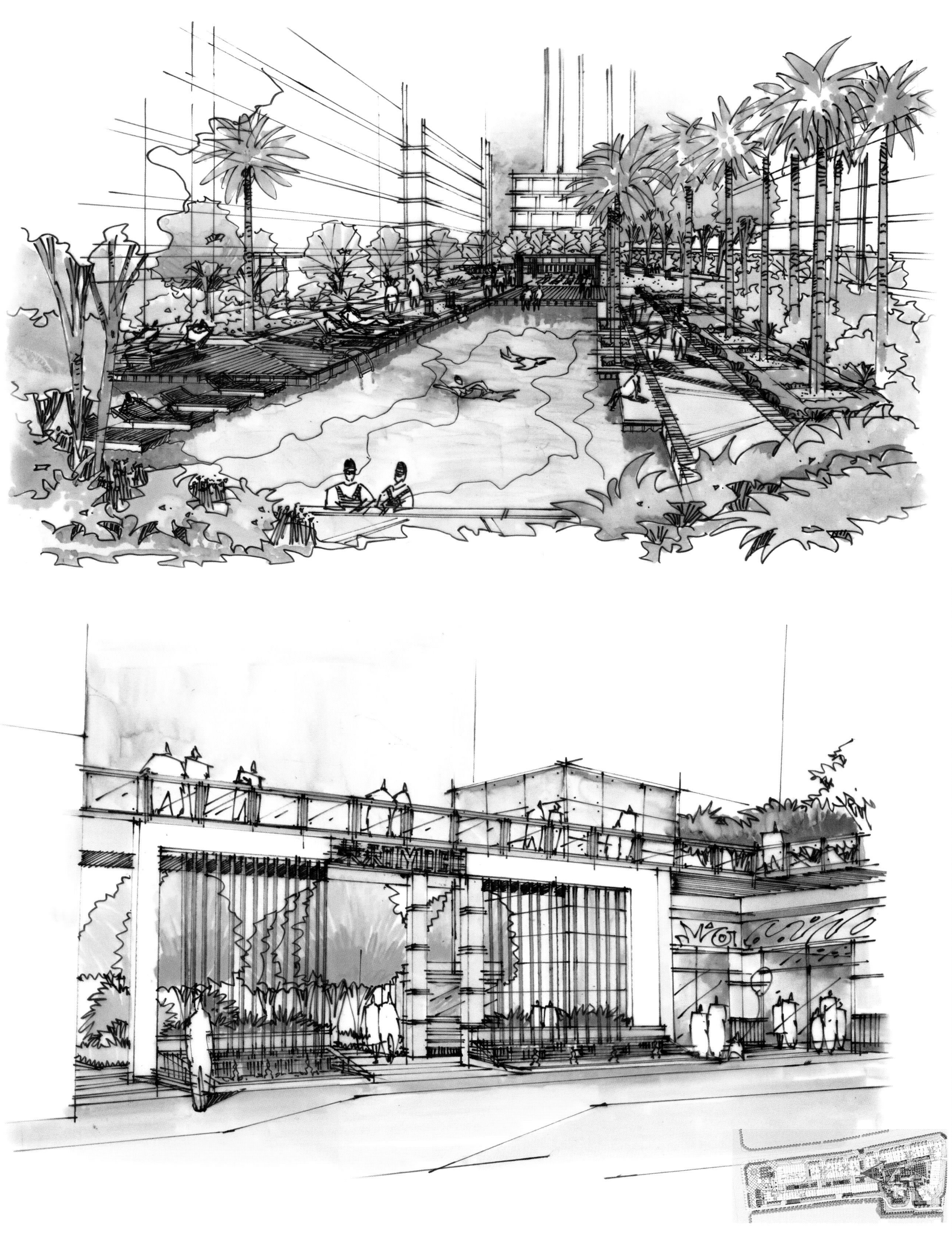

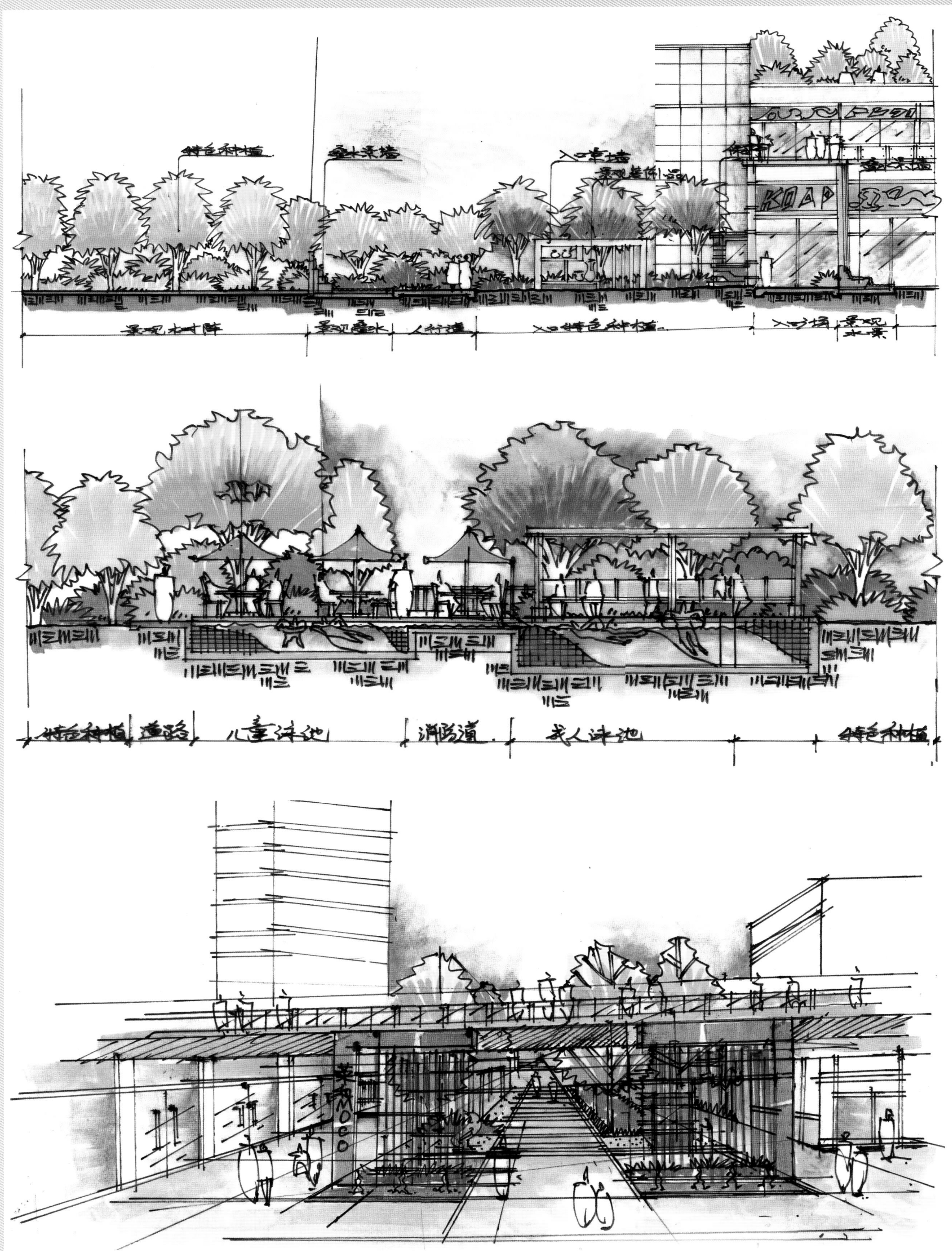
特色种植
叠水景墙
入口景墙
KOAP
人行道
入口特色种植
特色种植
道路
儿童泳池
消防道
成人泳池
特色种植
MOCO

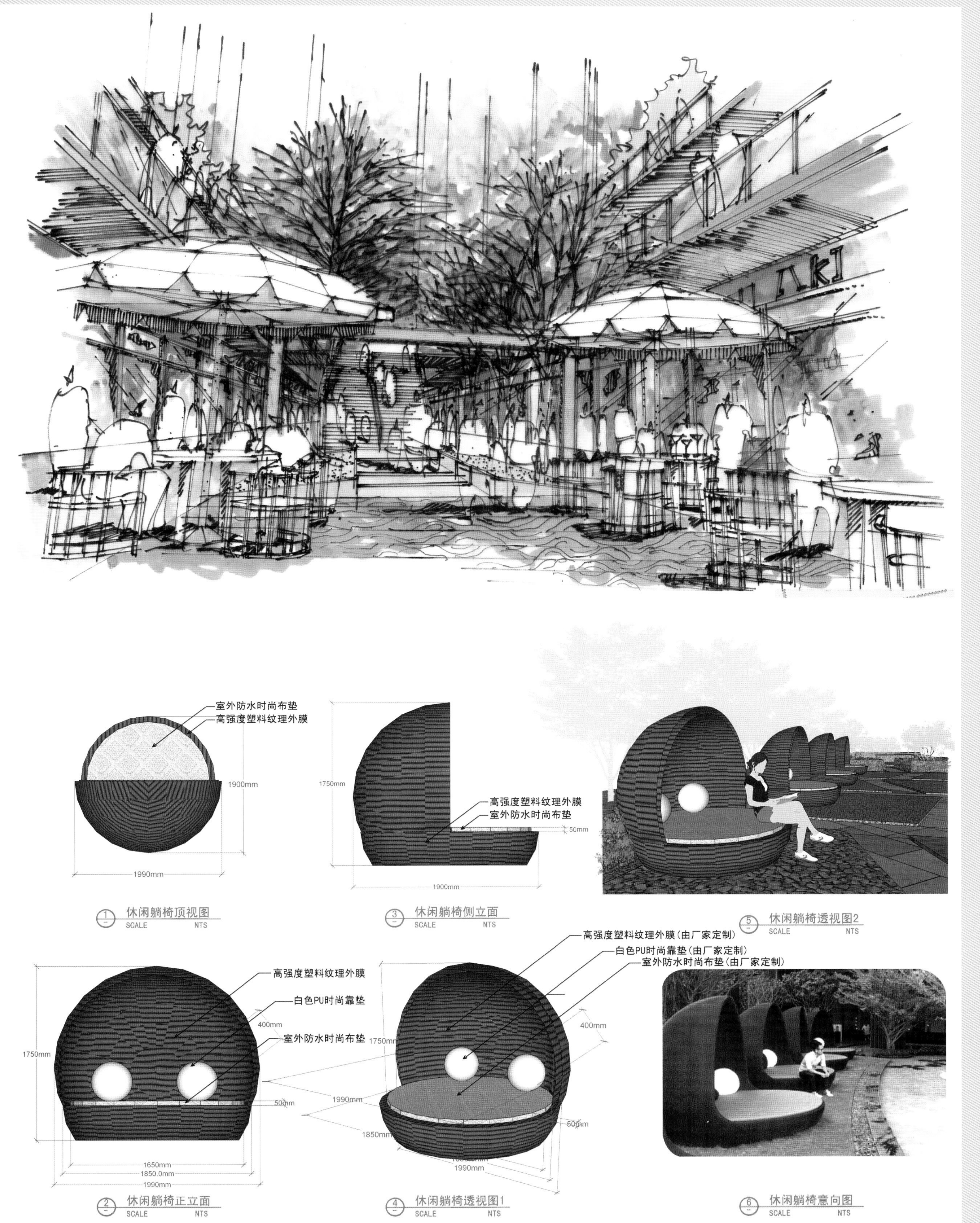

1 休闲躺椅顶视图 SCALE NTS

3 休闲躺椅侧立面 SCALE NTS

5 休闲躺椅透视图2 SCALE NTS

2 休闲躺椅正立面 SCALE NTS

4 休闲躺椅透视图1 SCALE NTS

6 休闲躺椅意向图 SCALE NTS

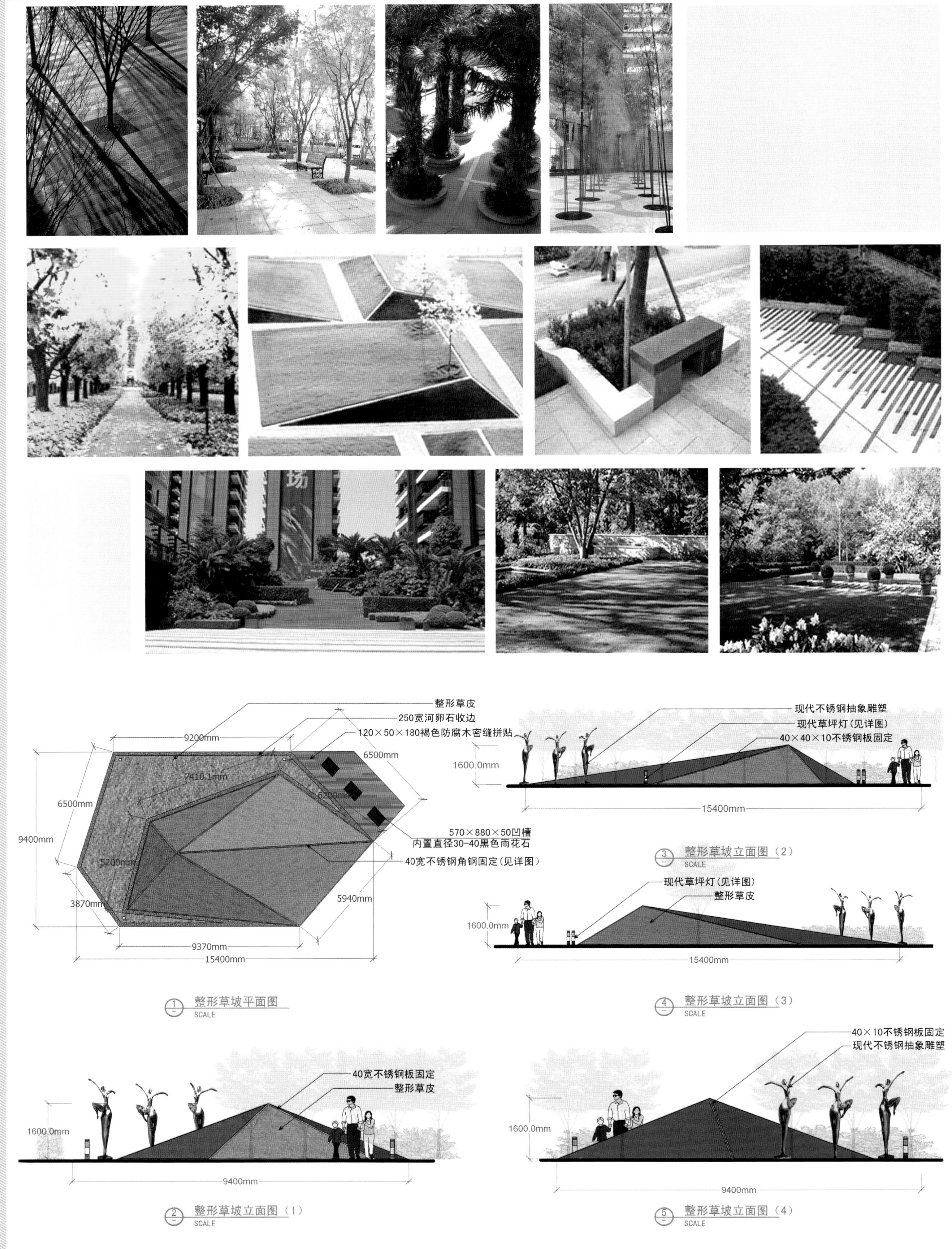
整形草皮
250宽河卵石收边
120×50×180褐色防腐木密缝拼贴
9200mm
7410.1mm
6500mm
6200mm
6500mm
9400mm
5200mm
3870mm
5940mm
9370mm
15400mm
570×880×50凹槽
内置直径30-40黑色雨花石
40宽不锈钢角钢固定(见详图)
现代不锈钢抽象雕塑
现代草坪灯(见详图)
40×40×10不锈钢板固定
1600.0mm
15400mm
整形草坡立面图(2)
现代草坪灯(见详图)
整形草皮
1600.0mm
15400mm
整形草坡平面图
整形草坡立面图(3)
40宽不锈钢板固定
整形草皮
1600.0mm
9400mm
整形草坡立面图(1)
40×10不锈钢板固定
现代不锈钢抽象雕塑
1600.0mm
9400mm
整形草坡立面图(4)

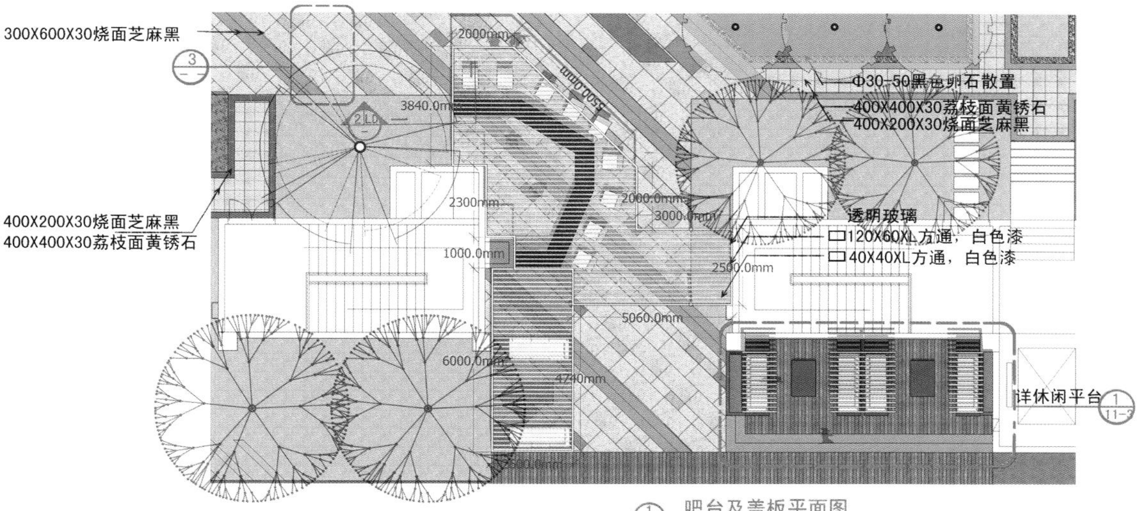

300X600X30烧面芝麻黑
Φ30-50黑色卵石散置
400X400X30荔枝面黄锈石
400X200X30烧面芝麻黑
400X200X30烧面芝麻黑
400X400X30荔枝面黄锈石
透明玻璃
□120X60XL方通，白色漆
□40X40XL方通，白色漆
详休闲平台

① 吧台及盖板平面图
SCALE

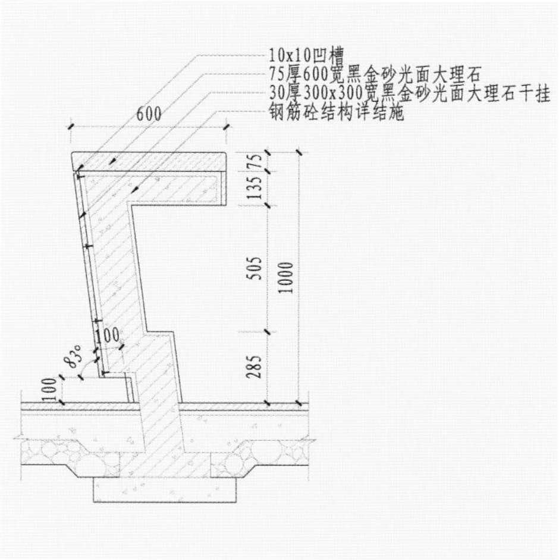

10x10凹槽
75厚600宽黑金砂光面大理石
30厚300x300宽黑金砂光面大理石干挂
钢筋砼结构详结施

② 吧台剖面图
SCALE

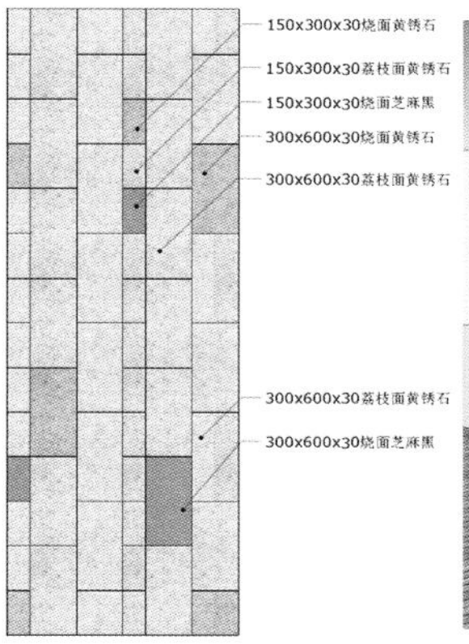

150x300x30烧面黄锈石
150x300x30荔枝面黄锈石
150x300x30烧面芝麻黑
300x600x30烧面黄锈石
300x600x30荔枝面黄锈石
300x600x30荔枝面黄锈石
300x600x30烧面芝麻黑

③ 铺装详图
SCALE

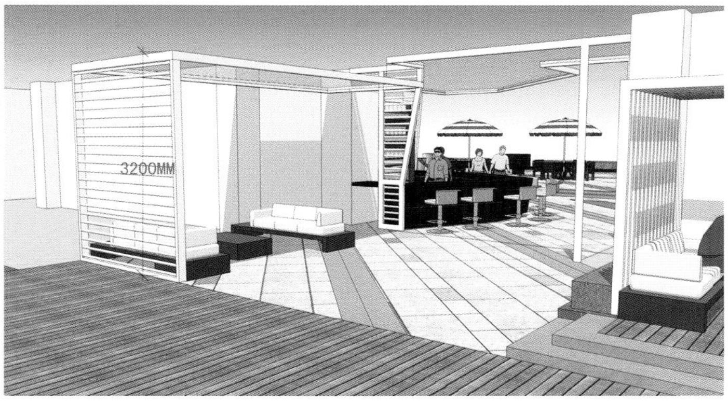

④ 吧台及盖板透视图1
SCALE

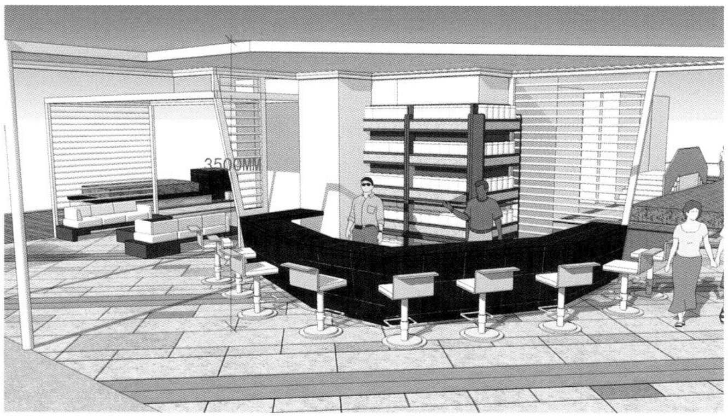

⑤ 吧台及盖板透视图1
SCALE

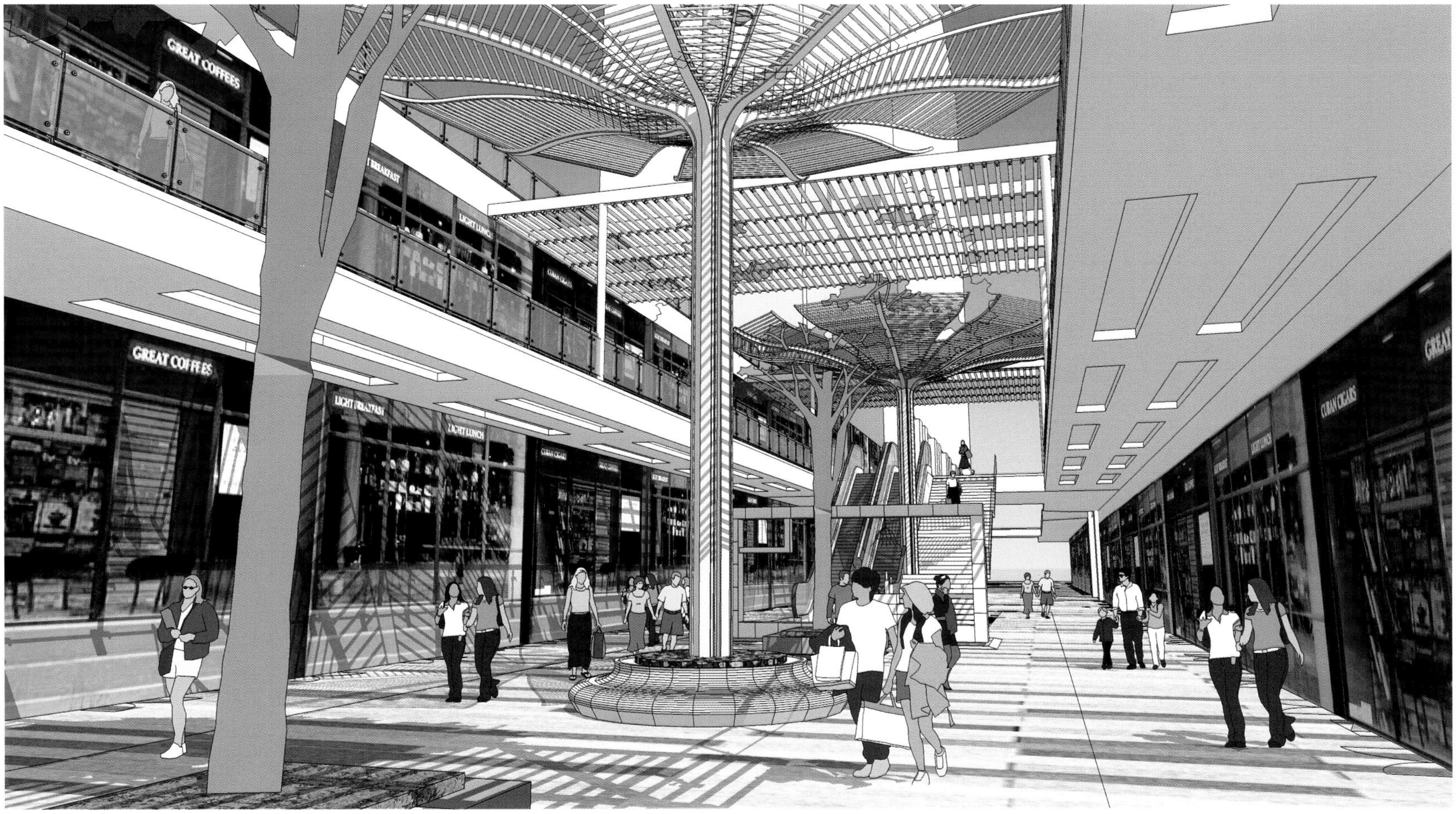

莆田正荣•御品兰湾

项目地点：福建省莆田市
投 资 方：福建正荣集团
景观设计：普梵思洛（亚洲）景观规划设计事务所
用地面积：30 843.92㎡

项目采用新古典主义建筑风格，突出建筑色彩及体量，强调建筑细节，体现“典雅高贵”的特色和风格。如何发掘项目地块的特征及优势，瞄准市场，准确导入景观风格是景观设计的重点所在。设计师对项目地块经过认真分析，认为项目要走精致、生态、纯粹的异域风情路线，用异域风情装点建筑环境，打差异化牌，引领莆田居住文化新风尚。整个项目建筑为高层，且成环形分布，围合感较强。充分利用组团中心景观带，通过精巧、有节奏的设计，打造舒适的休闲空间，充分利用地库顶板1～1.5m的覆土深度，设计出丰富的空间变化，同时针对土地较为平整，缺少空间层次的变化的弱点，通过错落的台地、饱满的植物、变幻的水景来打造丰富多变的景观空间。

通过分析设计师提出“栖居于尊贵，私隐于异乡”的理念，古语有云：“小隐于野，大隐于市”，意思是闲逸潇洒的生活不一定要到林泉野径中去体会，更高层次的隐居是身处都市繁华之中还能保持心灵耳朵纯净。这是古人对隐居的理解，而现代人对隐居生活的追求通常以度假的形式出现：置身他乡在浓郁的异域风情中陶醉；在尊贵浪漫的环境中享受高品质的服务；在私密而祥和的氛围中得到放松和解脱。

整个项目以东南亚风情园林为蓝本，将纯粹的普吉岛风情、巴厘岛风情，以及泰国的苏美岛风情原味演绎，体现饱满的异域风情。

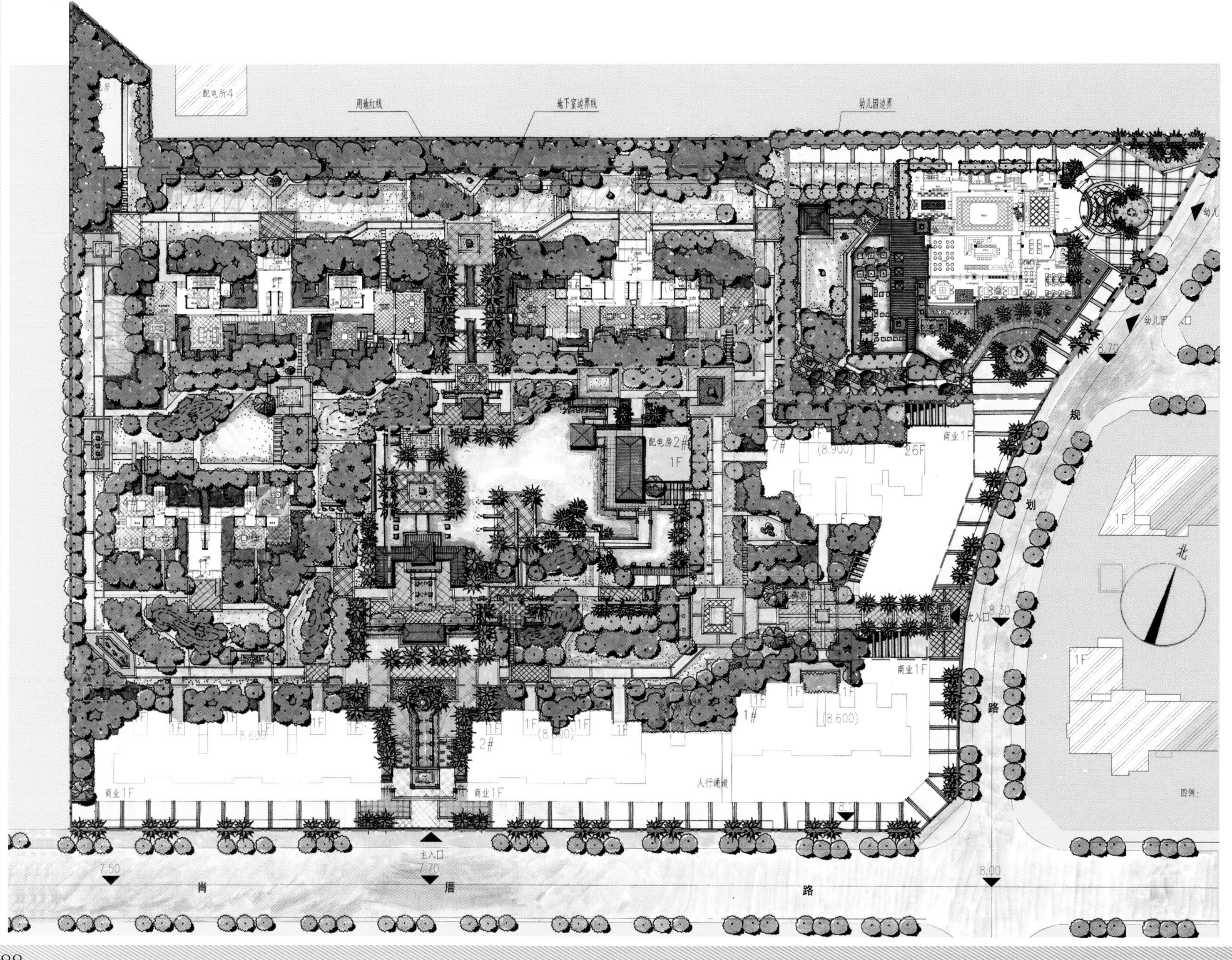

重庆华润二十四城

项目地点：重庆市
开 发 商：华润置地
景观设计：普梵思洛（亚洲）景观规划设计事务所
占地面积：700 870㎡

华润二十四城位于重庆市九龙坡区谢家湾，原建设厂厂址。项目总占地700 870㎡，是一个拥有60 000居住人口，集万象购物中心、国际酒店、顶级写字楼、滨江高尚住宅群于一体的城市中心大型居住区。项目交通极其便利，将成为未来重庆市“十”字主动脉交通的交叉点。项目自然资源丰富，拥有超过1 000m的长江水岸线，紧靠长江重庆段最宽的水域。依托世界级住区的规划，华润二十四城将填补区域内缺乏超大规模高品质居住区的空白。在历史文化传承和保护方面，华润二十四城通过对地块内现有的人文、自然元素的归纳和整理，以现代技术和理念进行创新改造，通过保留、移植、叠加、重构、演绎五种方式，延续传统的城市风貌，使项目与周边的城市肌理和谐而又富有新意地共存，如创新利用部分烟囱、防空洞等的同时，通过重构和演绎方式实现历史文脉的传承。一期占地面积为86 667㎡，由11栋滨江高层住宅围合而成，总建筑面积约430 000㎡，总户数3 400户左右，由于紧靠长江重庆段最宽的水域，一期拥有最好的江景资源和36 000㎡的超大中庭，景观优势相当明显。项目采用ARTDECO的设计手法，结合机械美学，运用鲨鱼纹、斑马纹、曲折锯齿图形、阶梯图形、粗体与弯曲的曲线、放射状图样等来装饰，形成这个设计的特色。商业街通过长条形的商业道路，解决竖向高差，使整个商业串联起来，在节点地方出现平台形式的商业广场，有装饰艺术的特色铺装，有一些情景雕塑，丰富了商业的氛围，增加了放松精神的场所。主入口与商业街连为一体，宽敞的入口，多彩的商业广场，大气的ARTDECO形式保安亭，再结合一些艺术雕塑，形成别具一格的风味。

主轴以生态树阵为主，过程中出现不同的节点形式，且轴线与各个宅间空间相连，互相渗透，让人在行走的过程中感受不一样的情趣。无边界泳池无疑是项目的一大特色，大人小孩可尽享其天伦之乐。景亭以庭院的形式出现，集远眺、座谈、休闲等于一体，使人感受到酒店式公寓的待遇。架空层以泛会所的空间形式串联起来，使人不管刮风下雨，都可以在其中进行各类休闲娱乐活动。

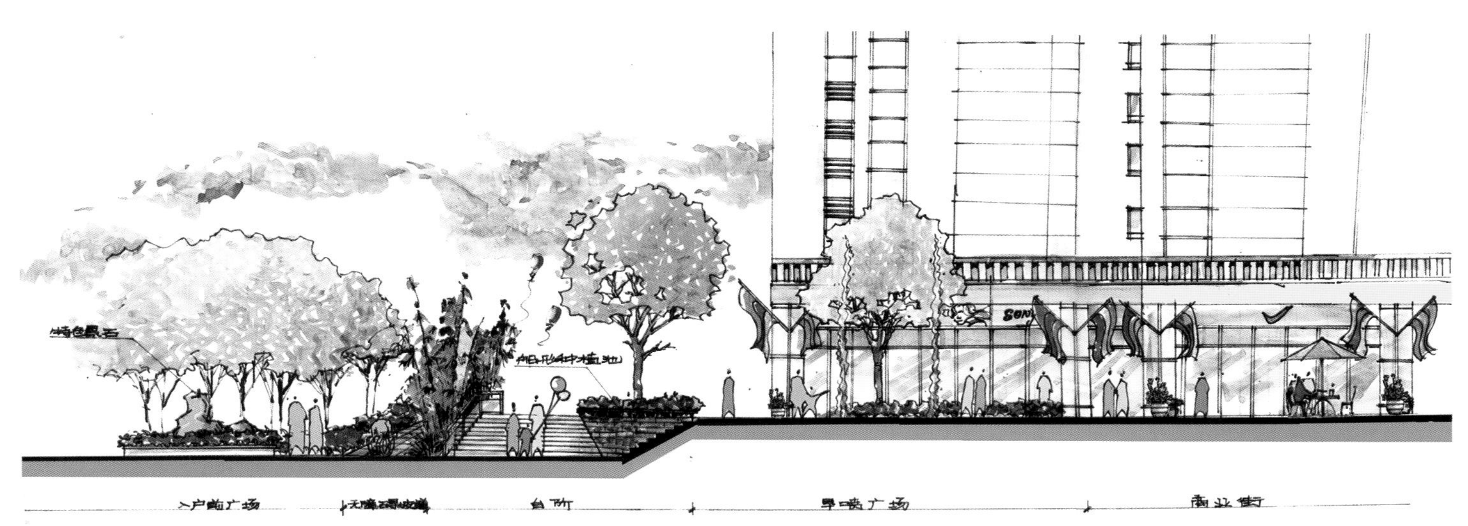

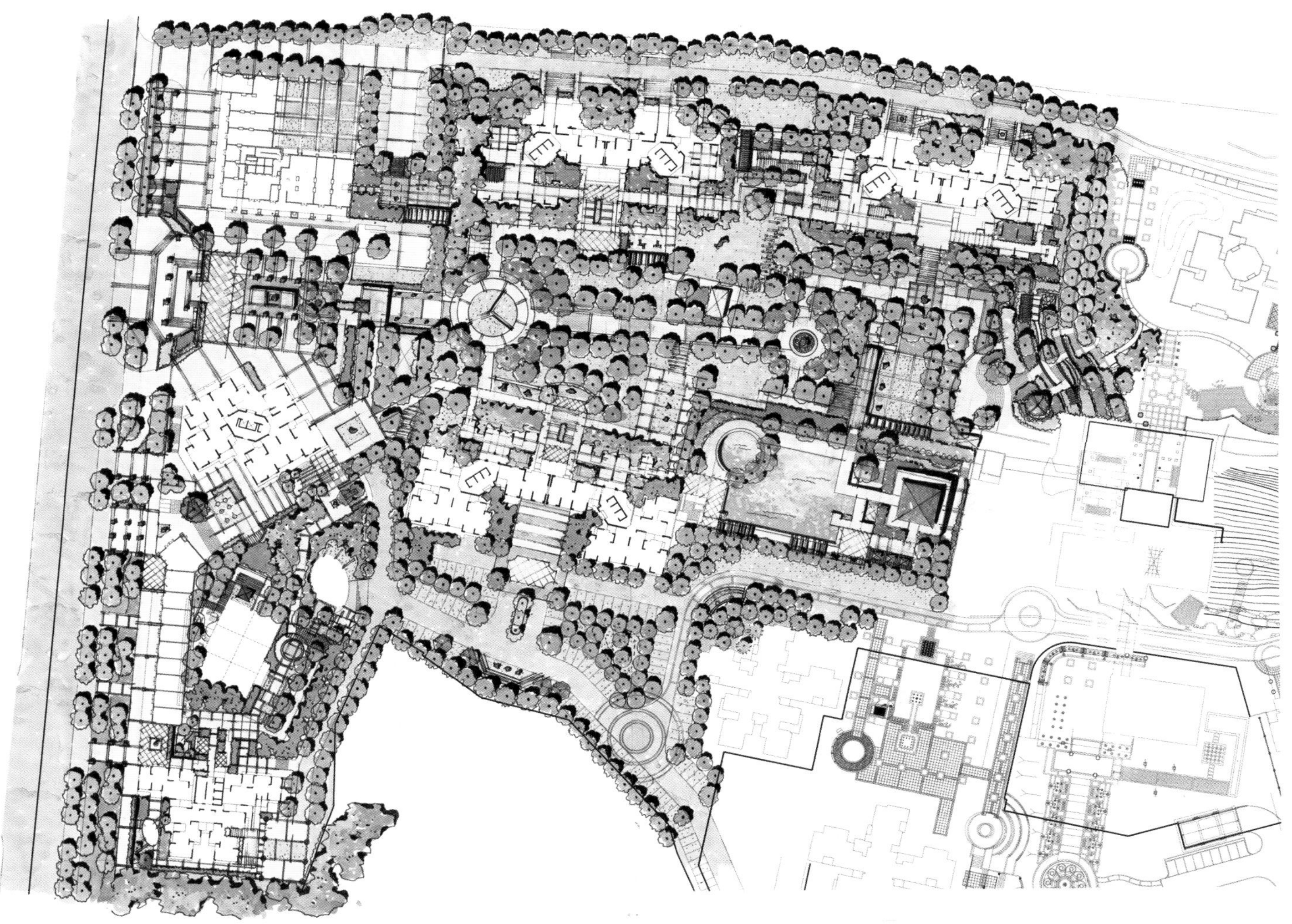

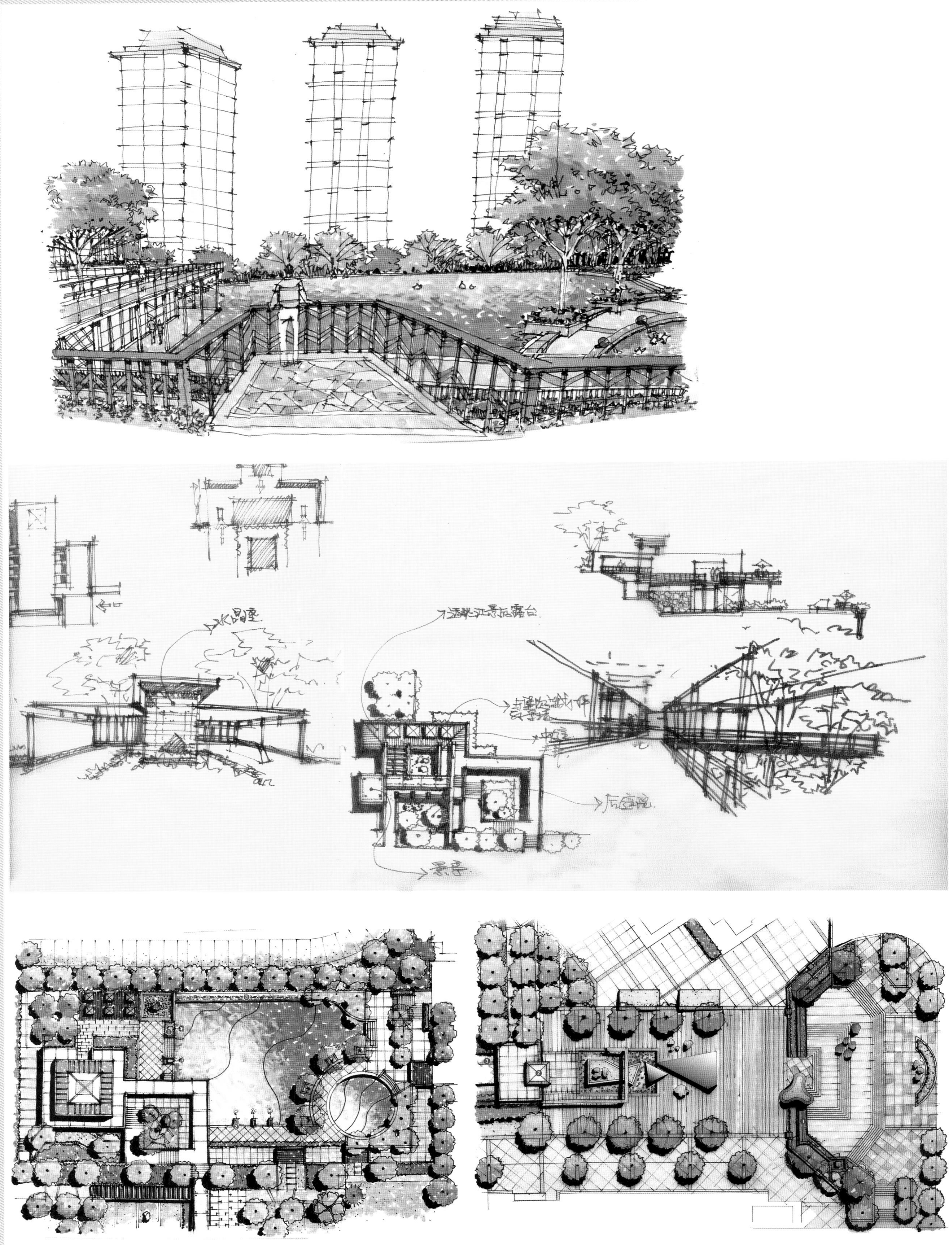
水晶墙
中庭
后庭院
景亭

华润
华润 CRC
三十四城
TWENTY-FOUR CITY

西安兰亭坊

项目地点：陕西省西安市
开 发 商：天地源集团
设计单位：埃迪优（IDU）建筑规划与景观设计有限公司

该项目位于西安高新科技产业开发区，西临隋唐皇家寺院遗址，在文脉上有着盛唐气象的根基。通过寻找基地文脉中具有时代感的部分，使古老的传统获得新生，从而唤起人们对社区、对自身家园的自豪感，是该景观设计的理念根源。方案初期，具体通过以下盛唐官方节日文化衍生出设计主题：“中和引龙回”——春天主题，教育主题；“上巳流觞曲水”——休闲主题，诗酒文化；“重阳登高团聚”——户外休闲，家庭主题。在细部表达上，则通过以下六种要素的处理实现设计目标。地形：台地与下沉相结合；铺装：传统自然的铺装材料为主，现代铺装方式作为点缀；建筑物：传统的建筑空间，现代的造型与材料；构筑物：古典尺度与意向，现代材料与技术；水景：现代的水景造型，传统的水景象征涵义；植被：古典的意向，现代的围合方式。

①主入口廣場	②會所景牆	③會所前廣場
④觀景木平臺	⑤引龍回廣場	⑥會所入口
⑦會所内庭院	⑧會所前廳	⑨主題水景
⑩鏡池荷塘	⑪碟石草坪	⑫引龍閣
⑬臺級綠化	⑭景石廣場	⑮休閒木平臺
⑯景牆	⑰無障礙坡道	⑱便捷臺階
⑲庭院門	⑳臨水廊架	㉑入戶無障礙坡道
㉒曲徑竹林	㉓景牆跌水	㉔景觀廊架
㉕入戶點	㉖景框	㉗健身區
㉘兒童游戲場	㉙趣味小徑	㉚應急出入口
㉛入戶點	㉜私家庭院入戶	㉝遮陰廊架
㉞休閒空間	㉟活動場地	㊱眺望臺
㊲親子游戲區	㊳木平臺	㊴散步小路
㊵宅間休閒區	㊶冥想空間	㊷漫步道
㊸消防回車場	㊹旱溪草坡	㊺休閒涼亭
㊻遮陰樹	㊼草坪	㊽公園入口
㊾車行道路	㊿圍牆	51汀步
52對景綠化	53宅間小路	54流觴亭
55雕塑小品	56木平臺	57流觴景牆
58主題水景	59跌水景牆	60下沉庭院
61入戶路	62人防入口	63組團綠化
64車行入口	65次入口崗亭	66次入口
67應急出入口	68圍牆	69商業街入口
70特色綠化	71商業街	72商業街停車位
73商業街綠化	74綠化置石	75商業街景觀樹池
76遺址公園	77科技六路	78規劃道路

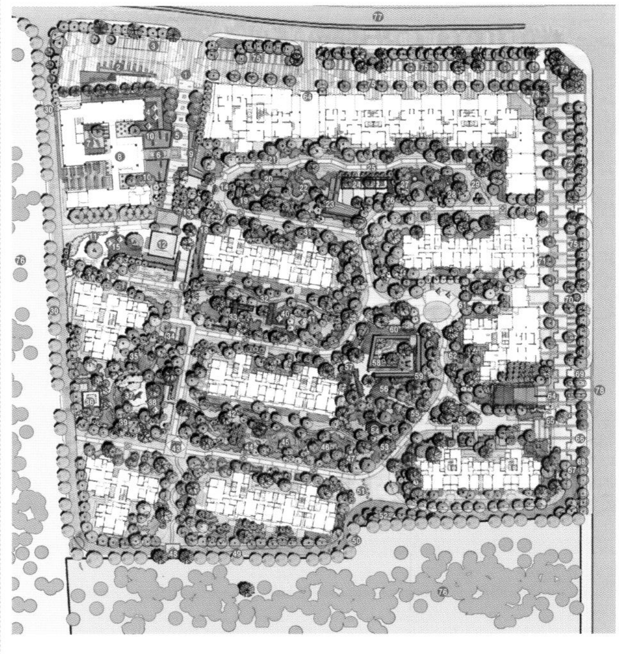

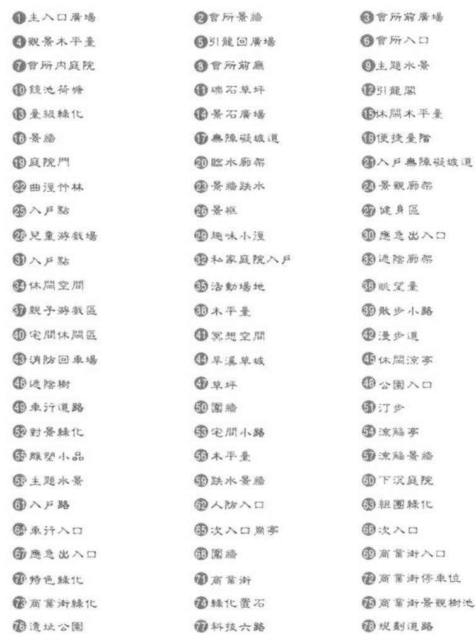

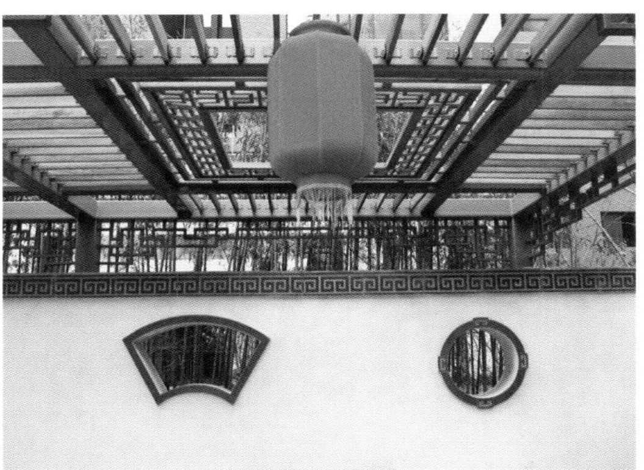

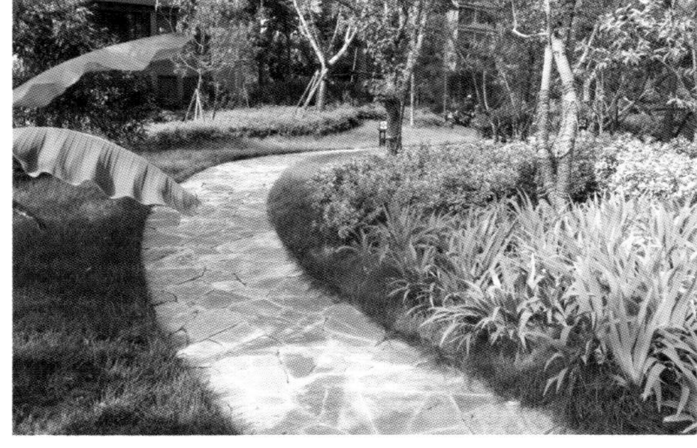

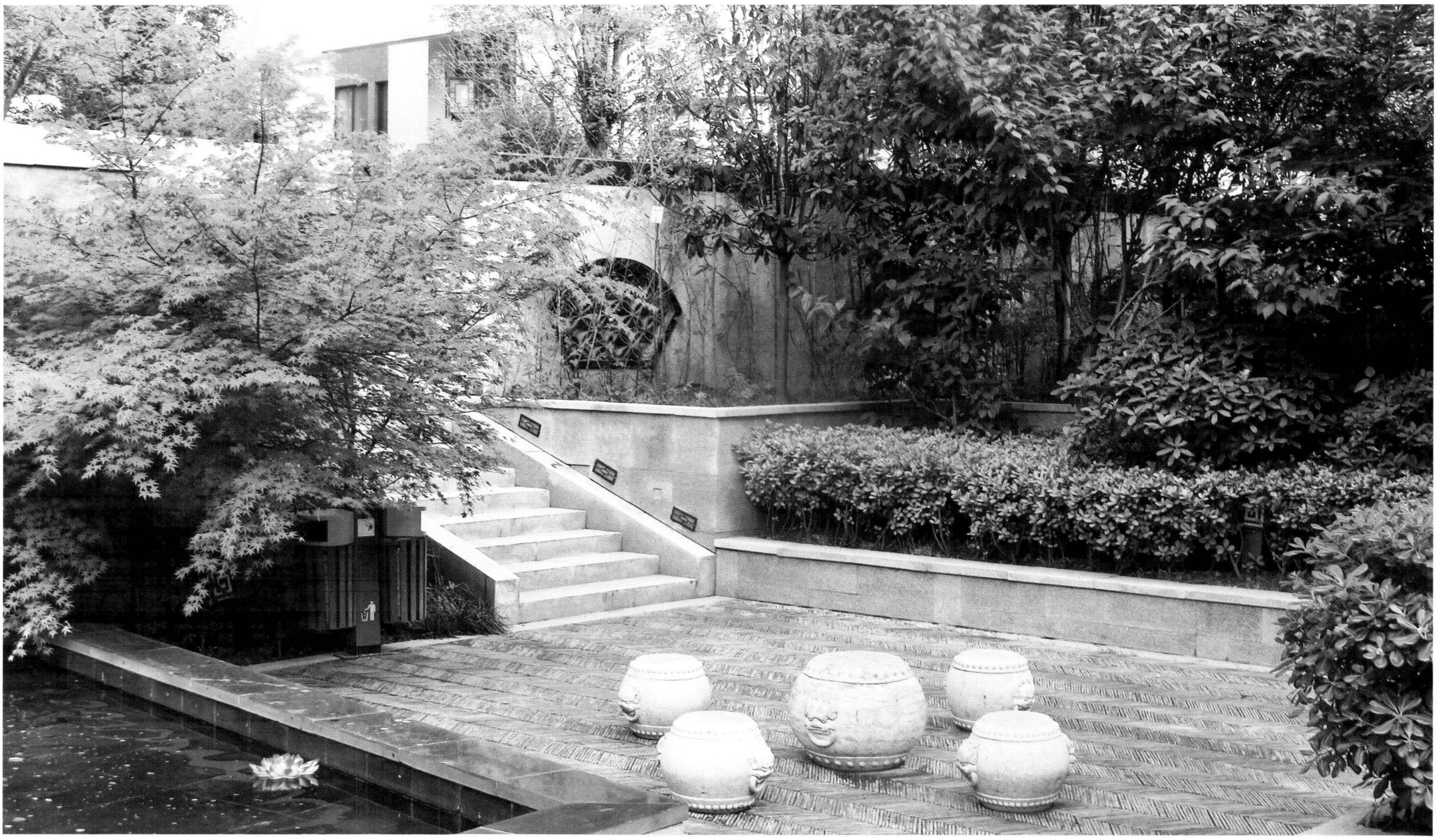

上巳 三月
佩蘭祓禊
曲水流觞
祓除畔浴

西安天朗大兴郡

项目地点：陕西省西安市
开 发 商：天朗地产集团
设计单位：上海伍鼎景观设计咨询有限公司

天朗大兴郡总占地约40万m²，总开发量130余万m²，分七大组团开发，产品从35～300m²，囊括精品公寓、精致两房、舒适三房、空中别苑、多层低TOWN等多种类型。项目整体以汉文化背景为主题，以打造大兴东路主题商业街区为切入点，建成后将成为西安市集高尚居住、商贸、休闲、娱乐、特色餐饮、体验式旅游于一体的汉文化主题国际社区。

新中式园林景观不同于其他仿古园林，它应是现代功能技术与早期文化特征的和谐统一，在表现方式上，它是与古典园林文化的特有气质和内涵相吻合的；在形式的处理上，并不是简单的模仿，而是将古典园林的符号特征、造园手法经过艺术的加工，创造性地表现出来；在手法上，从中国传统园林精髓中抽取山、水、路、石、屋、树等元素，遵从“天人合一” 理念。主材选择质朴大气，同时配以玻璃、钢等现代建筑材料，使整个园林既富有深厚的文化底蕴和清晰的历史文脉，又不失现代感和舒适感，从而打造出“新中式园林景观”，赋予古典园林以时代的气息。在园林建筑小品细部上对传统人物、文字、几何纹等纹样进行抽象再造。打造质朴、雄浑的建筑风格，通过门阙、楼阁等典型古典建筑形制及建筑群体的组合，确立独特形象。不仅使现代建筑与传统文化水乳交融，同时给古城注入了一股新鲜的活力。如“观唐”“清华坊”“第五园”等以特定历史为背景的居住区，它们分别从不同的角度诠释了对古代建筑和园林的理解。

百霊苑

汉风遗韵

天朗
氣清

南昌正荣大湖之都

项目地点：江西省南昌市
开发单位：福建正荣集团
景观设计：普梵思洛（亚洲）景观规划设计事务所
占地面积：1 066 666㎡

项目位于南昌市，坐拥长达3 300m湖岸，占地约1 066 666㎡，E3、H1地块位于小区的北侧，与小区K组团隔路相对，南侧为墨家湖，西侧为E2组团，东侧为H2组团。设计师希望能最大限度利用“中轴景观水景（明渠）”及“沿湖景观带”，把这条“线性的公共空间”转变成“生活的空间”，结合宅间组团，最大限度满足人们生活休闲及审美的需要，成为提升项目品质的重要因素。在宅间组团的设计中，设计师坚持以人为本的原则，通过组团的划分，增强其“识别性及归属感”，同时在宅后设置联系周边组团的后花园式的活动休闲空间，结合宅前的入户空间，形成“前庭后院”的空间效果，同时注重细节上的品质感。项目注重以生态自然为基调，适当地引入“简欧”风情，营造一种高品质的生活空间。植物设计讲求“一轴一湖两园”原则，按功能划分为景观中轴、沿湖景观、光影乐园和静谧庭园。

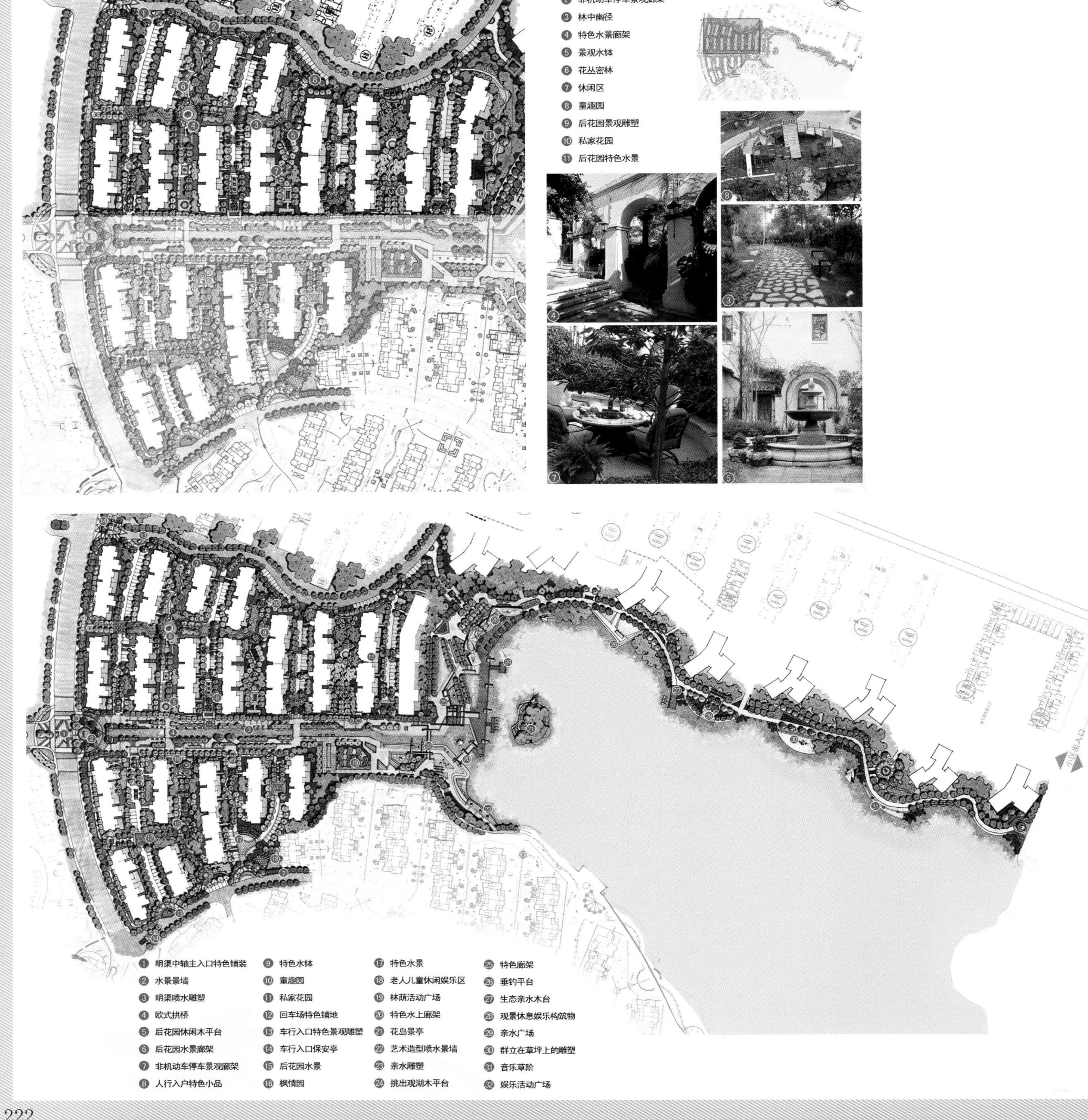

1. 车行入口特色铺装及艺术雕塑
2. 特色水景景墙
3. 入户节点景观
4. 人行入口对景雕塑
5. 次入口保安亭
6. 入户景观节点
7. 涌泉水景
8. 休闲木平台
9. 风情园
10. 老人儿童休闲区
11. 回车场艺术铺装
12. 私家花园

亲水平台驳岸剖面图

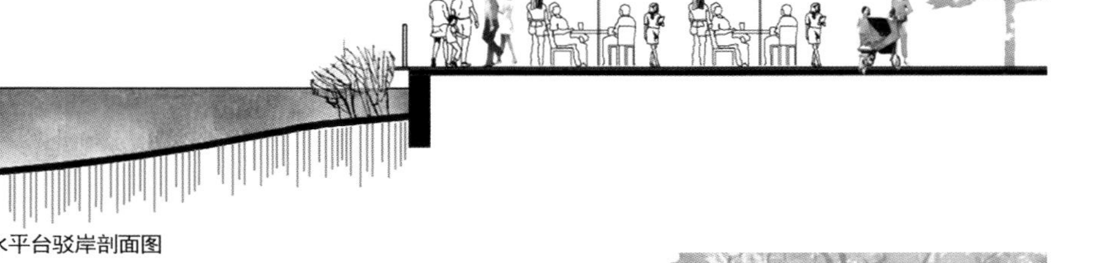

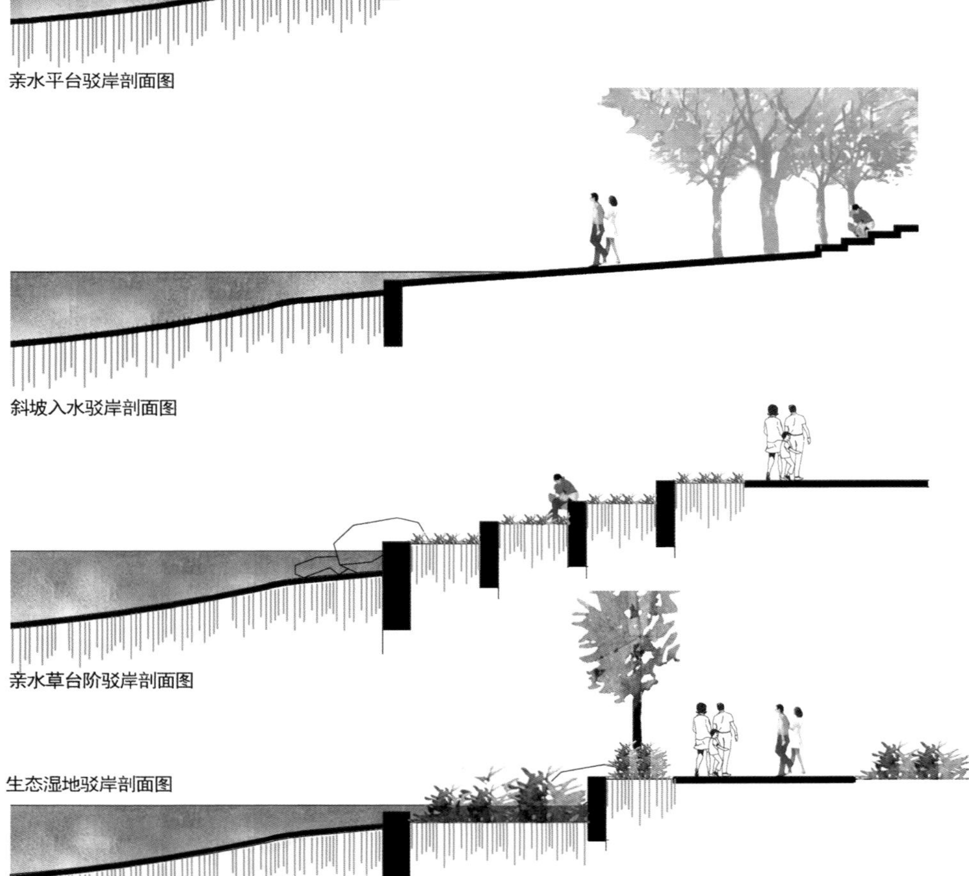

斜坡入水驳岸剖面图

亲水草台阶驳岸剖面图

生态湿地驳岸剖面图

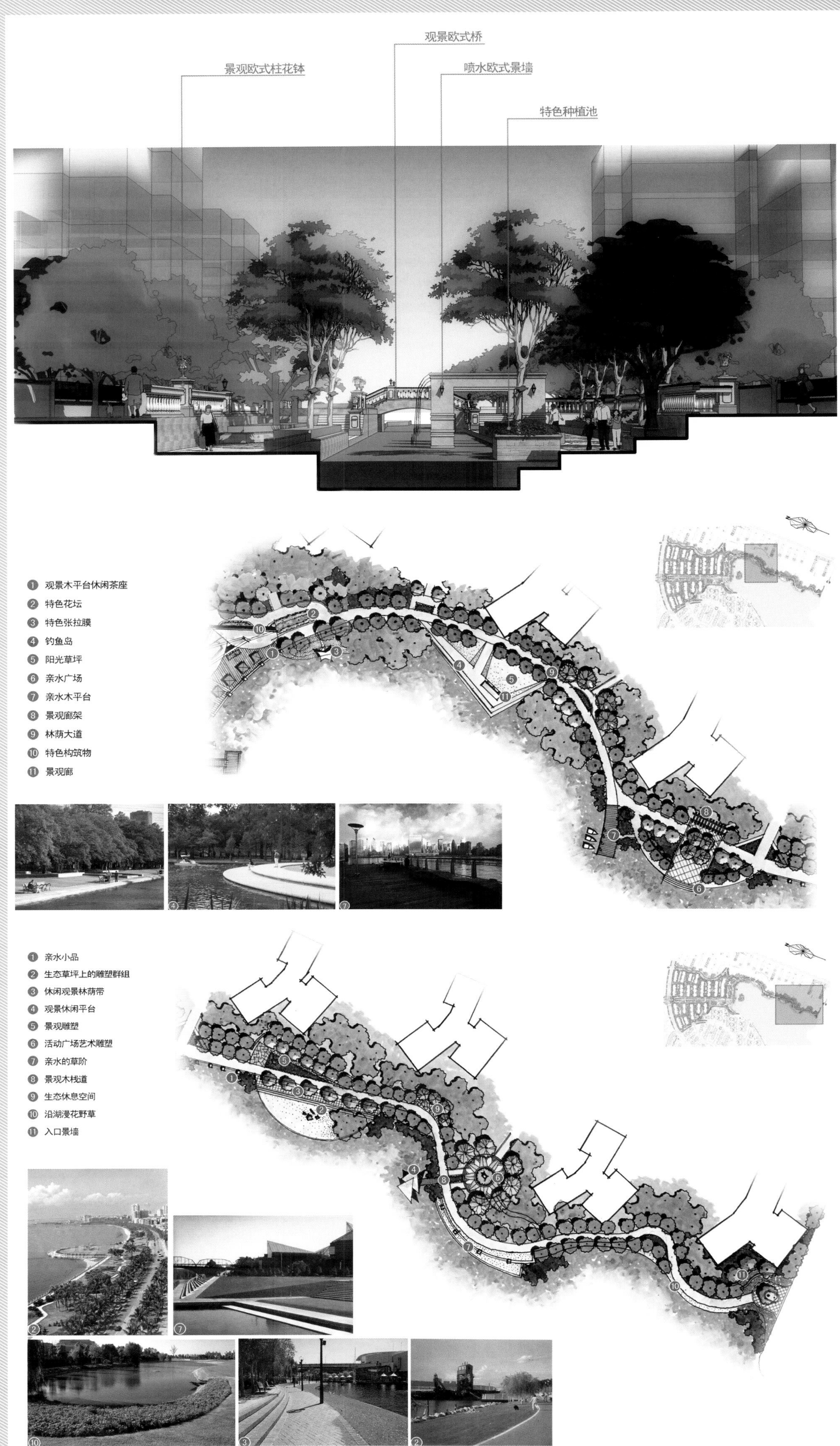

观景欧式桥
景观欧式柱花钵
喷水欧式景墙
特色种植池
❶ 观景木平台休闲茶座
❷ 特色花坛
❸ 特色张拉膜
❹ 钓鱼岛
❺ 阳光草坪
❻ 亲水广场
❼ 亲水木平台
❽ 景观廊架
❾ 林荫大道
❿ 特色构筑物
⓫ 景观廊
❶ 亲水小品
❷ 生态草坪上的雕塑群组
❸ 休闲观景林荫带
❹ 观景休闲平台
❺ 景观雕塑
❻ 活动广场艺术雕塑
❼ 亲水的草阶
❽ 景观木栈道
❾ 生态休息空间
❿ 沿湖漫花野草
⓫ 入口景墙

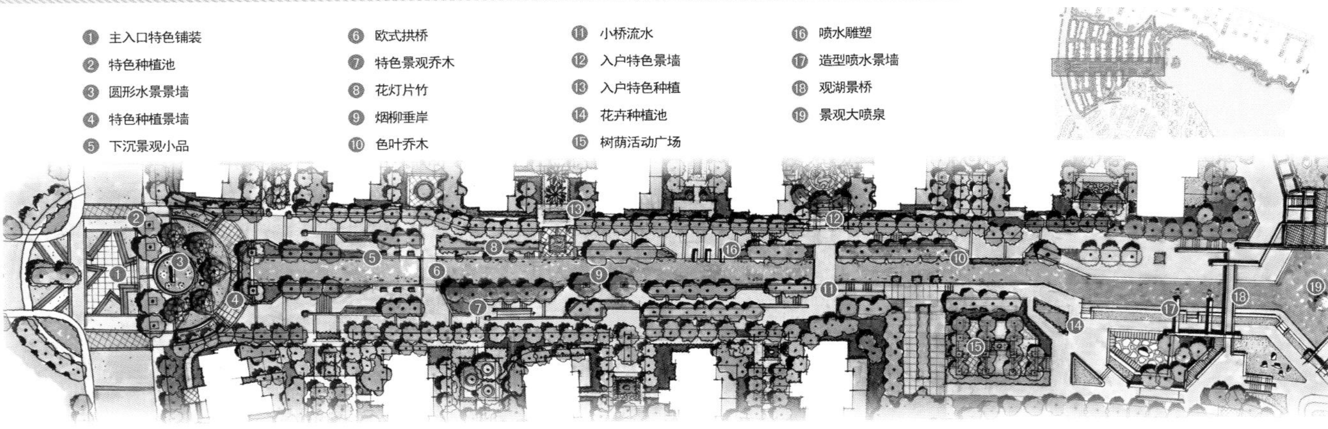
① 主入口特色铺装
② 特色种植池
③ 圆形水景景墙
④ 特色种植景墙
⑤ 下沉景观小品
⑥ 欧式拱桥
⑦ 特色景观乔木
⑧ 花灯片竹
⑨ 烟柳垂岸
⑩ 色叶乔木
⑪ 小桥流水
⑫ 入户特色景墙
⑬ 入户特色种植
⑭ 花卉种植池
⑮ 树荫活动广场
⑯ 喷水雕塑
⑰ 造型喷水景墙
⑱ 观湖景桥
⑲ 景观大喷泉

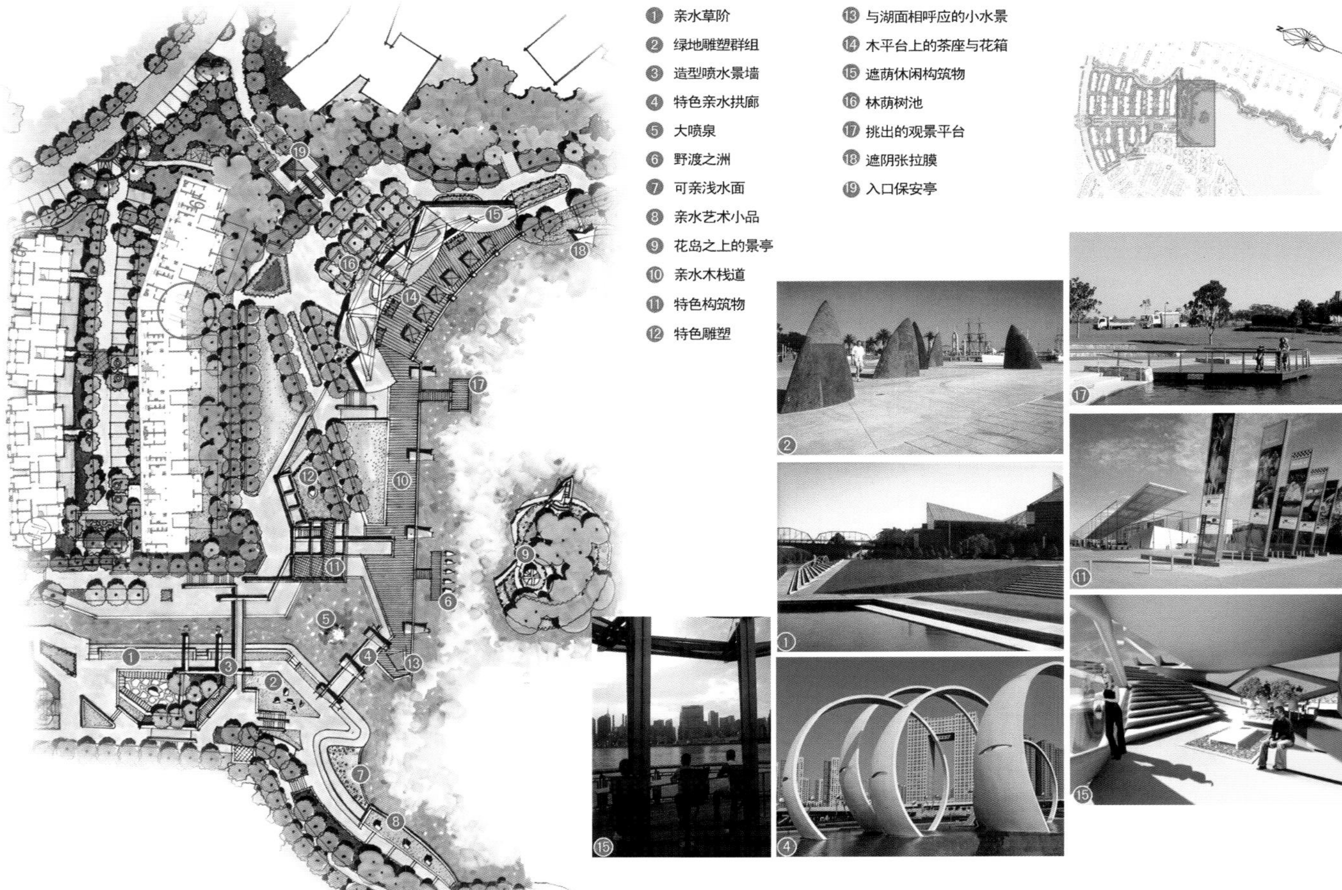
① 亲水草阶
② 绿地雕塑群组
③ 造型喷水景墙
④ 特色亲水拱廊
⑤ 大喷泉
⑥ 野渡之洲
⑦ 可亲浅水面
⑧ 亲水艺术小品
⑨ 花岛之上的景亭
⑩ 亲水木栈道
⑪ 特色构筑物
⑫ 特色雕塑
⑬ 与湖面相呼应的小水景
⑭ 木平台上的茶座与花箱
⑮ 遮荫休闲构筑物
⑯ 林荫树池
⑰ 挑出的观景平台
⑱ 遮阴张拉膜
⑲ 入口保安亭

湖景
亲水广场
大台阶
活动休闲空间
绿化带
湖滨路
绿化带
湖景
休闲木平台
绿化带
圆形舞台
绿化带
休闲活动广场
绿化

新豪轩城市花园

项目地点：广东省新兴县
发 展 商：新兴县新豪轩房地产开发有限公司
设 计 师：黄永全

本项目的设计理念为轻盈而不繁缛，集中但不强调过分对称，现代又不失优雅。

项目坚持“以人为本”的设计原则，从人的角度出发，注重细节的考虑，力求在小区内营造舒适、美好的生活环境。结合当地情况，将设计与人的情感体验相结合，以景写意，情景交融，创造具有浓厚生活情调、人与自然和谐统一的住宅环境。引入健康生活的文化理念，结合园林空间营造聚会、休息、健身、游赏、教育等多种形态的功能场所，满足不同人群的生活方式，创造小区丰富的生活体验，提升区内文化素质。注重微地形的变化，结合建筑组织空间，营造形态丰富、动静结合的景观序列。通过较强的主题特点的艺术小品及水景的营造表现小区的文化品位和内涵，使得人文与自然在此相互融合。

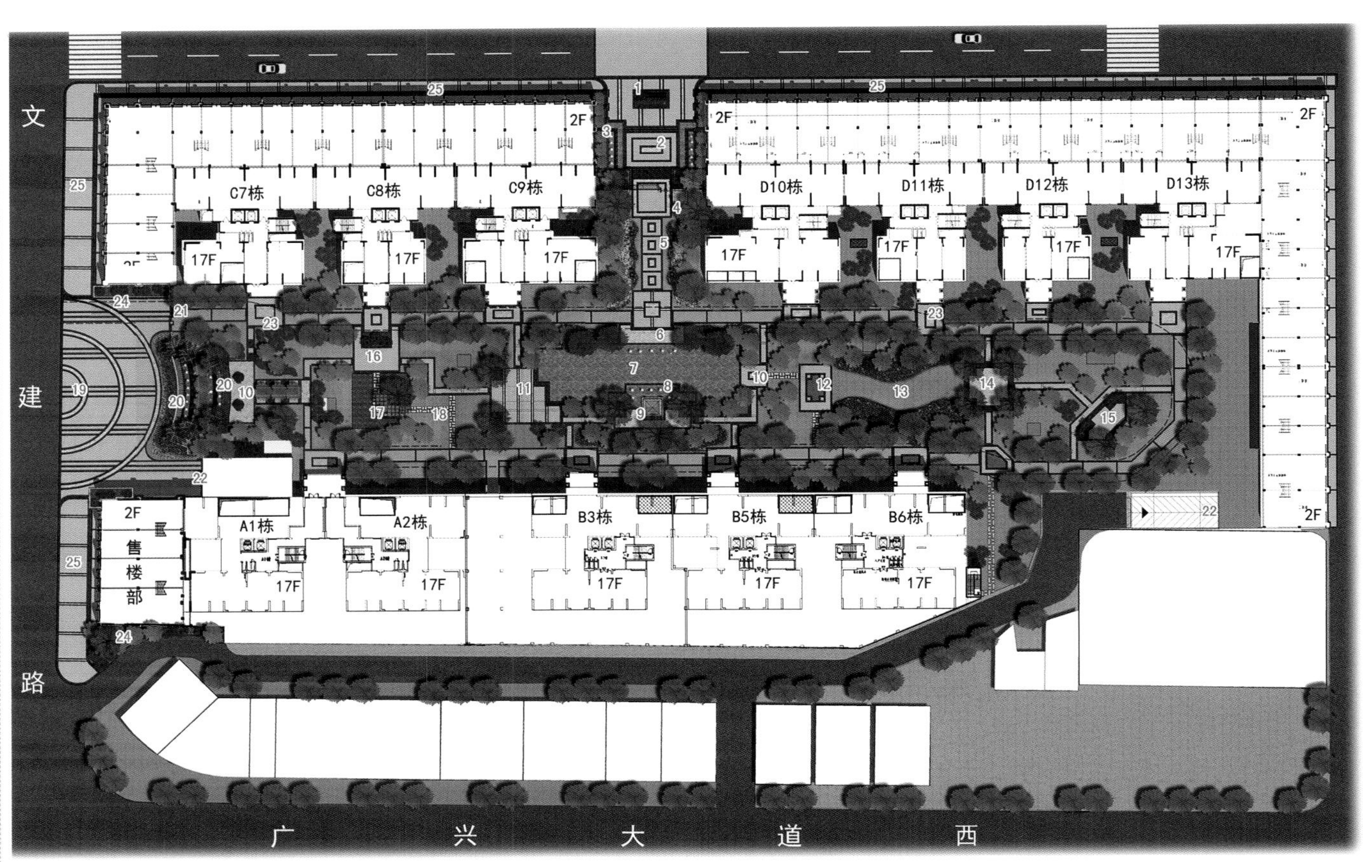

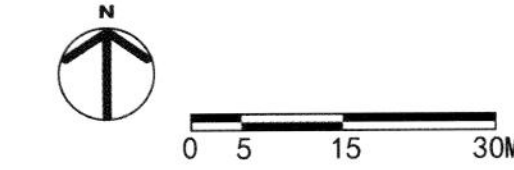

图例

01. 南区主入口标识牌
02. 南区主入口特色平台
03. 南区主入口跌水
04. 保安亭
05. 特色灯柱序列
06. 亲水平台
07. 中心水景
08. 无极跌水
09. 临水亭
10. 休闲平台
11. 临水树阵平台
12. 特色平台
13. 阳光草坪
14. 树阵平台
15. 景墙平台
16. 活动平台
17. 特色铺装平台
18. 趣味汀步
19. 迎宾特色广场
20. 迎宾展示区特色跌水
21. 南区次入口
22. 地下车库出入口
23. 入户特色平台
24. 特色种植
25. 商业街

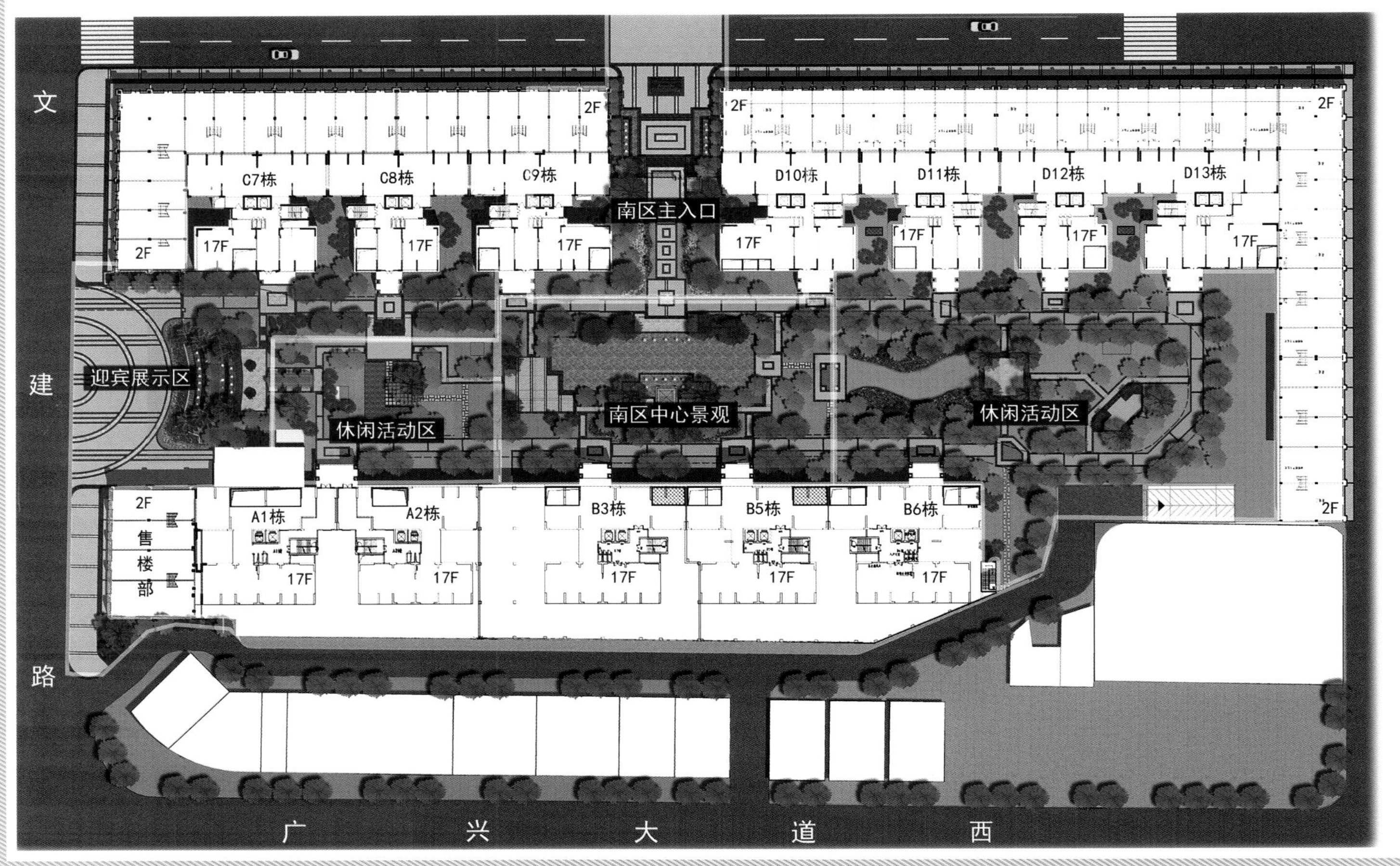

南区主入口
南区中心景观
迎宾展示区
休闲活动区

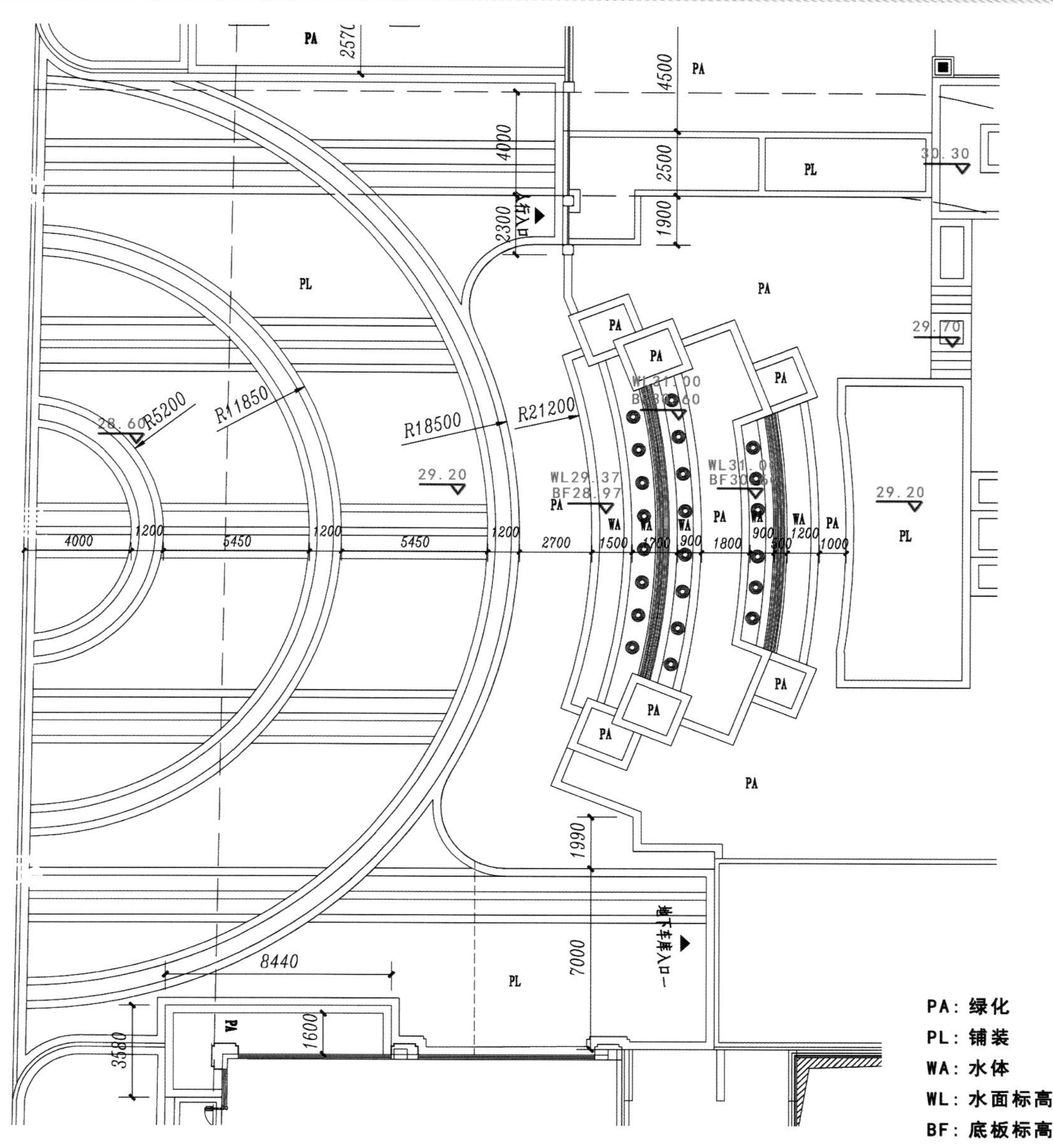

文建路

2F 17F C7栋 17F C8栋

售楼部 A1栋 A2栋 17F 17F

230X115X60 灰色建菱砖

230X115X60 建菱砖，人字混铺

黄色：灰褐色：桔红色=1:1:1

300X300X50 黄锈石荔枝面

300X300X50 芝麻灰烧面

300X300X50 福建 603 烧面

100X100X50 芝麻灰烧面

迎宾 logo 水景 （详见详图）

300X300X50 福建 603 烧面

花基

300X300X50 黄锈石荔枝面

100X100X50 珍珠黑烧面

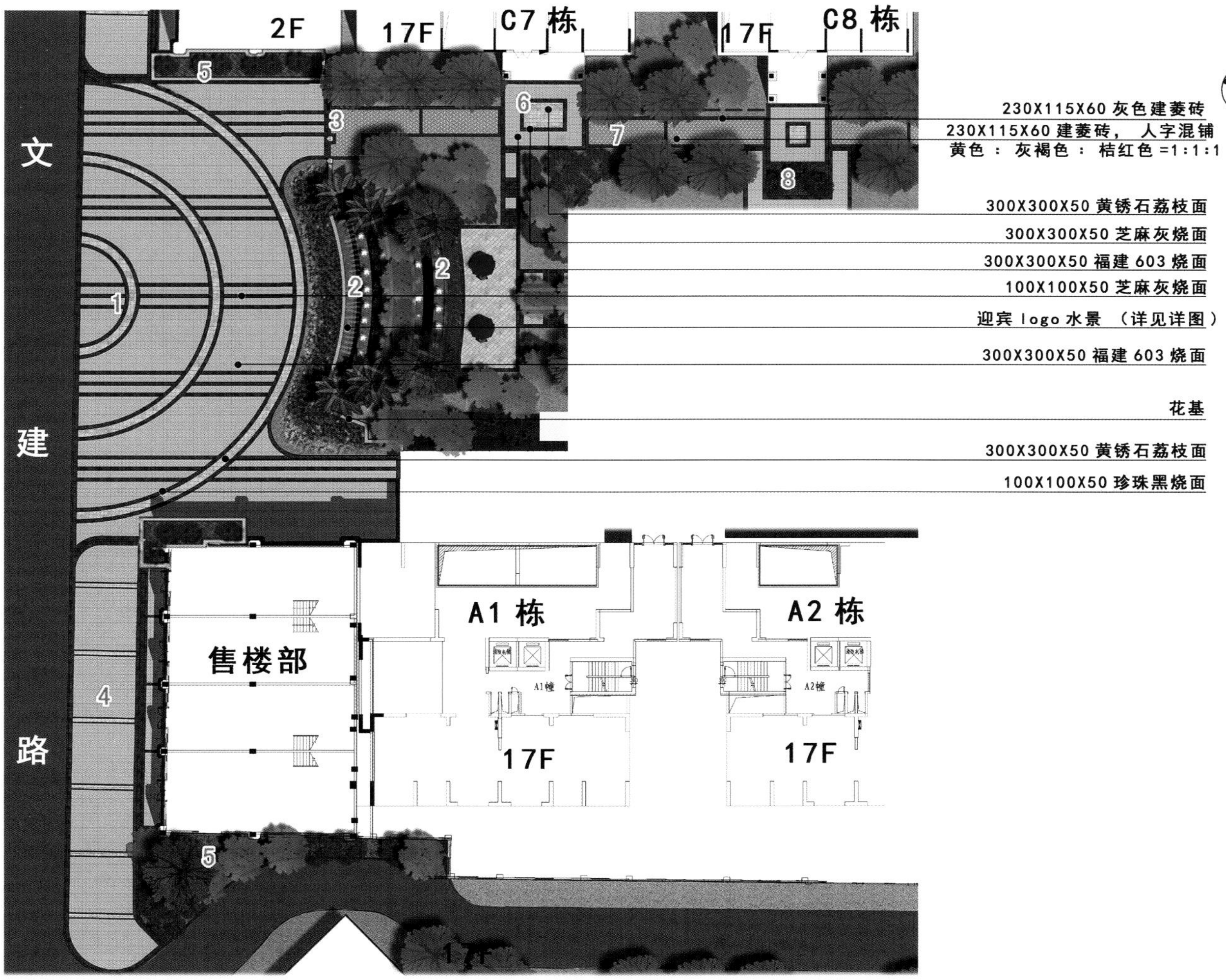

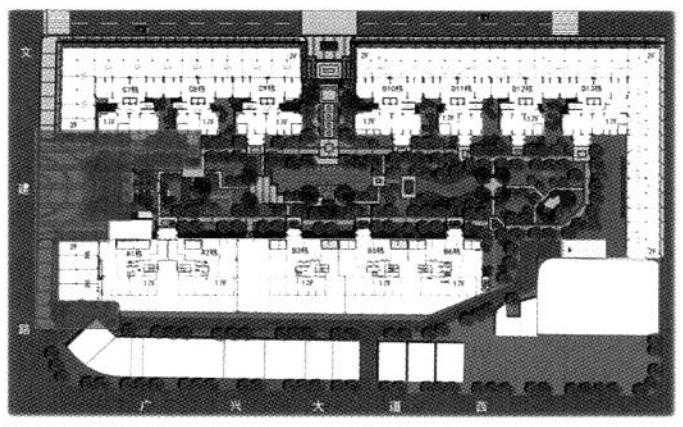

平面指引图

图例

01. 迎宾广场
02. 迎宾logo水景
03. 南区次入口
04. 商业街
05. 特色种植
06. 入户平台
07. 人行道
08. 宅前绿化

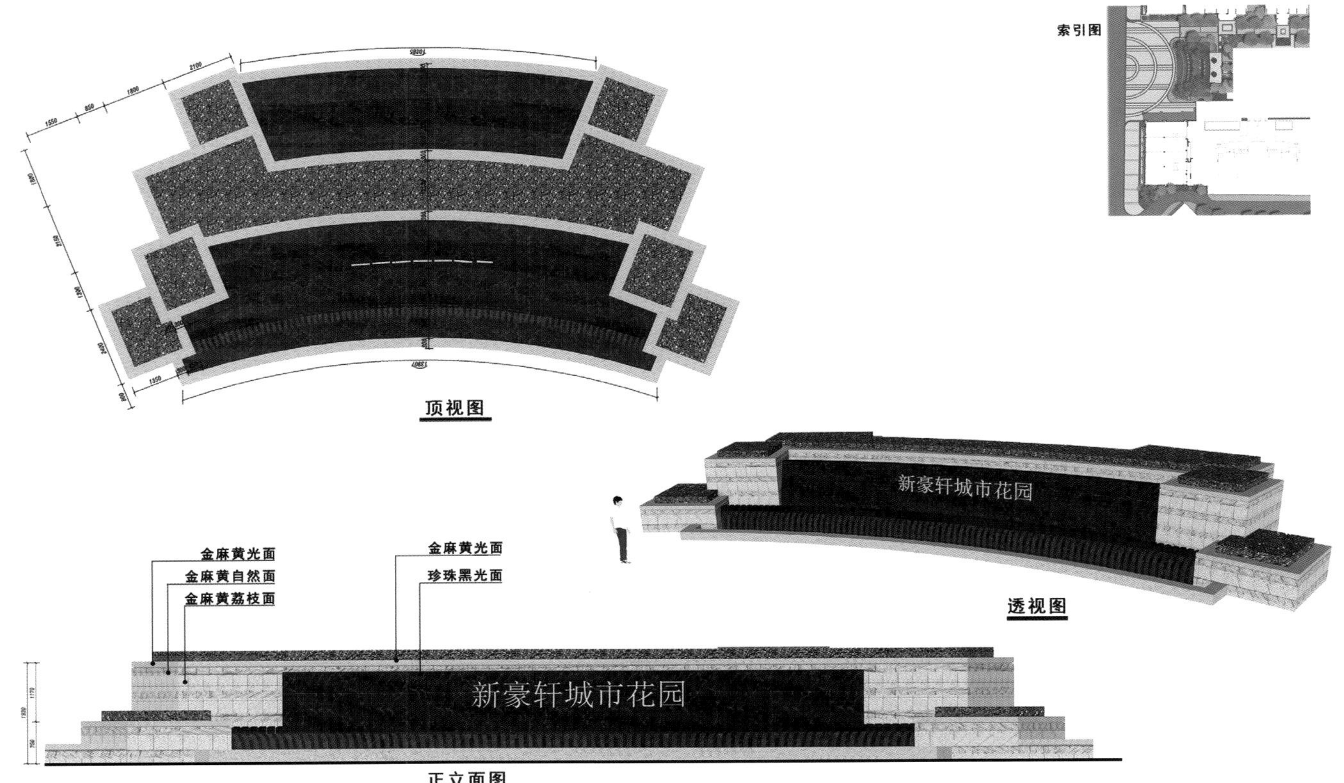

迎宾 LOGO 水景详图一

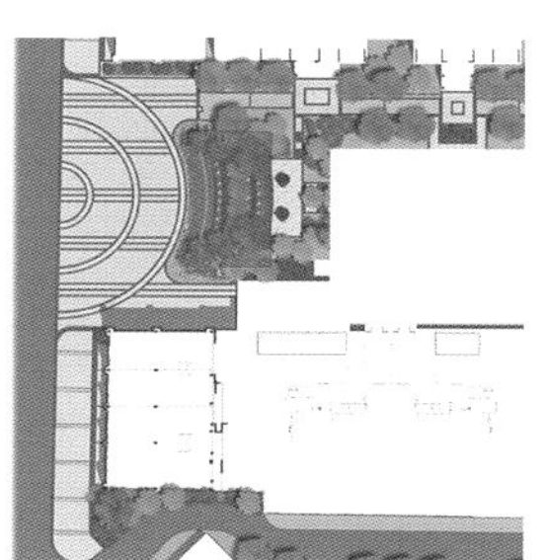

透视图

背立面图

迎宾 LOGO 水景详图二

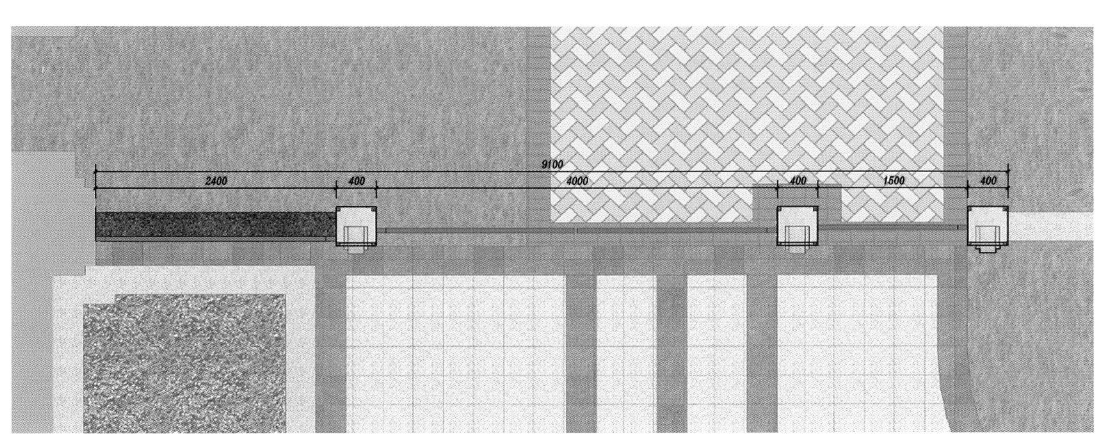

大门平面图

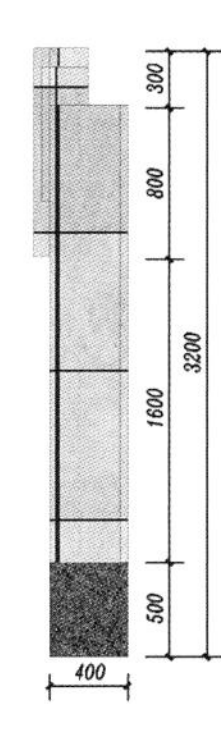

柱子侧立面图

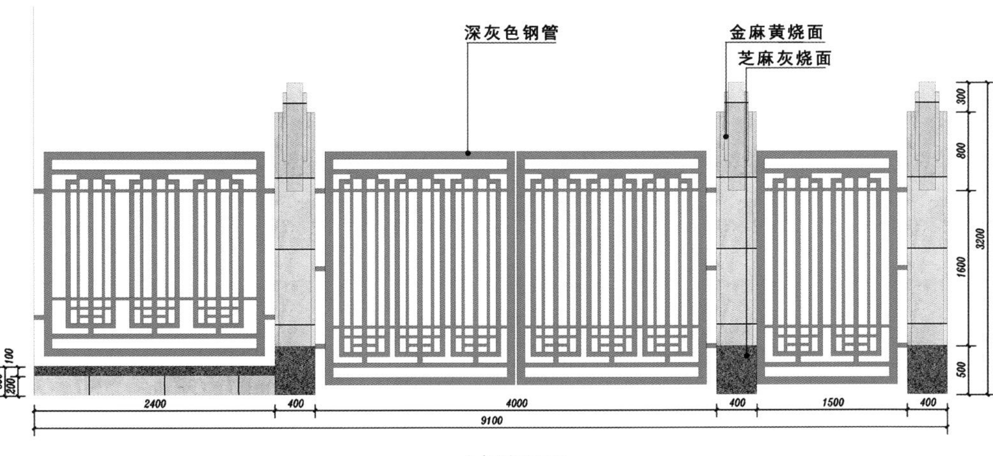

大门立面图

大门透视图

迎宾展示区大门详图

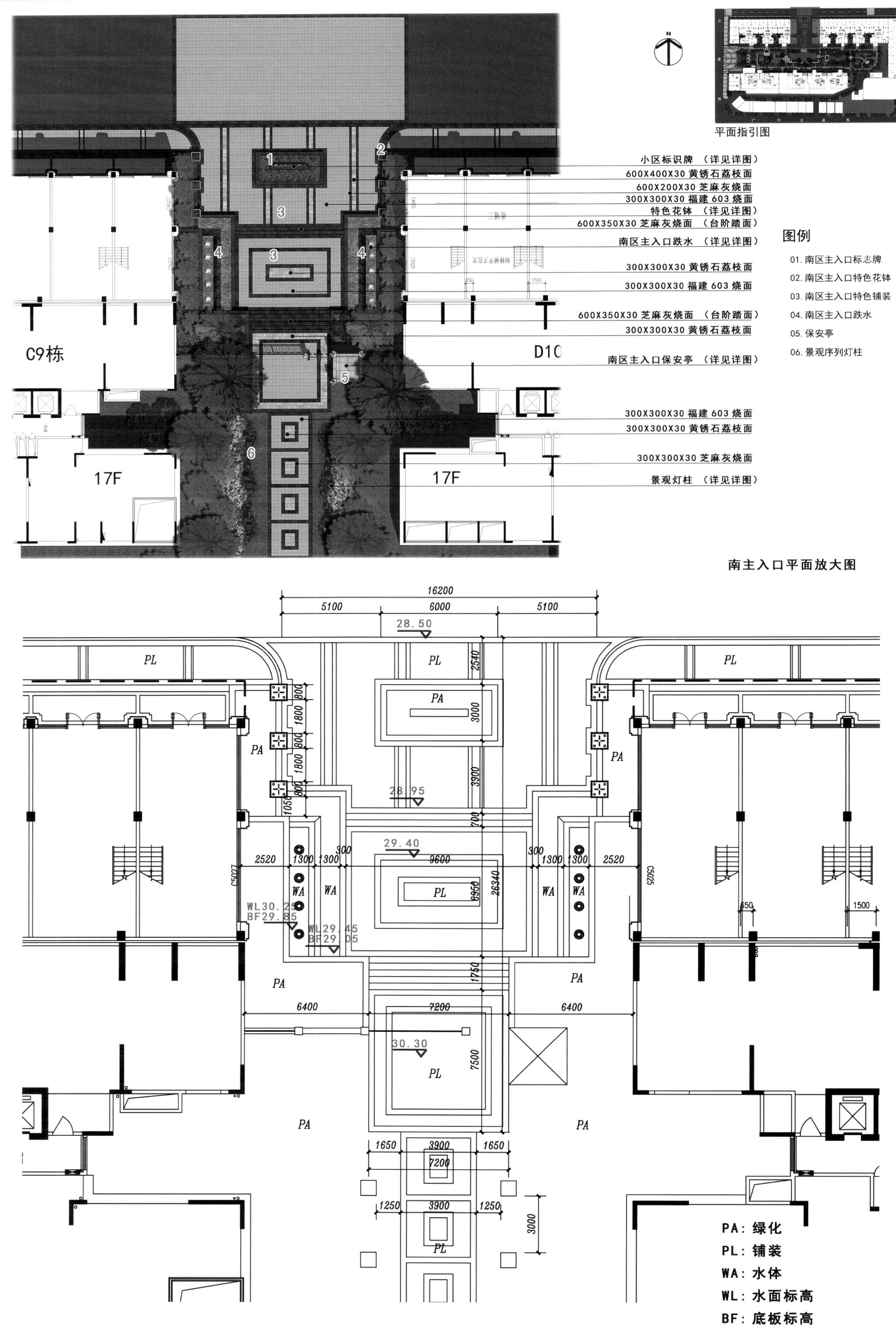

小区标识牌 （详见详图）
600X400X30 黄锈石荔枝面
600X200X30 芝麻灰烧面
300X300X30 福建 603 烧面
特色花钵 （详见详图）
600X350X30 芝麻灰烧面 （台阶踏面）
南区主入口跌水 （详见详图）
300X300X30 黄锈石荔枝面
300X300X30 福建 603 烧面
600X350X30 芝麻灰烧面 （台阶踏面）
300X300X30 黄锈石荔枝面
南区主入口保安亭 （详见详图）
300X300X30 福建 603 烧面
300X300X30 黄锈石荔枝面
300X300X30 芝麻灰烧面
景观灯柱 （详见详图）
C9栋
D10
17F
17F
平面指引图
图例
01. 南区主入口标志牌
02. 南区主入口特色花钵
03. 南区主入口特色铺装
04. 南区主入口跌水
05. 保安亭
06. 景观序列灯柱
PA：绿化
PL：铺装
WA：水体
WL：水面标高
BF：底板标高

南主入口平面放大图

南区主入口剖面图二

南区主入口剖面图一

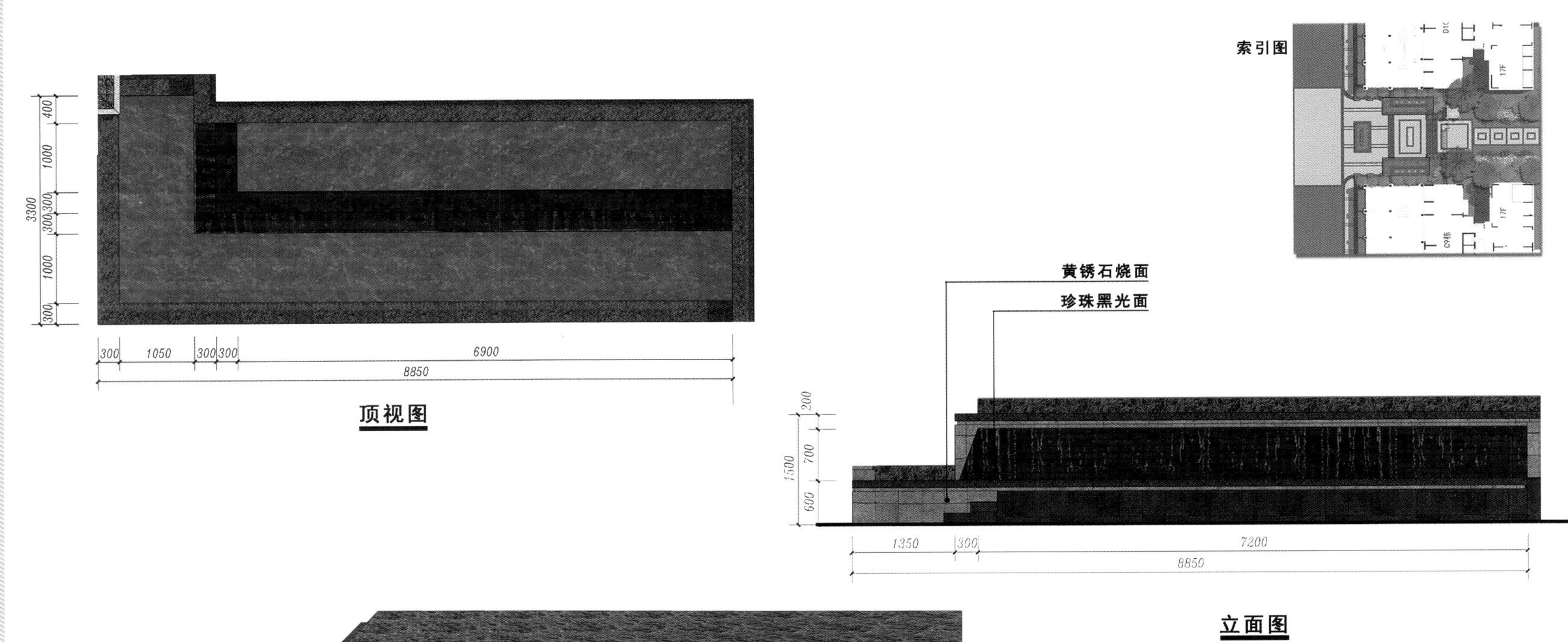

顶视图

立面图

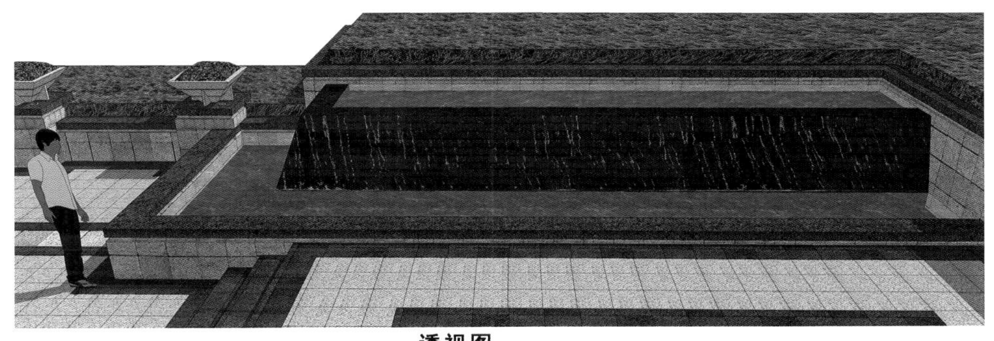
透视图

主入口跌水景详图

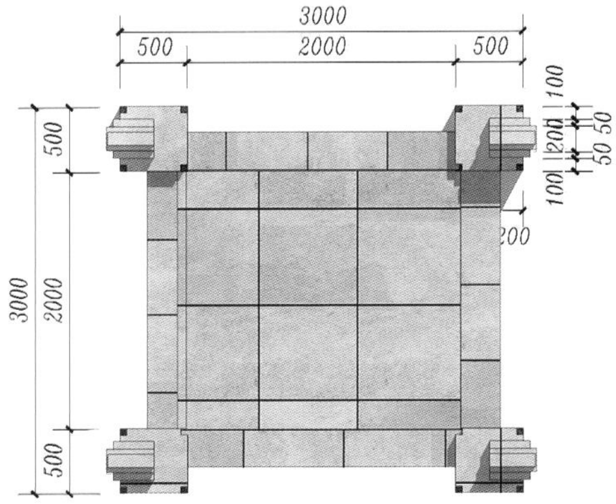

索引图

顶平面图

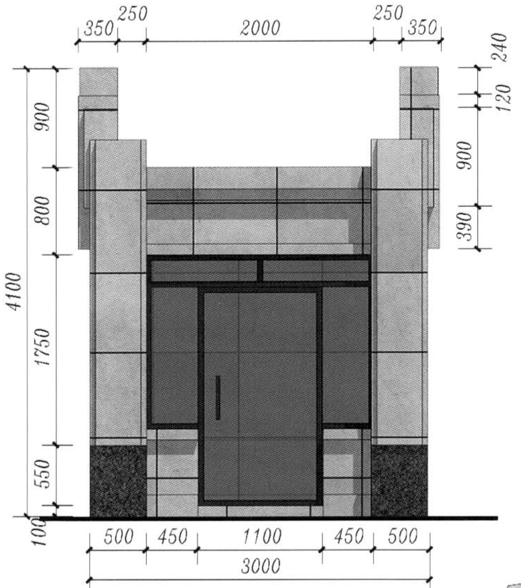

正立面图

蓝色玻璃
黄锈石烧面
工字钢喷深灰色漆
芝麻灰烧面

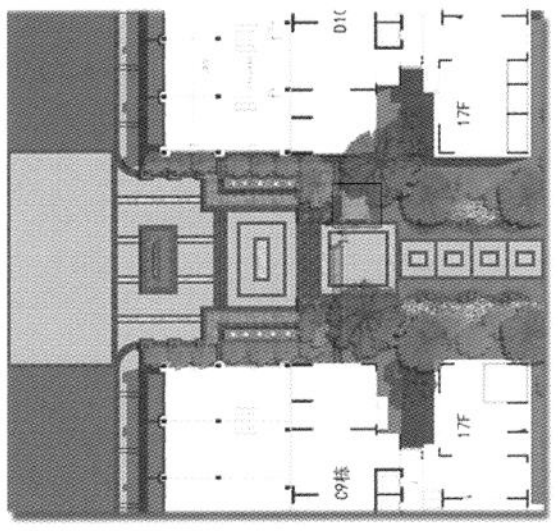

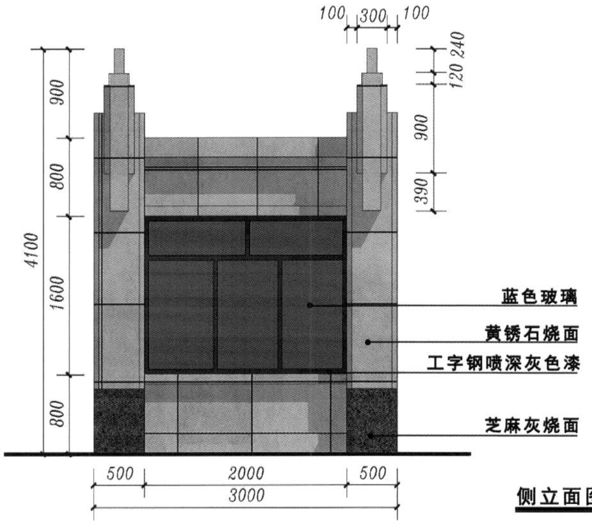

侧立面图

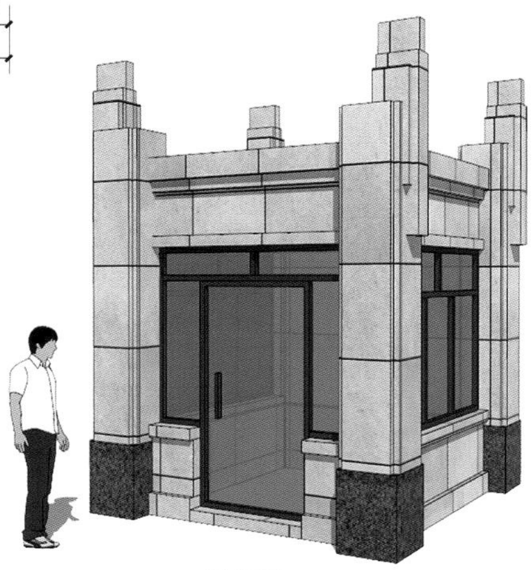

透视图

保安亭详图

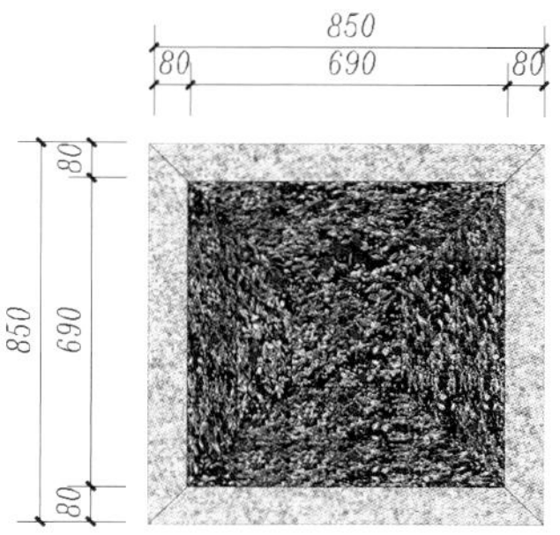

850
80 690 80
850 80 690 80

花钵顶视图

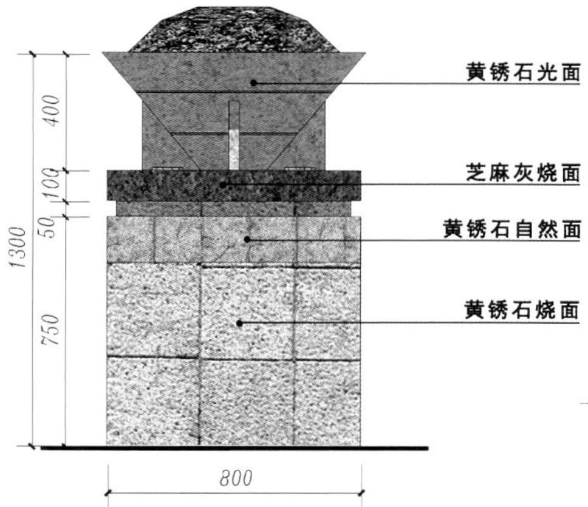

400 100 50 1300 750
800
黄锈石光面
芝麻灰烧面
黄锈石自然面
黄锈石烧面

花钵立面图

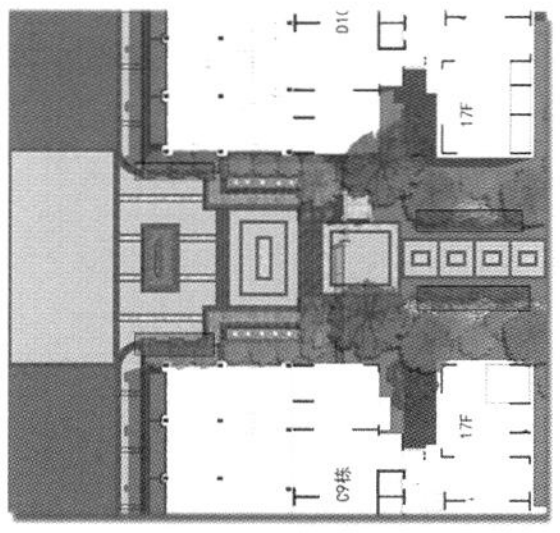

花钵透视图

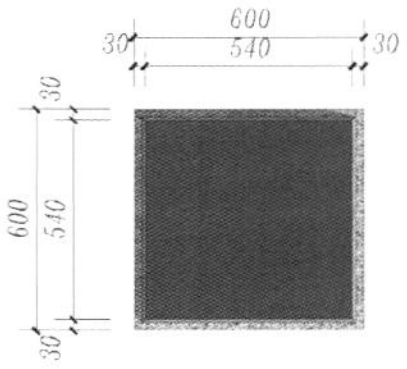

600 30 540 30
600 36 540 36

灯柱顶视图

索引图

150 1950 2900 100 600 100
150 300 150 600
蓝色玻璃
工字钢喷深灰色漆
芝麻灰烧面
黄锈石烧面

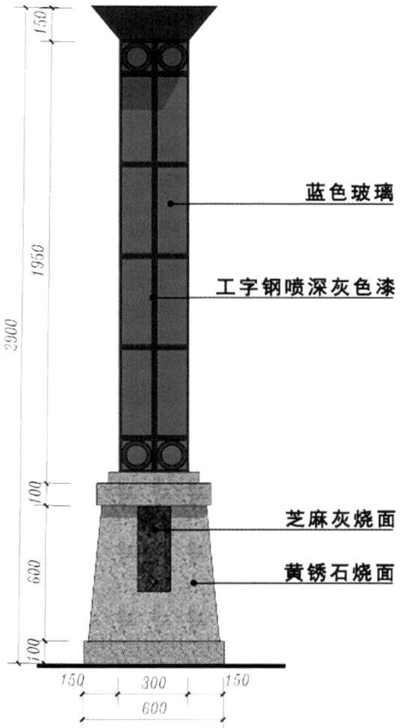

灯柱立面图

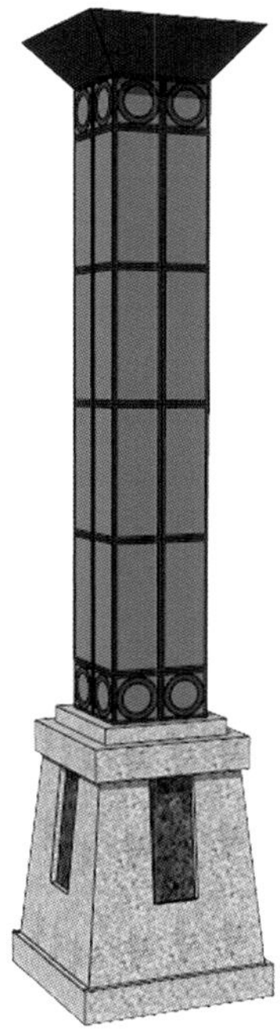

灯柱透视图

花钵、灯柱详图

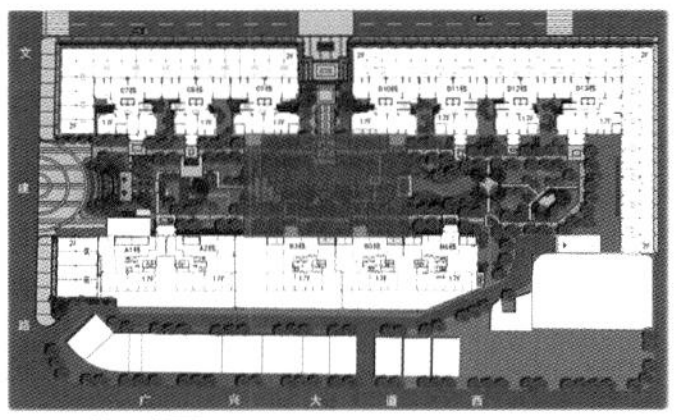

平面指引图

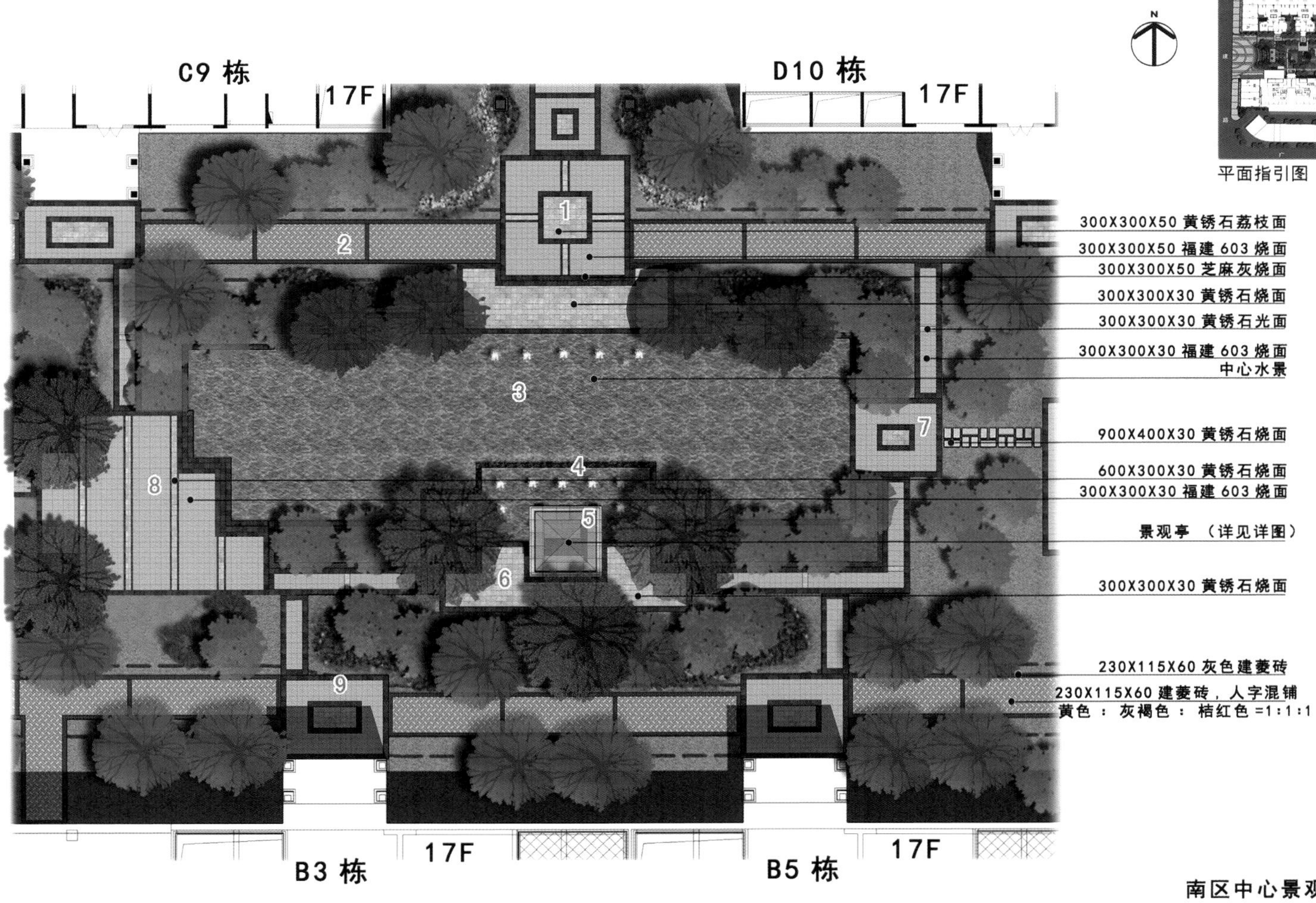

C9 栋 17F D10 栋 17F
B3 栋 17F B5 栋 17F

300X300X50 黄锈石荔枝面
300X300X50 福建 603 烧面
300X300X50 芝麻灰烧面
300X300X30 黄锈石烧面
300X300X30 黄锈石光面
300X300X30 福建 603 烧面
中心水景
900X400X30 黄锈石烧面
600X300X30 黄锈石烧面
300X300X30 福建 603 烧面
景观亭 （详见详图）
300X300X30 黄锈石烧面
230X115X60 灰色建菱砖
230X115X60 建菱砖，人字混铺
黄色 ： 灰褐色 ： 枯红色 =1:1:1

图例

01. 特色铺砖平台
02. 人行道
03. 中心水景
04. 镜面跌水
05. 景观亭
06. 休闲平台
07. 亲水平台
08. 临水树阵平台
09. 入户平台

南区中心景观平面放大图

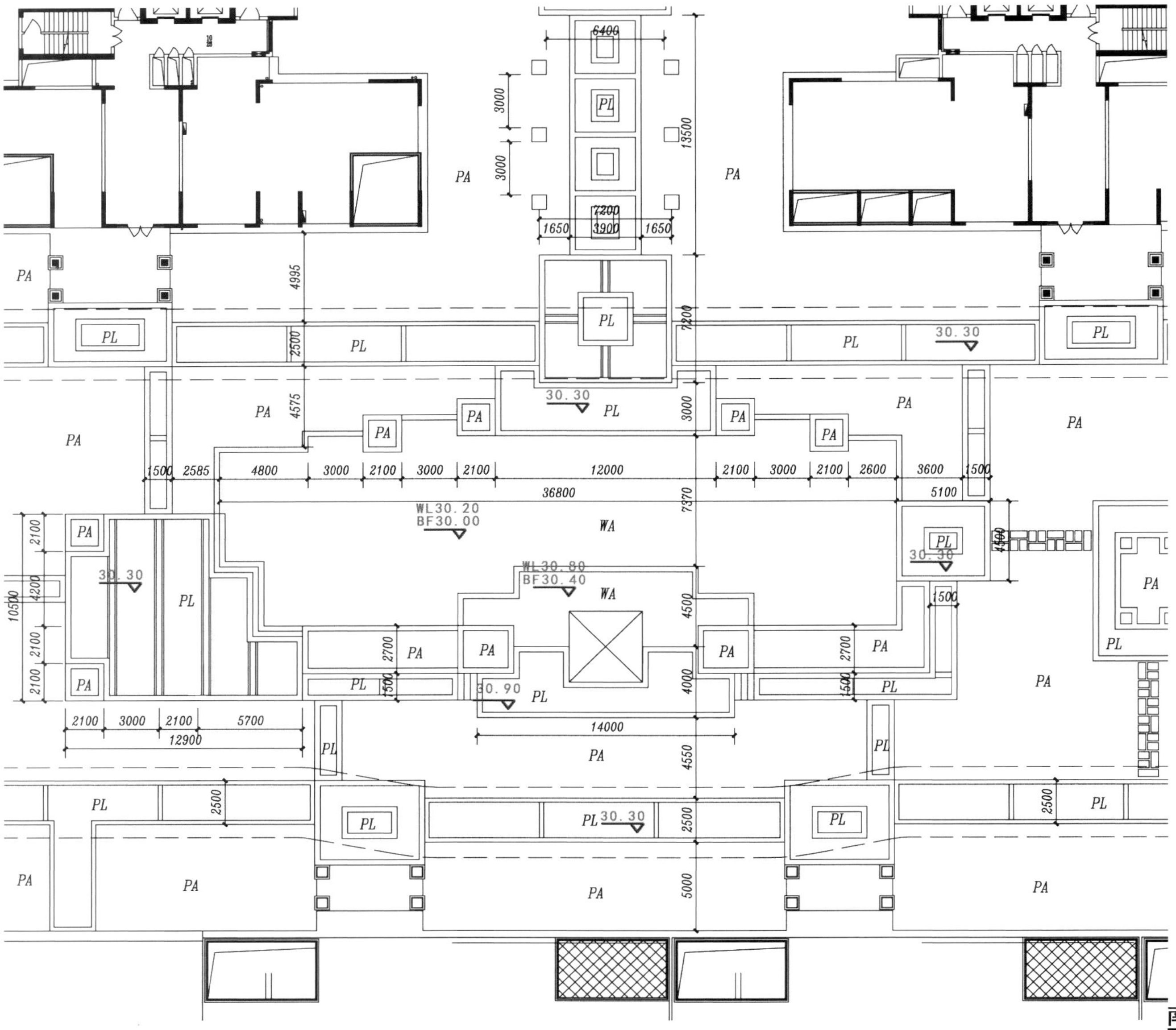

PA：绿化
PL：铺装
WA：水体
WL：水面标高
BF：底板标高

南区中心景观平面尺寸

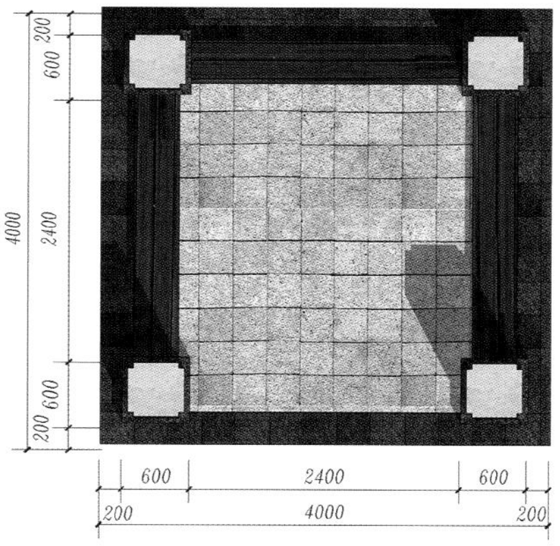

4000
2400
600
200

底平面图

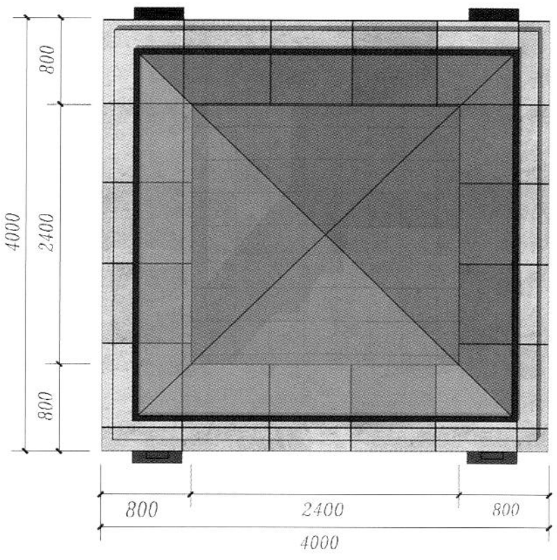

800
2400
4000

顶视图

索引图

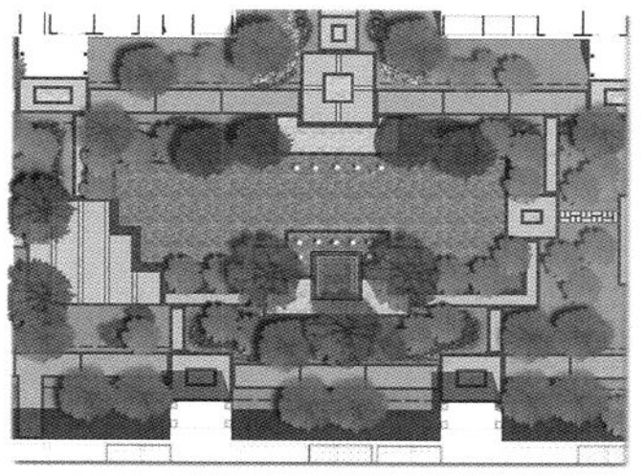

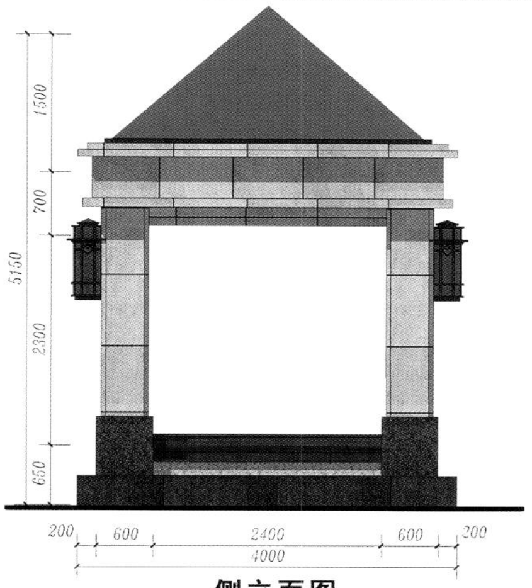

1500
700
5150
2300
650
200
600
2400
4000

侧立面图

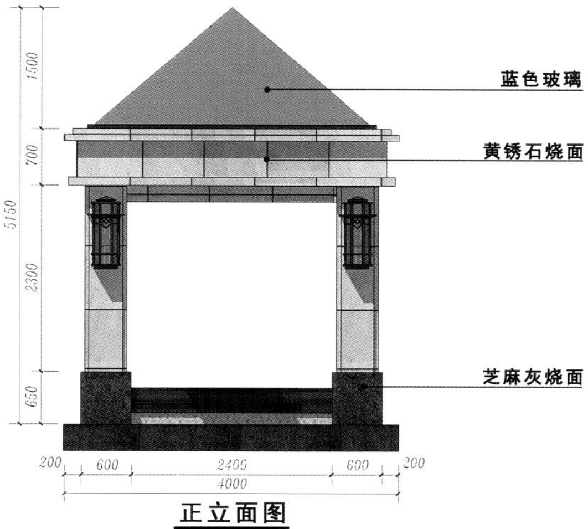

蓝色玻璃
黄锈石烧面
芝麻灰烧面
1500
700
5150
2300
650
200
600
2400
4000

正立面图

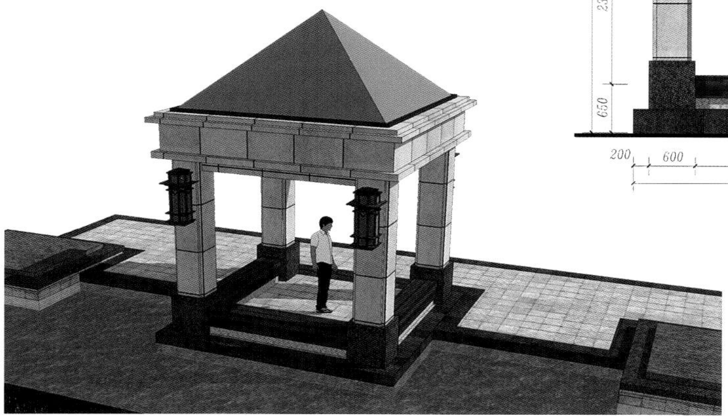

透视图

中心景观区景观亭详图

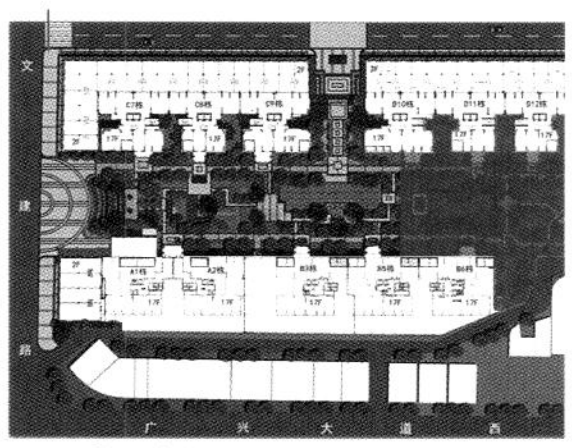

平面指引图

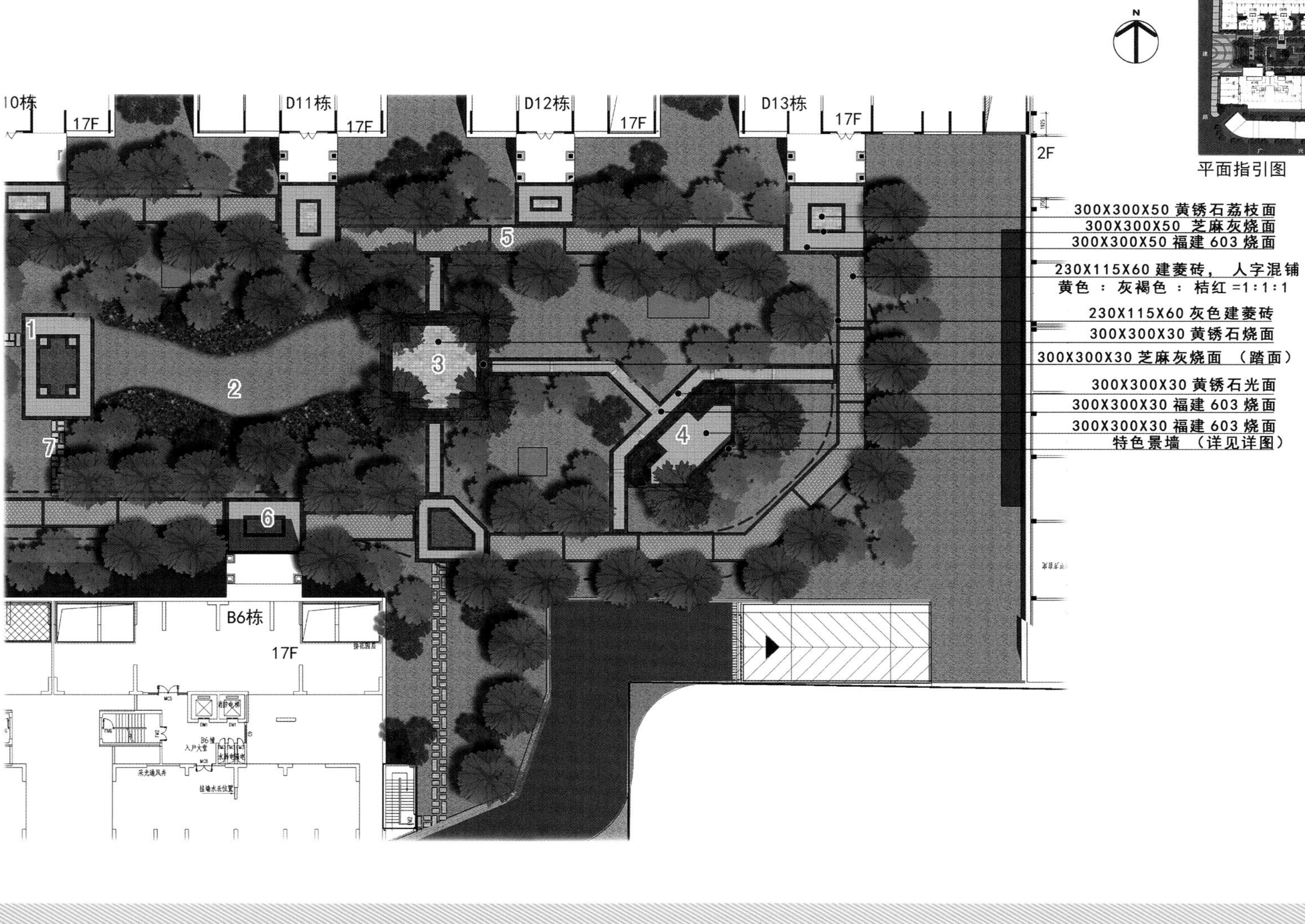

N
10栋
D11栋
D12栋
D13栋
17F
2F
B6栋
1
2
3
4
5
6
7
300X300X50 黄锈石荔枝面
300X300X50 芝麻灰烧面
300X300X50 福建 603 烧面
230X115X60 建菱砖， 人字混铺
黄色 ： 灰褐色 ： 桔红 =1:1:1
230X115X60 灰色建菱砖
300X300X30 黄锈石烧面
300X300X30 芝麻灰烧面 （踏面）
300X300X30 黄锈石光面
300X300X30 福建 603 烧面
300X300X30 福建 603 烧面
特色景墙 （详见详图）

图例

01. 特色平台
02. 阳光草坪
03. 树阵平台
04. 特色景墙平台
05. 人行道
06. 入户平台
07. 趣味汀步

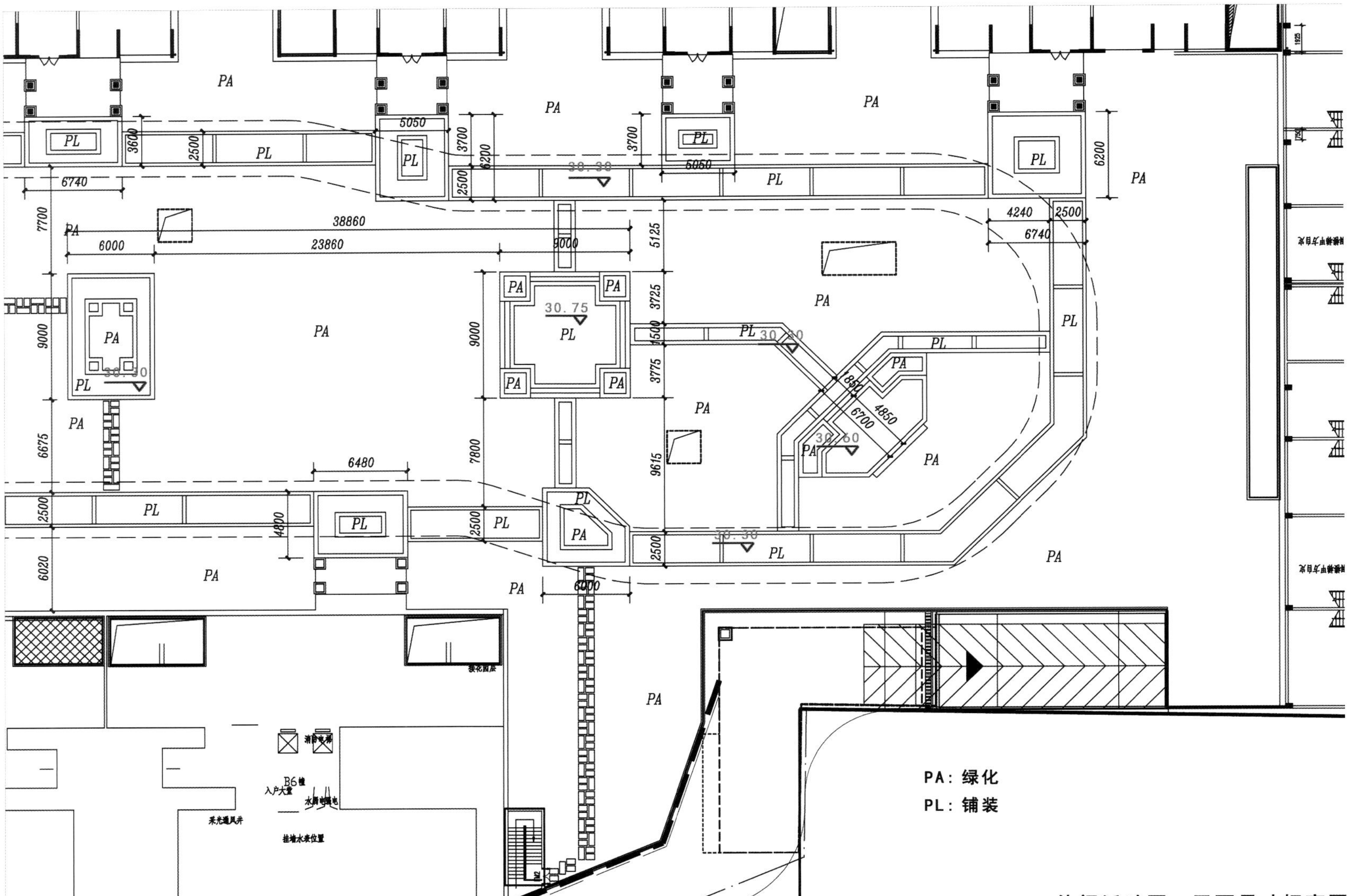

PA：绿化

PL：铺装

休闲活动区一平面尺寸标高图

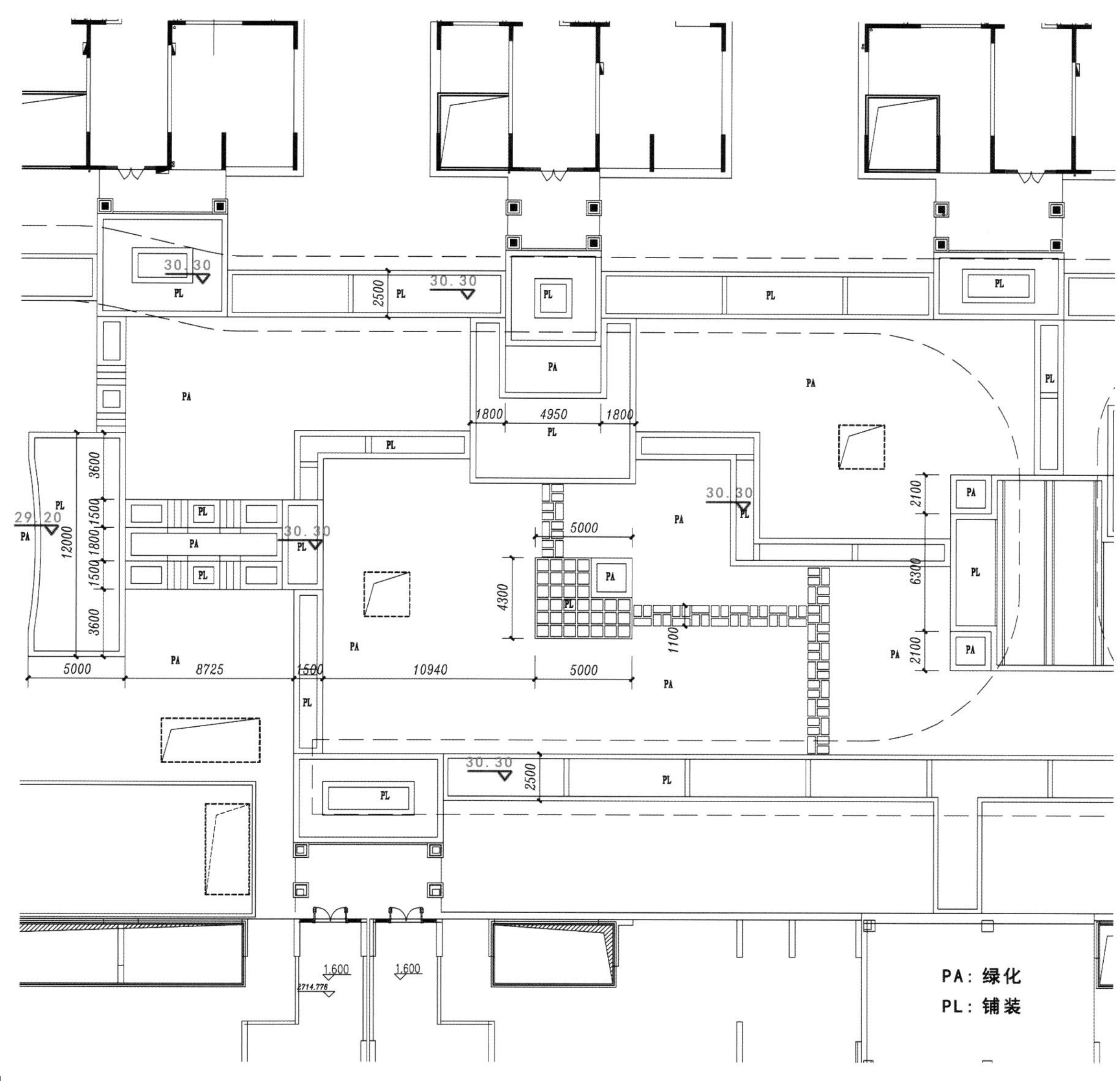

休闲活动区二平面尺寸标高图

2.10
±0.00
景墙
特色平台
台阶

0.60
特色树池
特色平台
特色树池

±0.00
0.45
WL-0.10
WL0.50
0.60
特色平台
中心水景
特色平台
景观亭

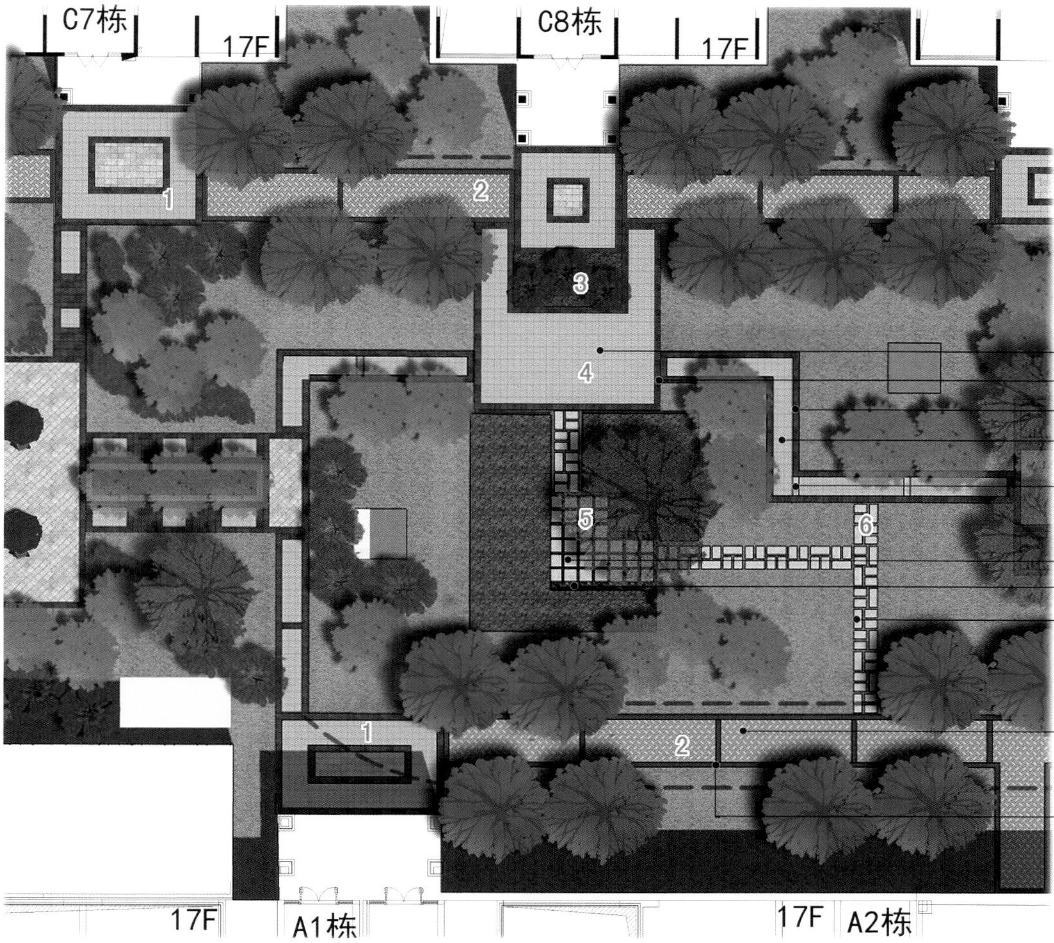

C7栋
17F
C8栋
17F
1
2
3
4
5
6
1
2
17F
A1栋
17F
A2栋
300X300X30 福建 603 烧面
300X300X30 芝麻灰烧面
300X300X30 芝麻灰烧面
300X300X30 福建 603 烧面
300X300X30 黄锈石光面
600X600X30 黄锈石烧面
黑色鹅卵石
900X400X30 黄锈石烧面
230X115X60 建菱砖， 人字混铺
黄色 ： 灰褐色 ： 桔红 =1:1:1
230X115X60 灰色建菱砖

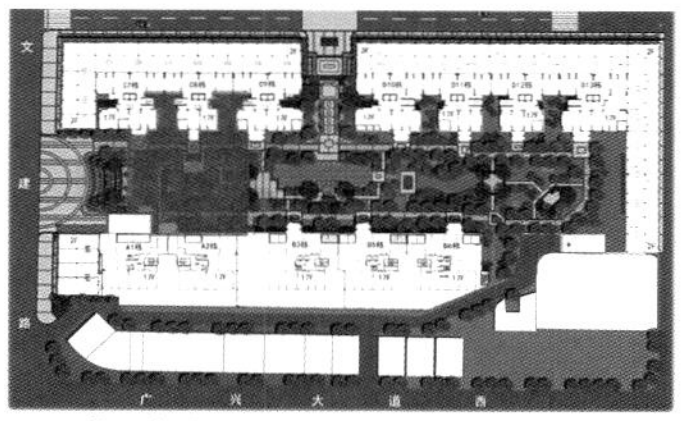

平面指引图

图例

01. 入户平台
02. 人行道
03. 宅前绿化
04. 活动平台
05. 树池平台
06. 趣味汀步

休闲活动区二平面放大图

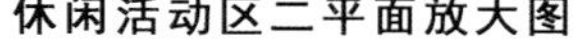

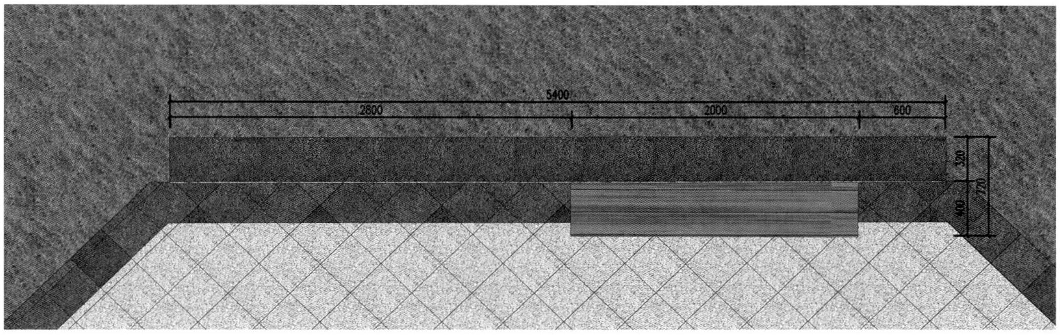

5400
2800
2000
600

景墙平面图

索引图

景墙透视图

黄锈石荔枝面
芝麻灰烧面
黄锈石自然面
休息坐凳
150
300
1800
1200
150
300
100
300
100
300
100
450
1800
300
300
300
300
300
300
800
2000
800
5400

景墙正立面图

休闲活动区一景墙详图

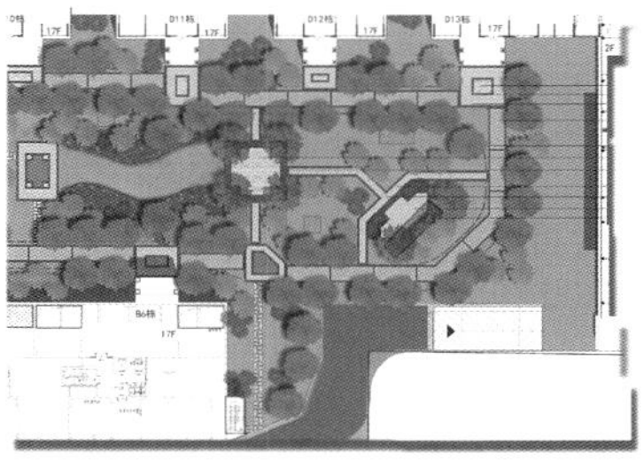

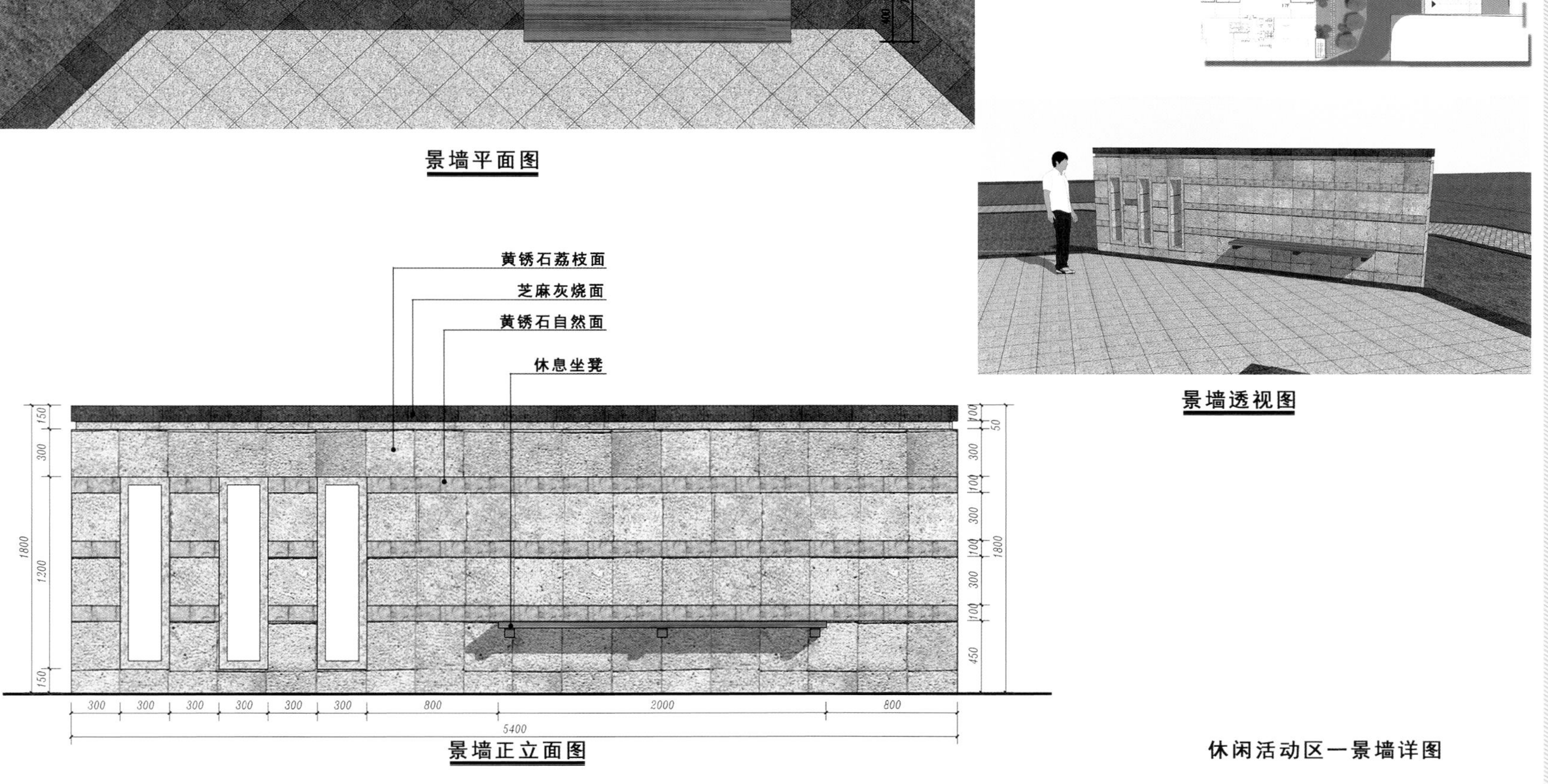

济宁长安花园

项目地点：山东省济宁市
开 发 商：山东欧隆投资置业有限公司
设计单位：广州市太合景观设计有限公司
景观面积：60 000㎡

该项目景观设计遵循“回归自然、符合环保、现代高档、满足人性化需要及可持续发展”的理念，以简洁、艺术的手法和现代综合体的概念设计，构筑现代欧式的高档商住小区。并且尽量少破坏当地的植被，以使人造的景观建筑和景观小品能融入到大自然当中，突显当代追求自然、环保、艺术的独特人文情怀。

该项目现状中存在着两大制约景观设计的元素：（1）尺度较大的变电室。景观价值较低的变电室无疑是一大景观硬伤，再加上其处于重要的位置，又增加了景观设计的难度。（2）覆土不足。这直接影响到景观中竖向设计的丰富性，从而影响到园林空间的丰富性。不利的现状给设计带来不便，同时也在考验设计师处理实际问题的能力。为解决以上问题，设计师强调“立体化的空间”，以满足人对景观空间视觉审美上的视觉延伸的要求，加强景观空间的层次感和立体感，将本来有限的空间“变化”出更多的空间，甚至能使“死空间”变成“活空间”，化腐朽为神奇。实现立体化空间的方法主要有微地形处理、植物配置、景点的合理安排等。

为解决商业街停车的问题，设计师将商业街以广场的形式设计。在商业街中引入景观与灯柱，将商业停车与商业步行部分隔开，并在其中合理安排木平台及太阳伞，形成变化丰富的景观空间，同时又满足灯光和观景相映生辉的效果。商业街与入口一体设计，使之成为一个有机的整体，同时在铺装形式上加以区别，又使两者相互分离。让业主可以从商业主入口直接通过商业街的正门感受到入口的气势。入口特色水景体现了整个小区的高雅与品味。整齐排列的灯柱和雕塑，开阔的小区入口，营造出一种大气的氛围。进入小区，映入眼帘的是一个小尺度的水景小品，既解决了变电室与主入口的直接冲突，又让人从大气的入口逐渐转入温馨的小区内部。

休闲景观带大部分地块不受覆土限制，使得设计有了更大的发挥空间。该区以地形处理和植物造景相结合为主，并在其中设置娱乐、健身、休闲等小空间，在休闲娱乐的同时充分地享受自然。在融入生态概念的同时，利用合理的规划，适当搭配具有本土特色的植栽及材料，营造出人与自然充分亲近的休憩生活空间，让人们尽情享受花园式的休闲景观空间，获得重返自然的身心感受。该区分布在小区外围，同时又延伸到其他各区，使整个小区环境与外部环境无缝对接，给人以置身于大自然的感觉。

自然休闲的高档商住景观使该区成为整个小区的亮点。亲水平台、水中雕塑、喷水雕塑、八角亭、钢构廊架、景观桥等景观元素通过水之线串连在一起，形成一串景观项链。住户可以在小区感受到小桥流水的惬意、平台跌水的欢快以及开阔湖面的宁静。该区最大的亮点并非上述各元素，而是上述各元素与不同形式的水体的巧妙组合。

儿童活动及健身娱乐区布置在休闲景观区之中，旨在让人在自然中体验健康。两大区域重点在于体现参与性的功能，下沉式儿童乐园与弧形树列相结合，既迎合了儿童活泼、好动的性格，又满足了儿童父母在树荫下休闲、休憩的需求。儿童乐园布置彩色安全胶垫和滑梯，给儿童创造一个快乐的嬉戏天堂。树荫下的休闲健身区，设有人性化的树池座凳，丰富多样的康体设施，使得整个园区的居住环境更加多样化，提升了整个园区的生活品质。

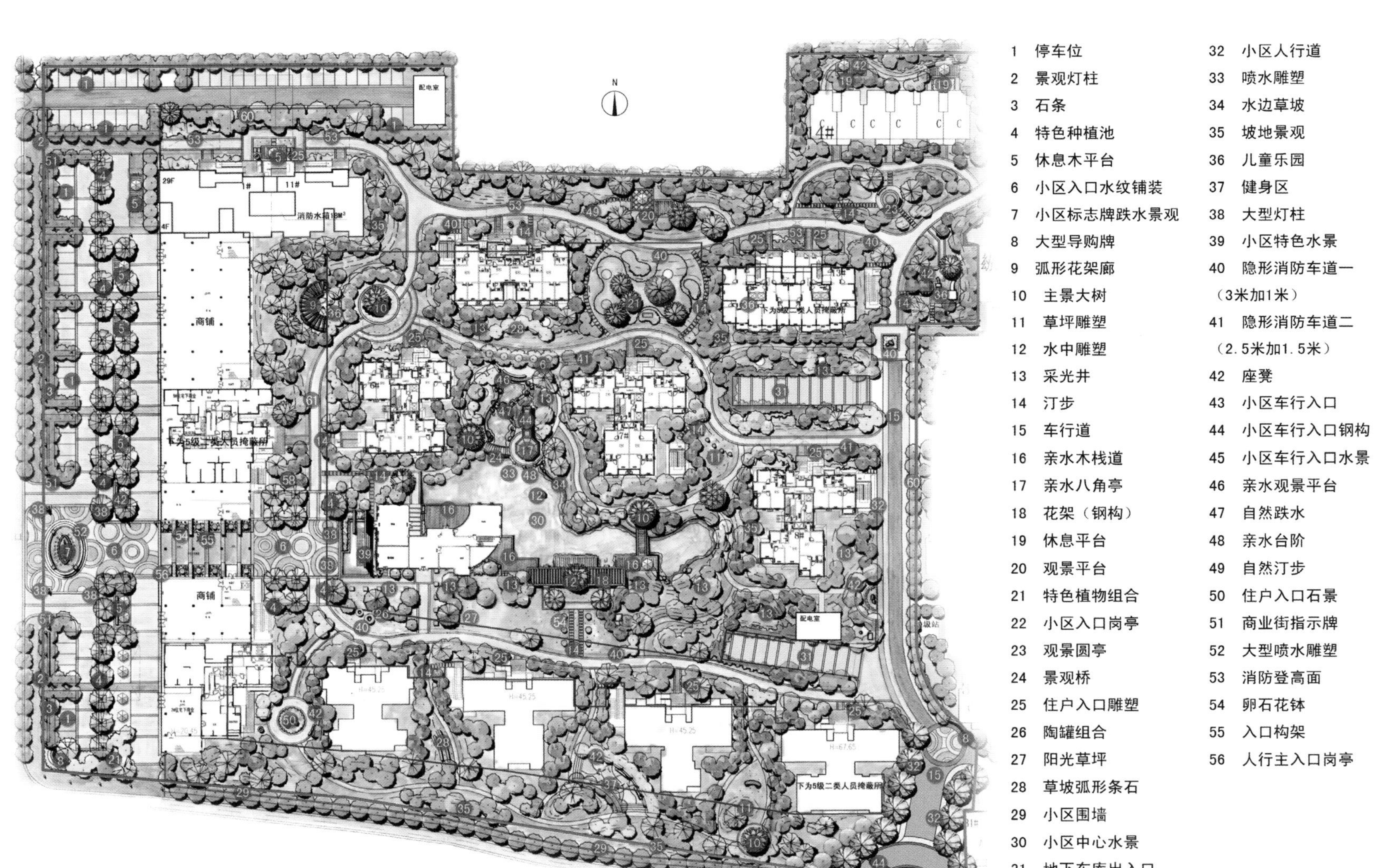

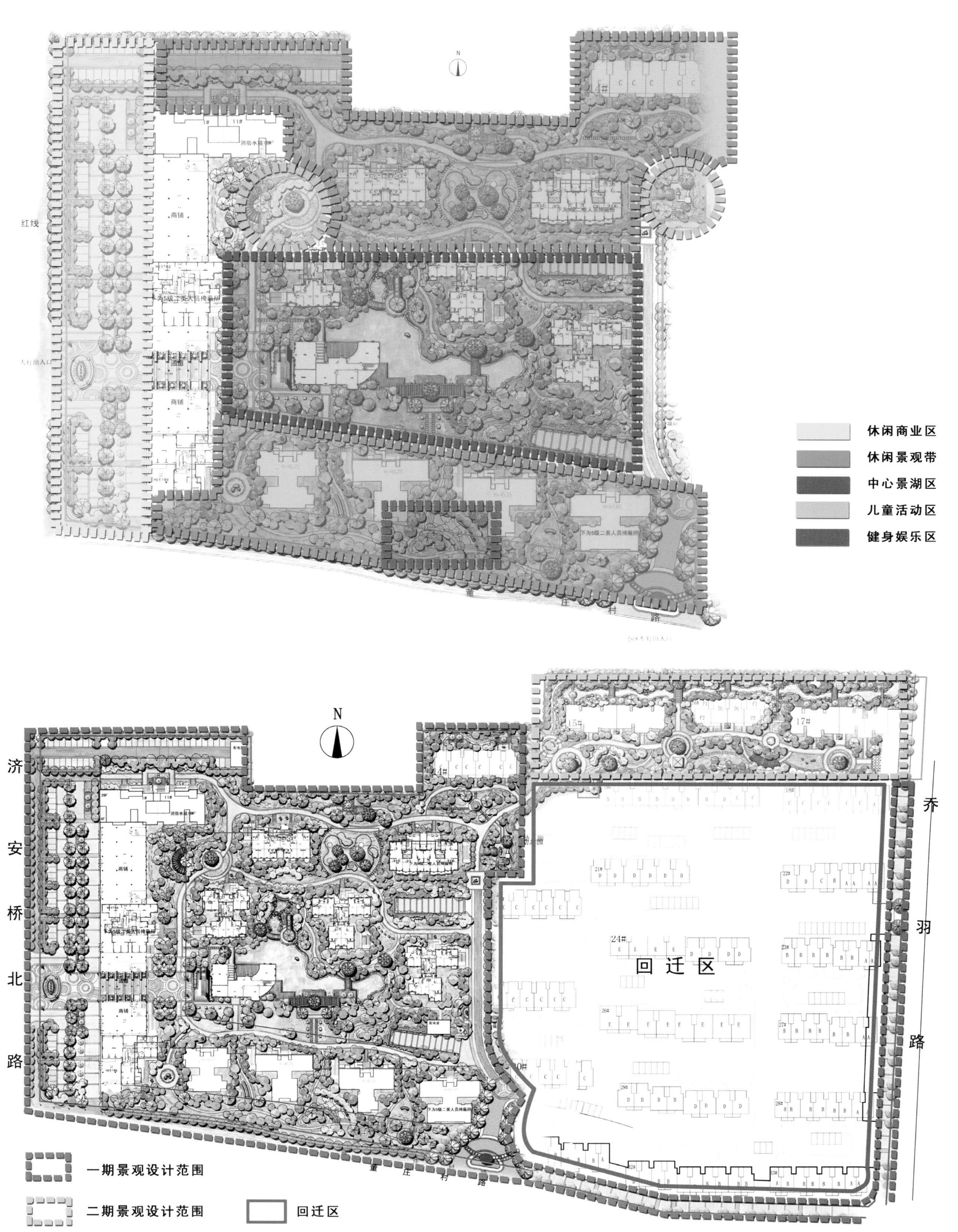

红线
休闲商业区
休闲景观带
中心景湖区
儿童活动区
健身娱乐区
济安桥北路
乔羽路
回迁区
一期景观设计范围
二期景观设计范围
回迁区

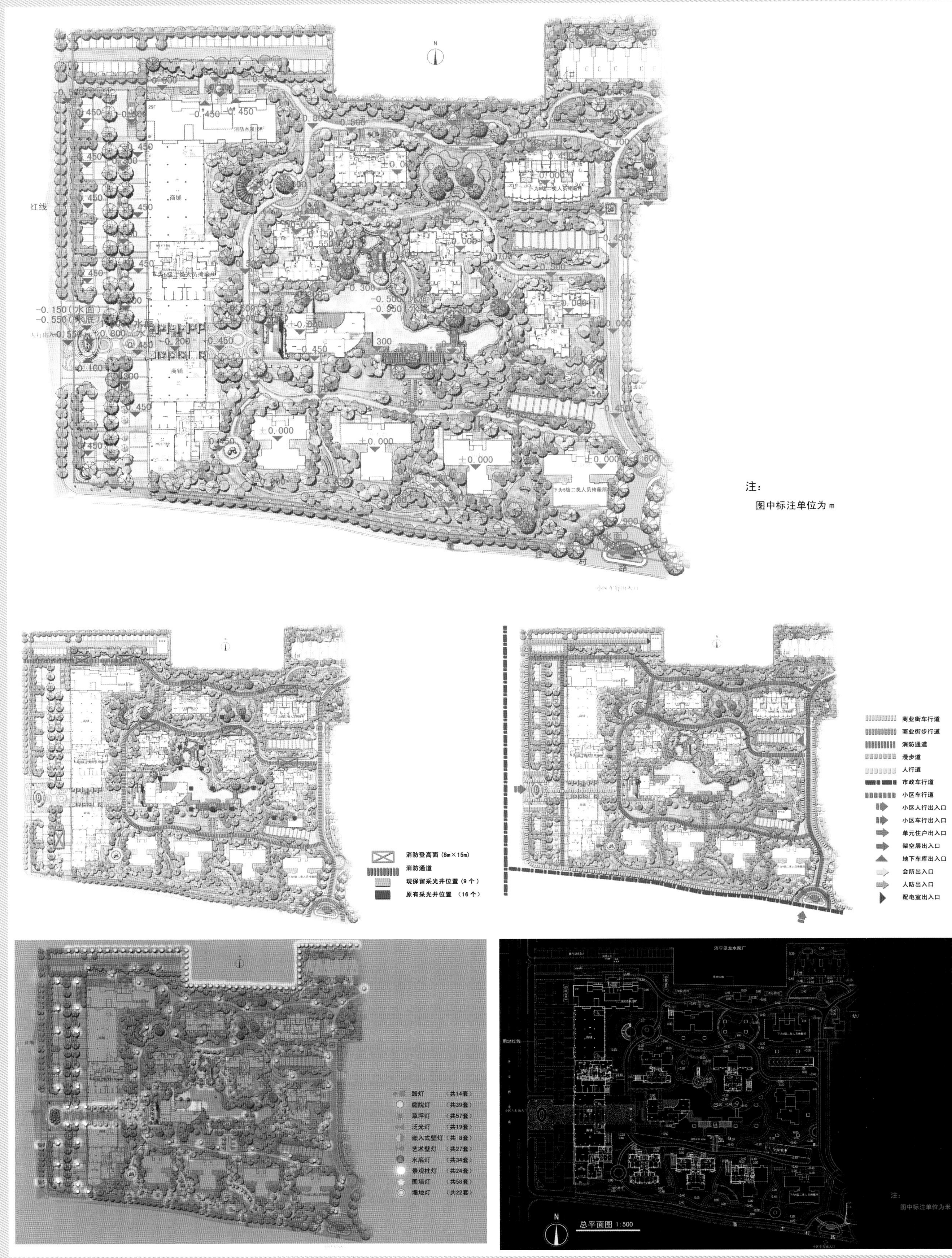

N
红线
商铺
消防水池
注：
图中标注单位为 m
消防登高面（8m×15m）
消防通道
现保留采光井位置（9 个）
原有采光井位置 （16 个）
商业街车行道
商业街步行道
消防通道
漫步道
人行道
市政车行道
小区车行道
小区人行出入口
小区车行出入口
单元住户出入口
架空层出入口
地下车库出入口
会所出入口
人防出入口
配电室出入口
路灯 （共14套）
庭院灯 （共39套）
草坪灯 （共57套）
泛光灯 （共19套）
嵌入式壁灯 （共 8套）
艺术壁灯 （共27套）
水底灯 （共34套）
景观柱灯 （共24套）
围墙灯 （共58套）
埋地灯 （共22套）
总平面图 1:500

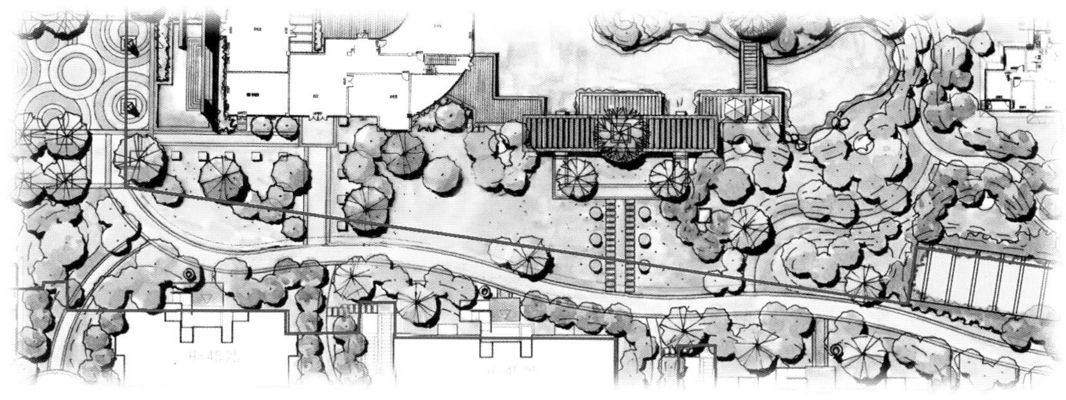

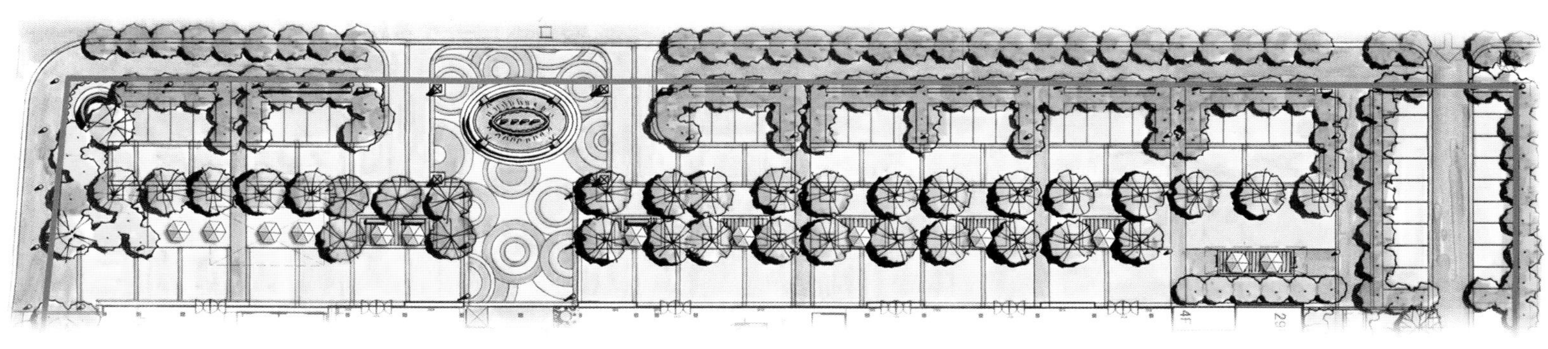

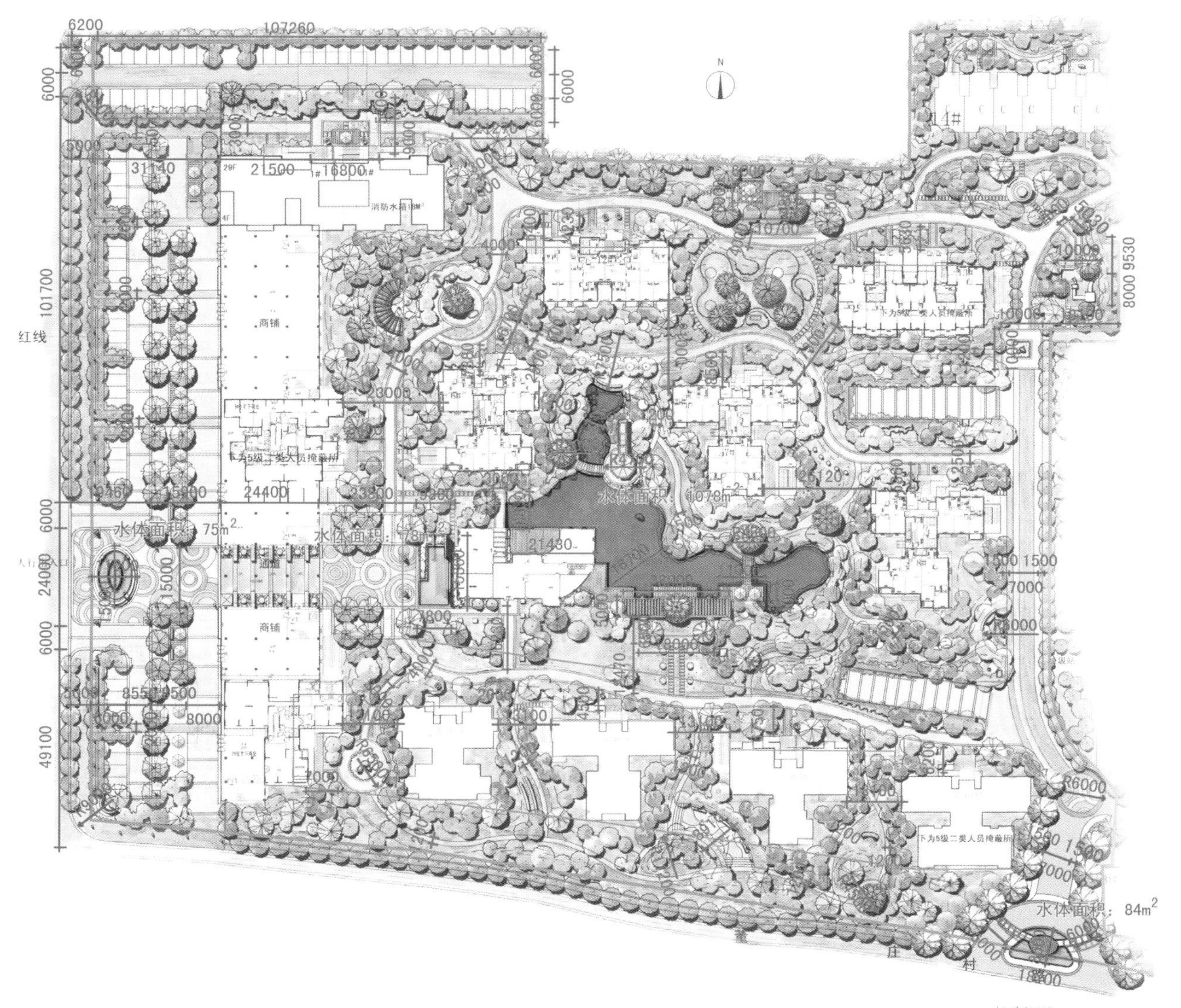

注：

图中标注单位为 mm

点式水体面积为 237m²

自然水体面积为 1078m²

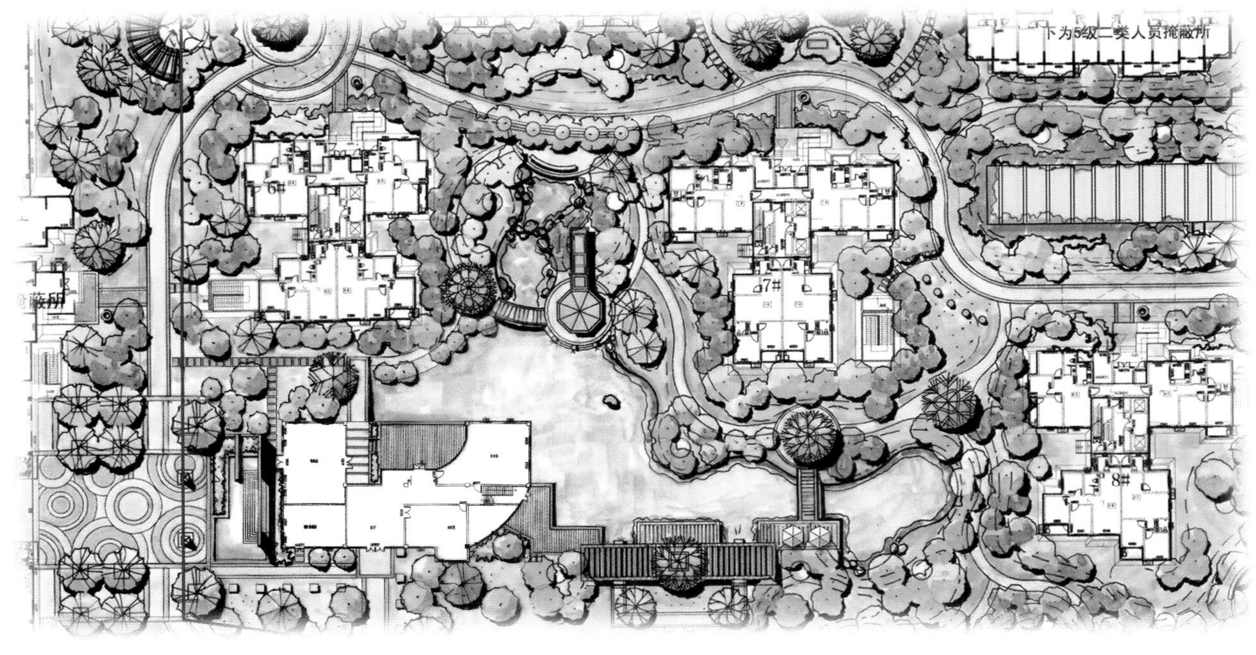

下为5级二类人员掩蔽所
7#
8#

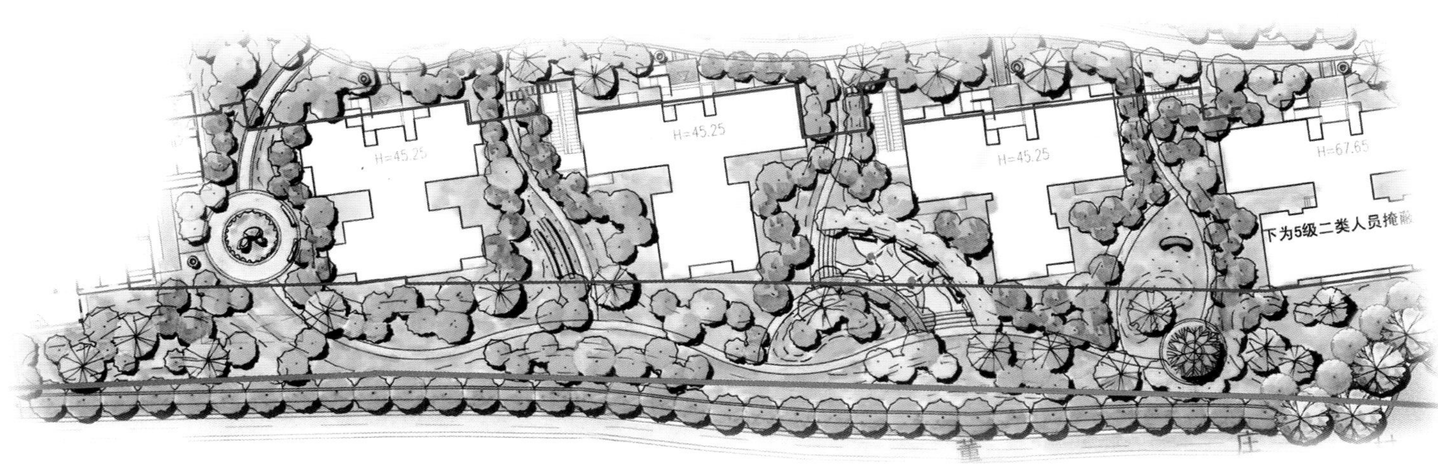

H=45.25
H=45.25
H=45.25
H=67.65
下为5级二类人员掩蔽

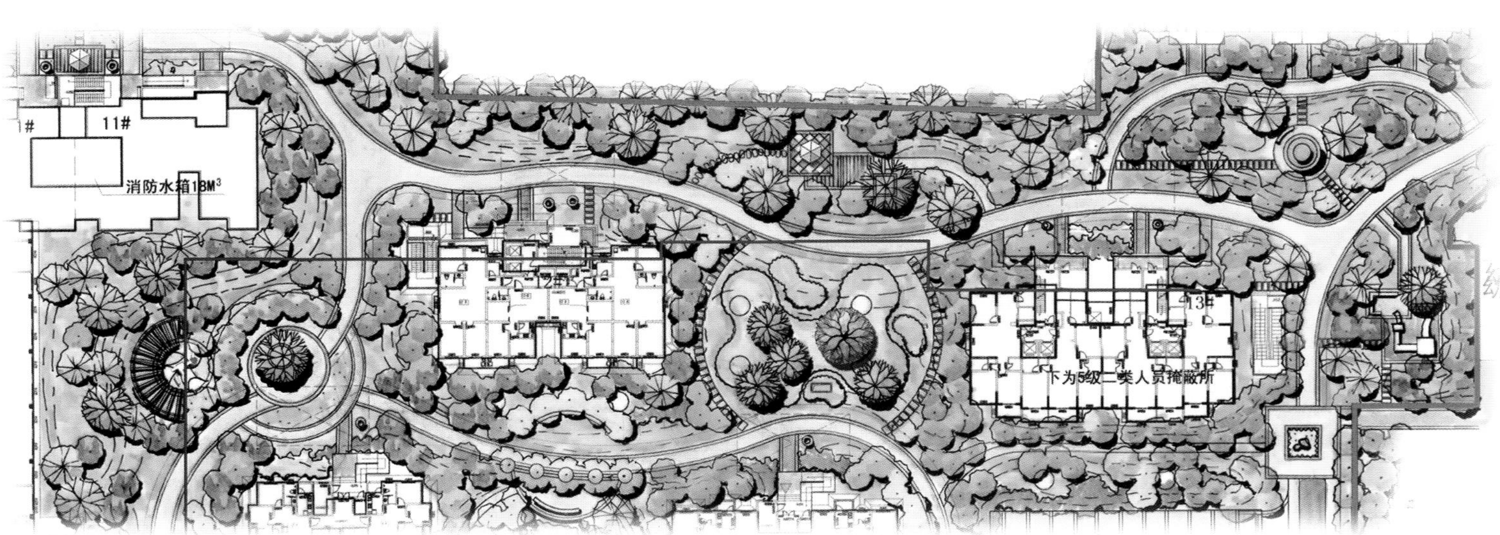

11#
消防水箱18M^3
13#
下为5级二类人员掩蔽所

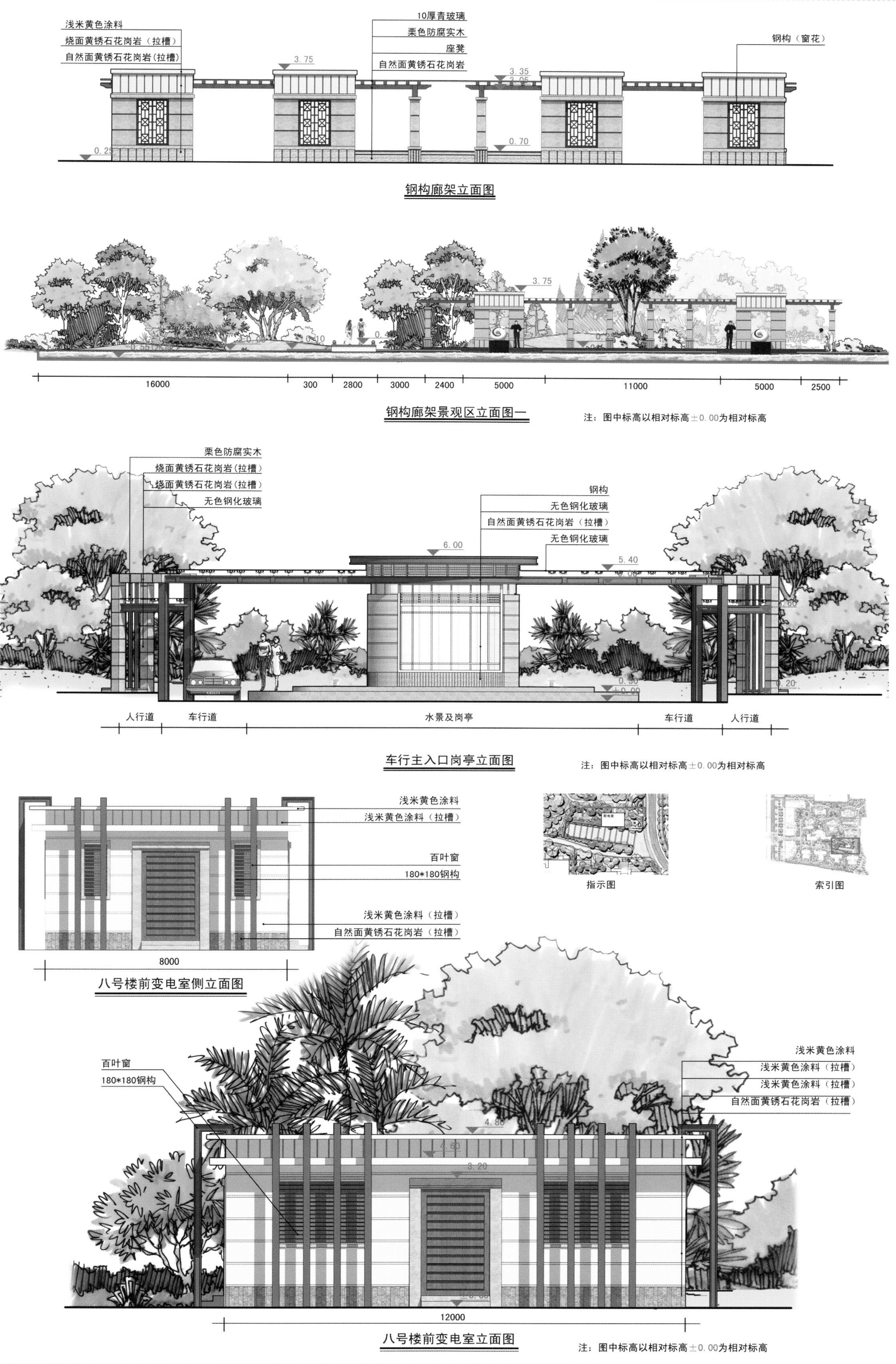
浅米黄色涂料
烧面黄锈石花岗岩（拉槽）
自然面黄锈石花岗岩（拉槽）
10厚青玻璃
栗色防腐实木
座凳
自然面黄锈石花岗岩
钢构（窗花）
3.75
3.35
0.70
钢构廊架立面图
16000
300
2800
3000
2400
5000
11000
5000
2500
钢构廊架景观区立面图一
注：图中标高以相对标高±0.00为相对标高
栗色防腐实木
烧面黄锈石花岗岩（拉槽）
烧面黄锈石花岗岩（拉槽）
无色钢化玻璃
钢构
无色钢化玻璃
自然面黄锈石花岗岩（拉槽）
无色钢化玻璃
6.00
5.40
±0.00
人行道
车行道
水景及岗亭
车行道
人行道
车行主入口岗亭立面图
注：图中标高以相对标高±0.00为相对标高
浅米黄色涂料
浅米黄色涂料（拉槽）
百叶窗
180*180钢构
浅米黄色涂料（拉槽）
自然面黄锈石花岗岩（拉槽）
8000
八号楼前变电室侧立面图
指示图
索引图
百叶窗
180*180钢构
4.80
4.60
3.20
浅米黄色涂料
浅米黄色涂料（拉槽）
浅米黄色涂料（拉槽）
自然面黄锈石花岗岩（拉槽）
12000
八号楼前变电室立面图
注：图中标高以相对标高±0.00为相对标高

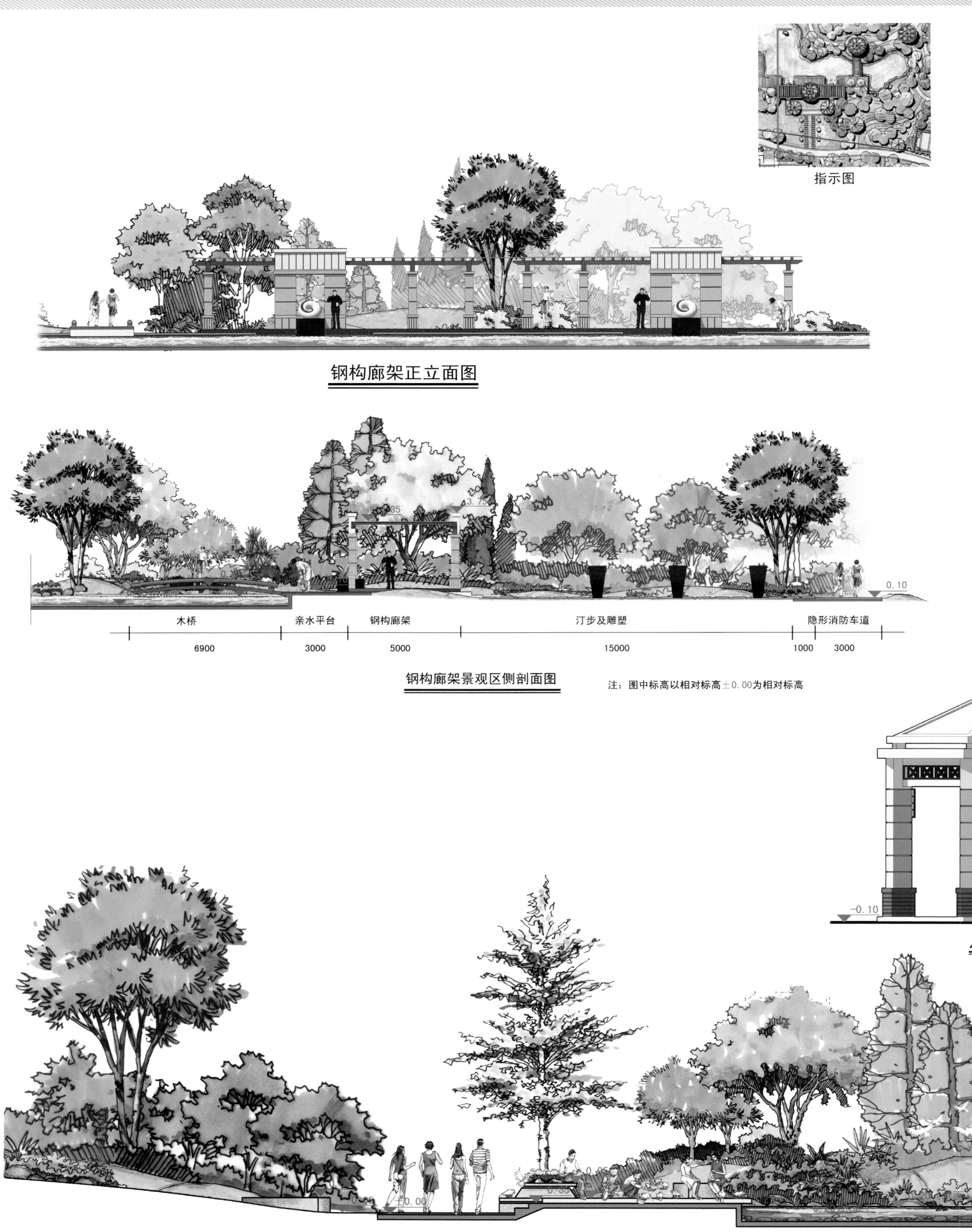
指示图
钢构廊架正立面图
木桥
亲水平台
钢构廊架
汀步及雕塑
隐形消防车道
6900
3000
5000
15000
1000
3000
0.10
钢构廊架景观区侧剖面图
注：图中标高以相对标高±0.00为相对标高
-0.10
±0.00

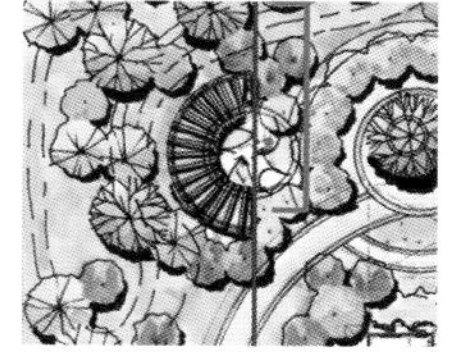

指示图

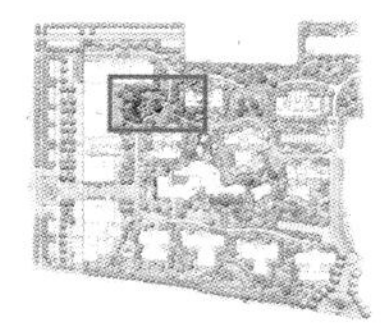

索引图

烧面黄锈石花岗岩（拉槽）
防腐栗色实木
光面中国黑花岗岩（拉槽）
4.00
壁灯
灰色钢构
防腐栗色实木格栅（百叶）
烧面黄锈石花岗岩（百叶）
座凳

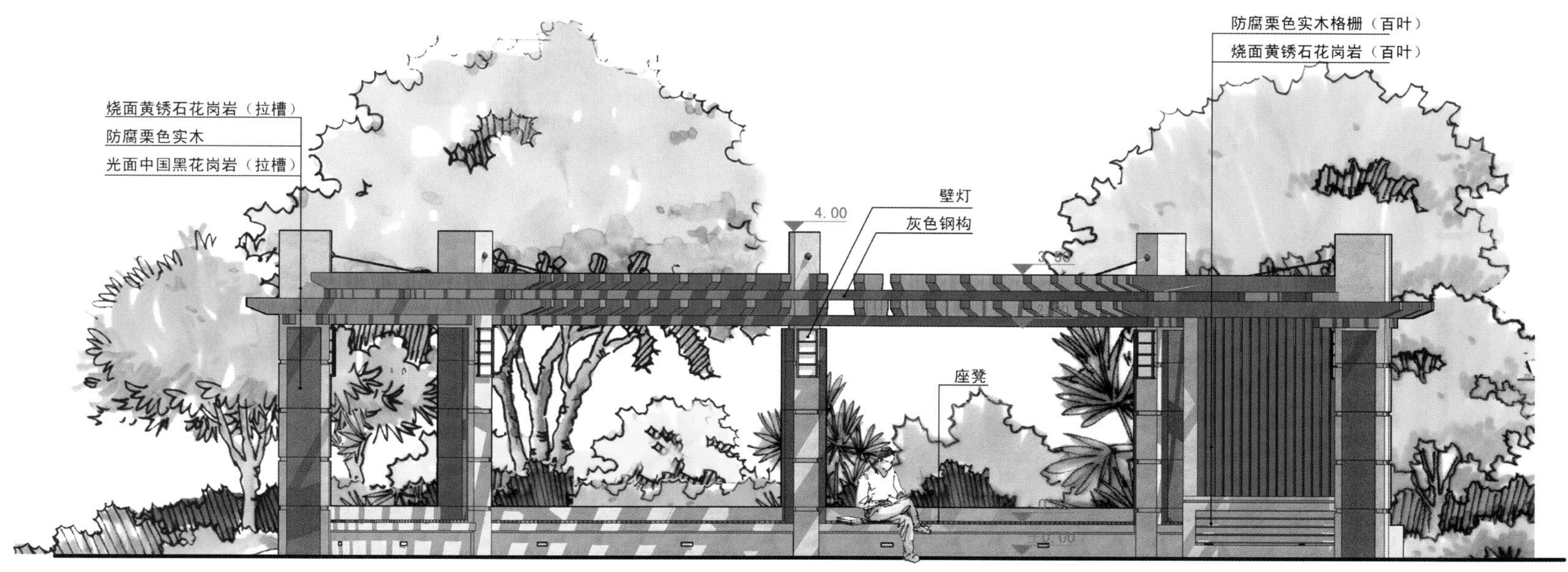

弧形廊架立面图

注：图中标高以相对标高±0.00为相对标高

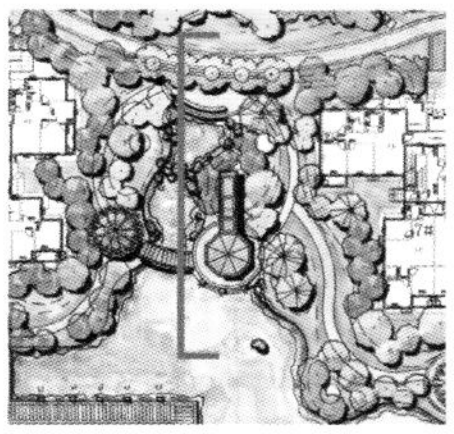

指示图

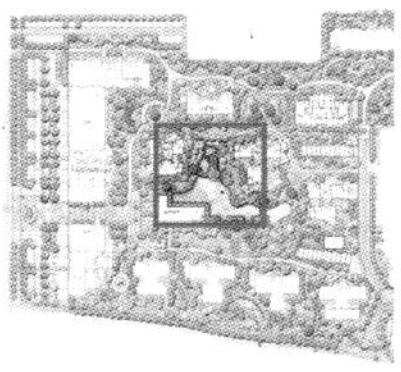

索引图

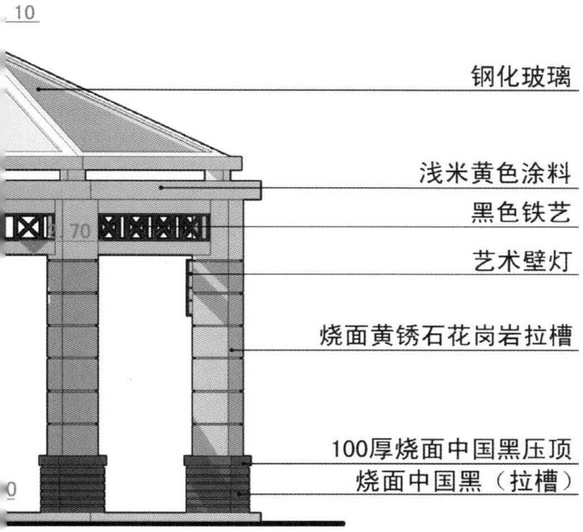

钢化玻璃
浅米黄色涂料
黑色铁艺
艺术壁灯
烧面黄锈石花岗岩拉槽
100厚烧面中国黑压顶
烧面中国黑（拉槽）

面图

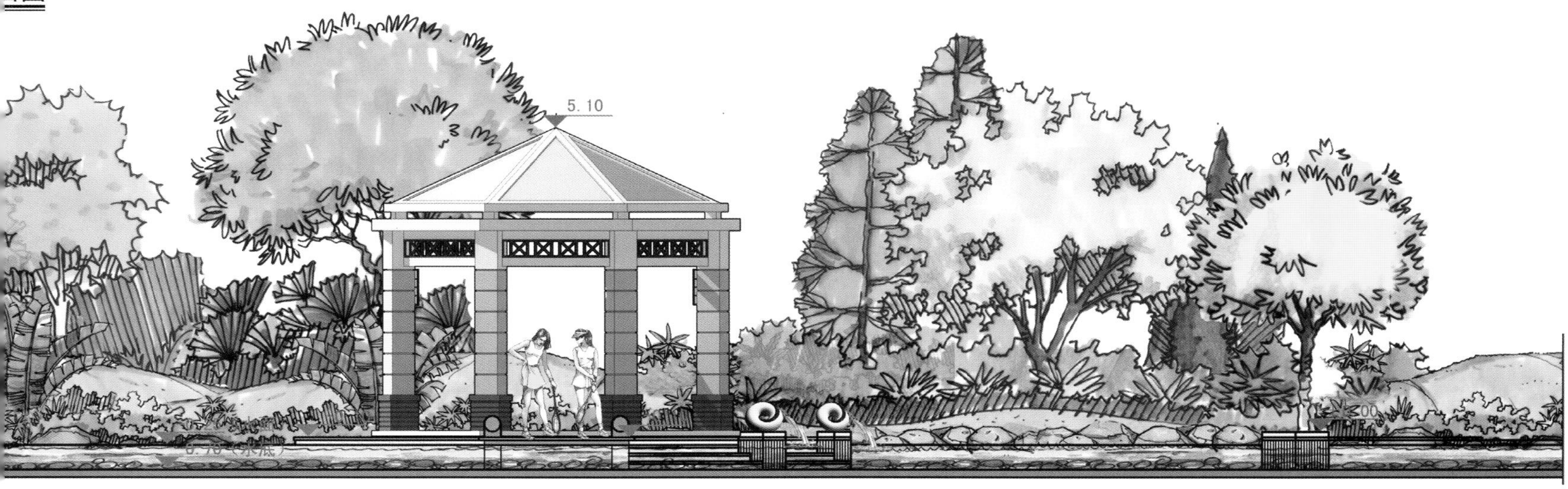

5.10

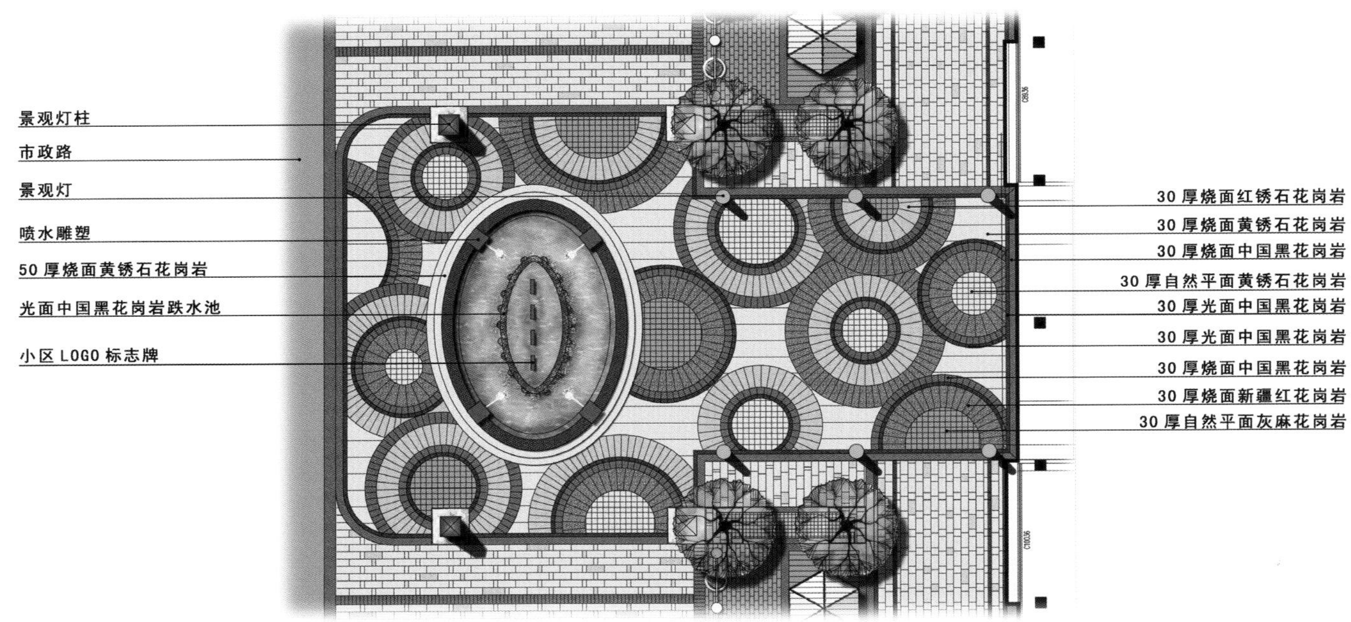

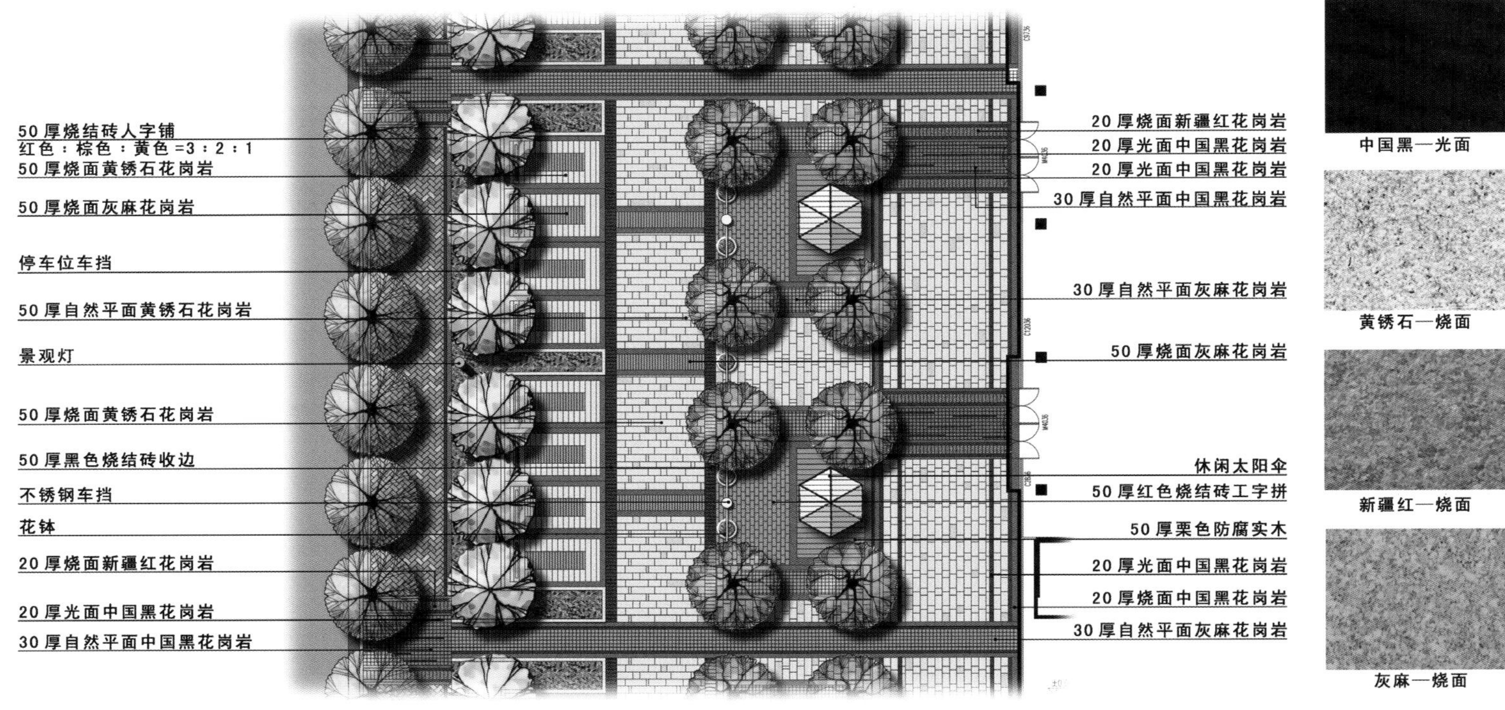

指引图

中国黑—光面

黄锈石—烧面

栗色防腐实木

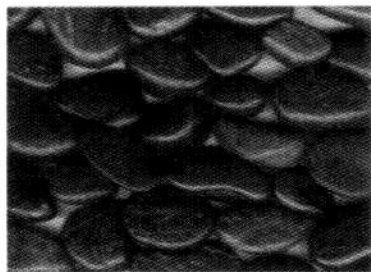
黑色雨花石

栗色防腐实木

中国黑—烧面

中国黑—光面

黄锈石—烧面

黄锈石—自然平面

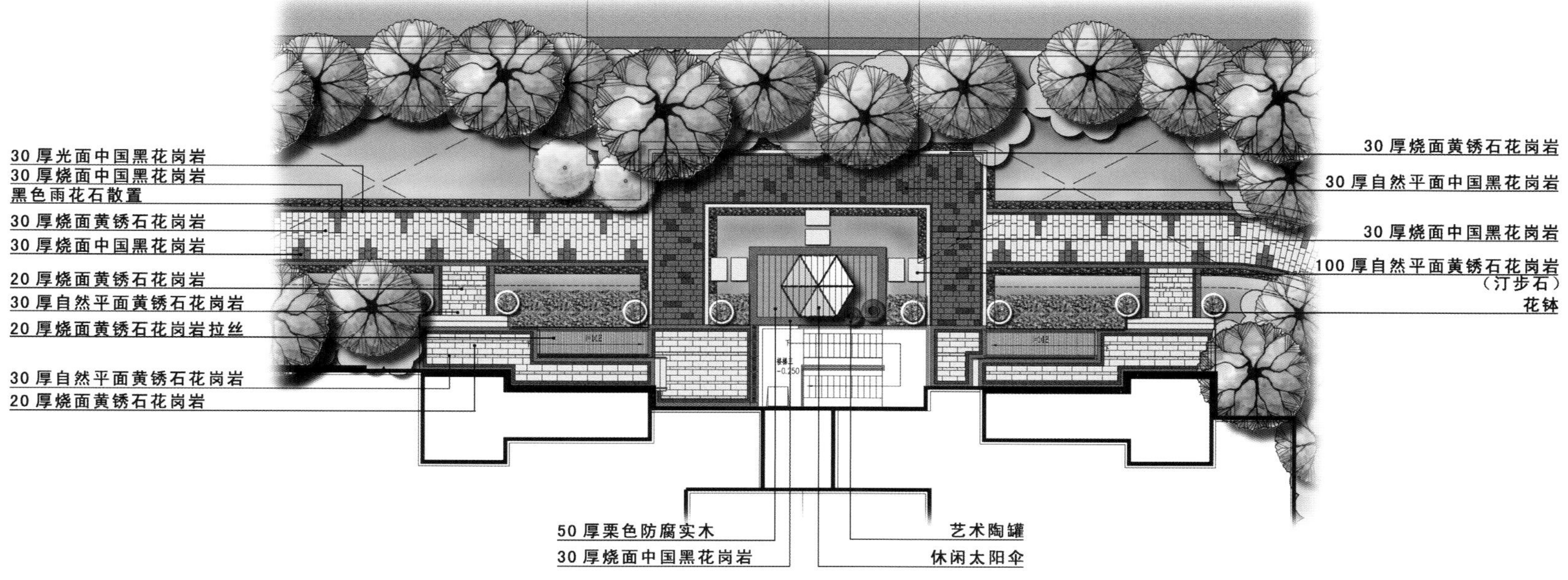

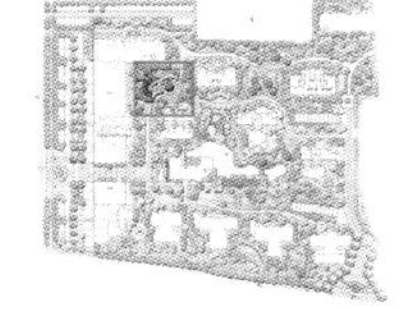
指引图

黑色雨花石

中国黑—烧面

中国黑—光面

黄锈石—烧面

黄锈石—自然平面

欣隆置业
677 1616

阜新凯旋帝景

项目地点：辽宁省阜新市
开 发 商：阜新市兴光房地产开发有限责任公司
设计单位：广州市太合景观设计有限公司
景观面积：约45 000m²

项目定位为高端社区，环境景观设计以现代欧式风格为蓝本，遵循“因地制宜，师法自然”的园林景观设计理念，在强调轴线景观和对景设计的基础上，营造一个参与性强的、自然的半岛岛居式生活空间。多样式的水景、变化丰富的铺装、欧式花钵、精心设计的灯柱、现代艺术雕塑、欧式亭与现代廊架结合高低错落的植物景观，在北方的天空飘逸着浓烈的欧式风情。为了更加符合北方的气候特点，设计师利用铺装、廊架、木质平台、亭等设计了大量丰富的硬质景观，同时为了更加强调参与性原则，营造了样式丰富的参与性景观空间。

尊贵、大气的入口景观由大面积水景结合现代特色铺装、艺术雕塑、涌泉、色彩艳丽的植物等景观元素组合而成，多元高端的景观，引人瞩目。

氛围浓烈的商业空间：色彩鲜明的规则式的铺装犹如一条室外的地毯，暖暖的色调，烘托热烈的商业氛围，刺激人们的购物欲。多样性的店面、宽广且具有人性化的休憩空间、郁郁葱葱的树木、迷人的灯光促使行人驻足购物，为人们提供了一个与众不同的购物环境。特色的水景、休闲景观小品、跳动的涌泉、摇曳的树枝等丰富了景观形式。另外，步行街上还设有现代组合式树池坐凳，人们可以悠闲地坐在木制平台上面聊天、休息、放松心情或欣赏艺术雕塑。傍晚漫步在商业街上的人们可以清晰地观赏到这里现代欧式的大型灯柱。

异域泳池：泳池的设计简洁且富有动感，儿童泳池和成人泳池之间利用跌级水景软化边界；欧式风格的喷水雕塑，表现了水的灵动性，极富情趣。休闲水吧、跌级水景、休闲平台塑造立体化景观泳池；高低错落的植物组合，姿态各异，微风吹起摇曳着迷人的舞姿，一片异域风情。

自然的生活空间：依水造景，溪水鸟鸣，绿水常青——这里没有都市的喧嚣，有的只是大自然的气息。蜿蜒的溪流采用自然的驳岸形式结合景石、植物等元素，形成半岛式岛居生活空间；丰富的地形高差，在遵循北方气候特点的基础上利用地形创造坡地森林式景观。景石、叠石跌水、艺术喷泉、特色树池、小桥、观景平台、园路曲径等穿插园中，简洁的石条与步移景异的汀步景观相互衬托、辉映成趣。整体创意融合了中国园林元素、欧洲园林元素及东南亚园林式的设计精华。整个住宅社区环境充满自然山林的气息。

丰富多样的硬质景观：根据项目所在地阜新的气候特征，场地内设置了大量且样式丰富的硬质景观，利用亭、花架等立体元素满足实用和美观的要求。另外，结合植物，在项目中心形成了一个“十”字型对称构架，增添了大气、富贵、庄重的感觉。

参与性景观：社区内大量的硬质景观营造了多个样式丰富的参与性空间，同时设计师还规划设计了儿童游乐区和健身休闲区两大空间。儿童乐园区采用现代错位设计手法，把方形树阵下休息平台与方形下沉式儿童乐园巧妙组合在一起，既迎合了儿童活泼、好动的性格，又满足了儿童父母在树荫下休闲、休憩的需求。儿童乐园区采用的布质色彩安全脚垫和滑梯，给儿童创造了一个快乐的嬉戏天堂。树荫下的休闲健身景观区，与抬高的平台相结合，可欣赏到艺术化的美景，并设有人性化的树池座凳、丰富多样的康体设施，使整个园区的居住环境更加多样化，提升了整个园区的生活品质，彰显生活品味。

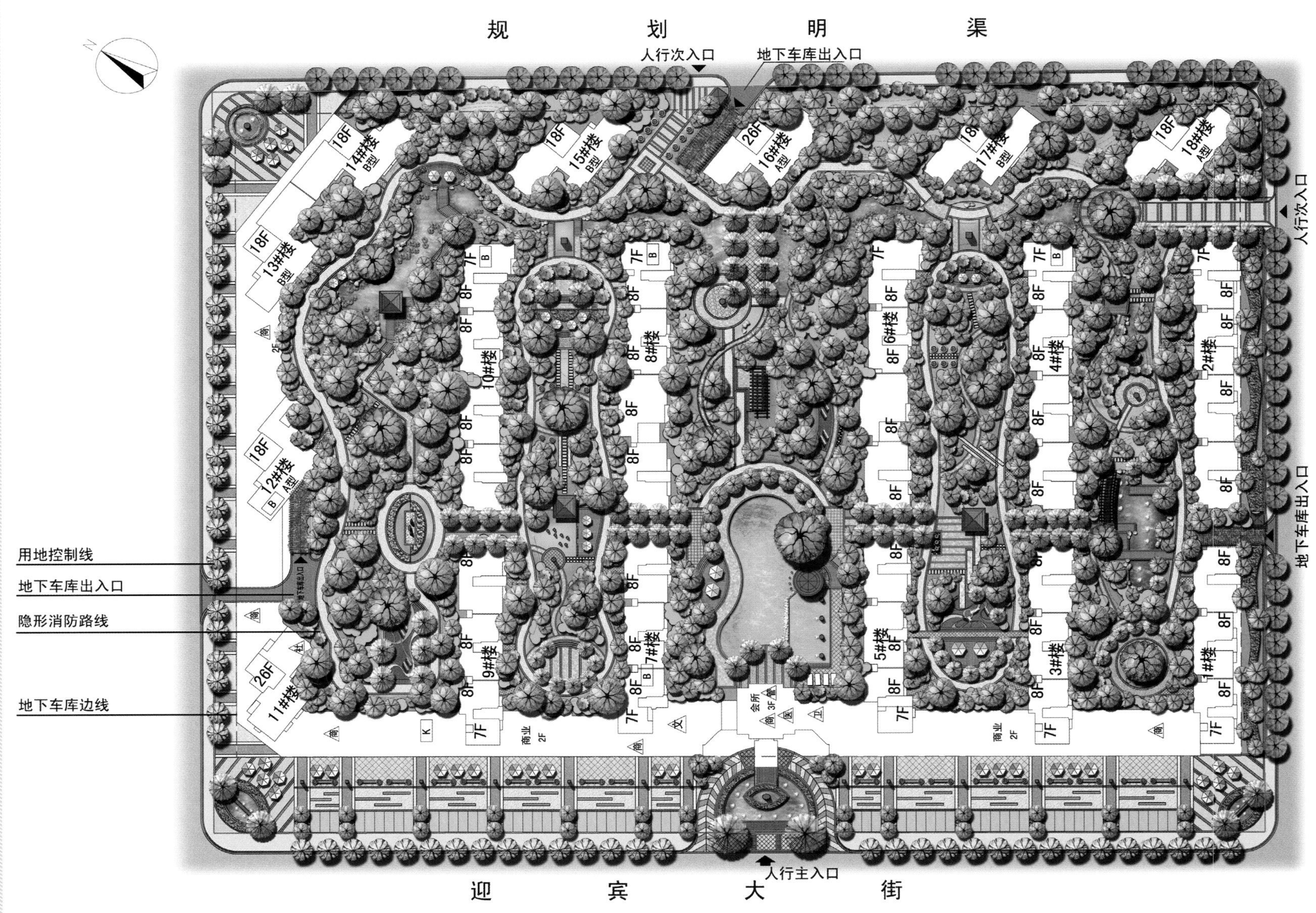

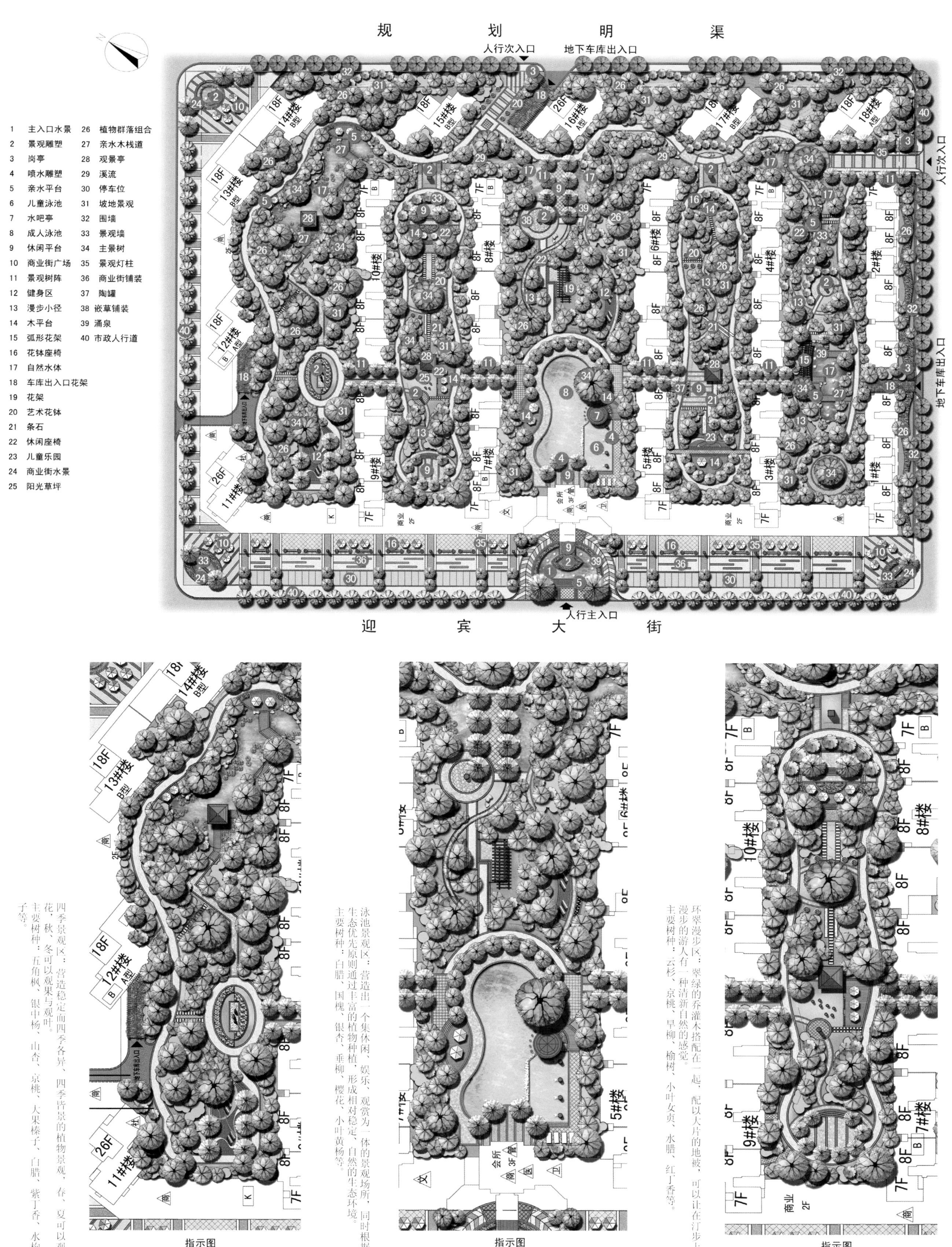

四季景观区：营造稳定而四季各异、四季皆景的植物景观，春、夏可以观花，秋、冬可以观果与观叶。主要树种：五角枫、银中杨、山杏、京桃、大果榛子、白腊、紫丁香、水栒子等。

泳池景观区：营造出一个集休闲、娱乐、观赏为一体的景观场所，同时根据生态优先原则通过丰富的植物种植，形成相对稳定、自然的生态环境。主要树种：白腊、国槐、银杏、垂柳、樱花、小叶黄杨等。

环翠漫步区：翠绿的乔灌木搭配在一起，配以大片的地被，可以让在汀步上漫步的游人有一种清新自然的感觉。主要树种：云杉、京桃、旱柳、榆树、小叶女贞、水腊、红丁香等。

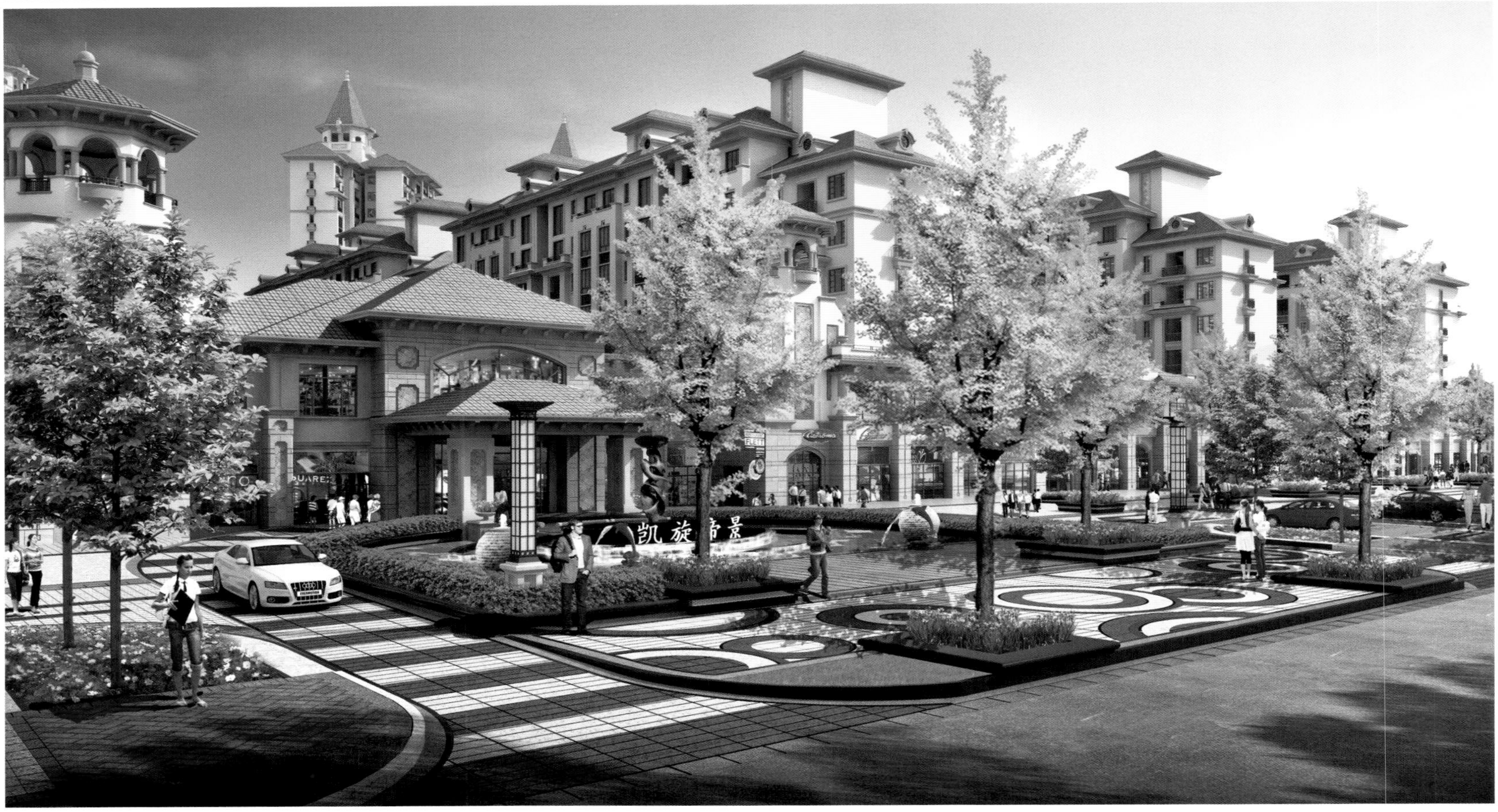

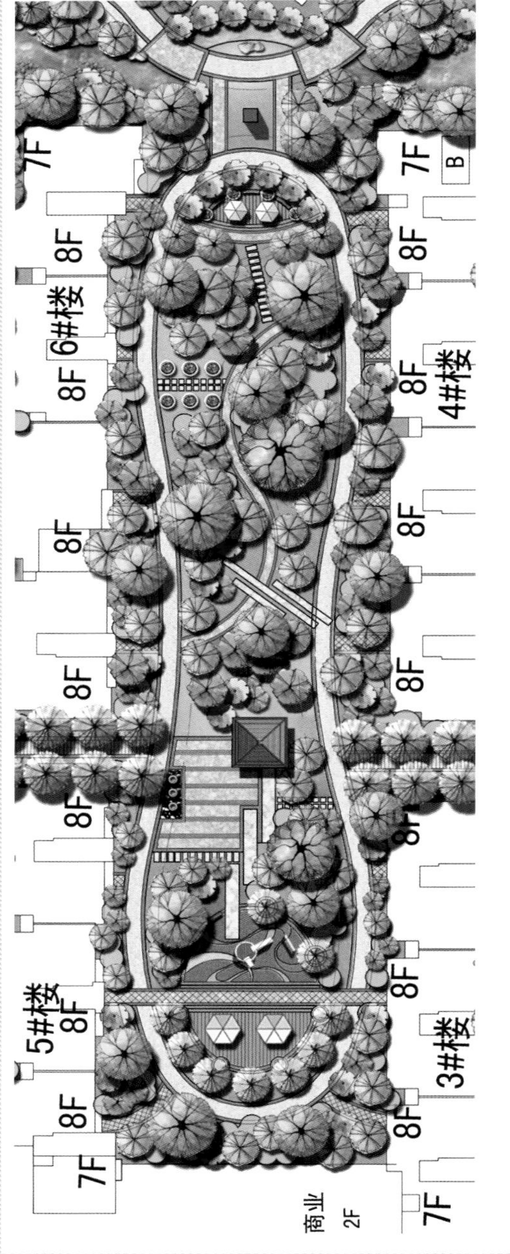
7F
7F
B
8F
8F
6#楼
8F
8F
4#楼
8F
8F
8F
8F
8F
8F
5#楼
8F
8F
3#楼
8F
8F
7F
商业
2F
7F

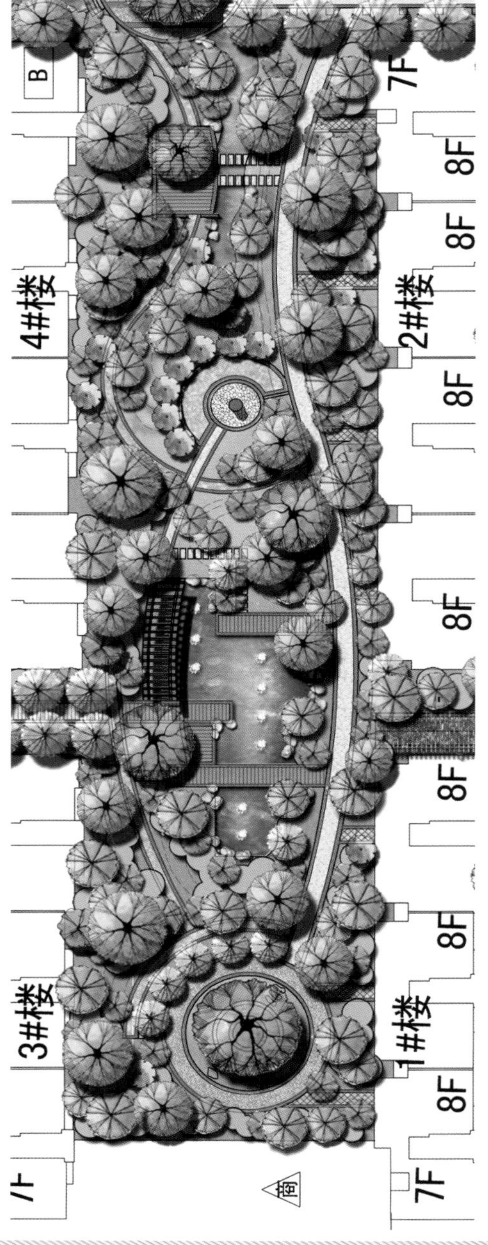
B
7F
8F
8F
4#楼
2#楼
8F
8F
8F
3#楼
8F
1#楼
8F
商
7F

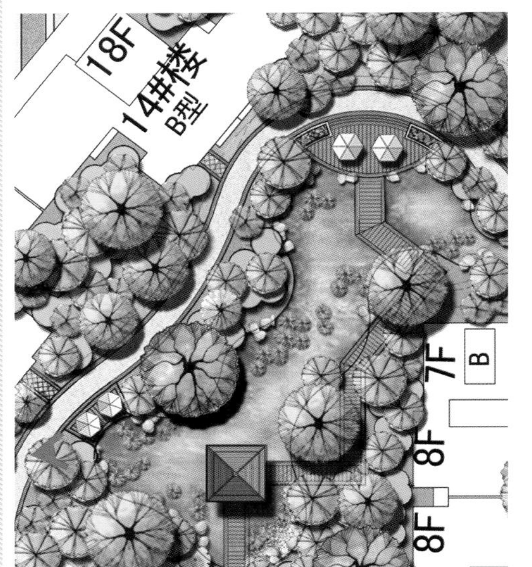
18F
14#楼
B型
7F
B
8F
8F

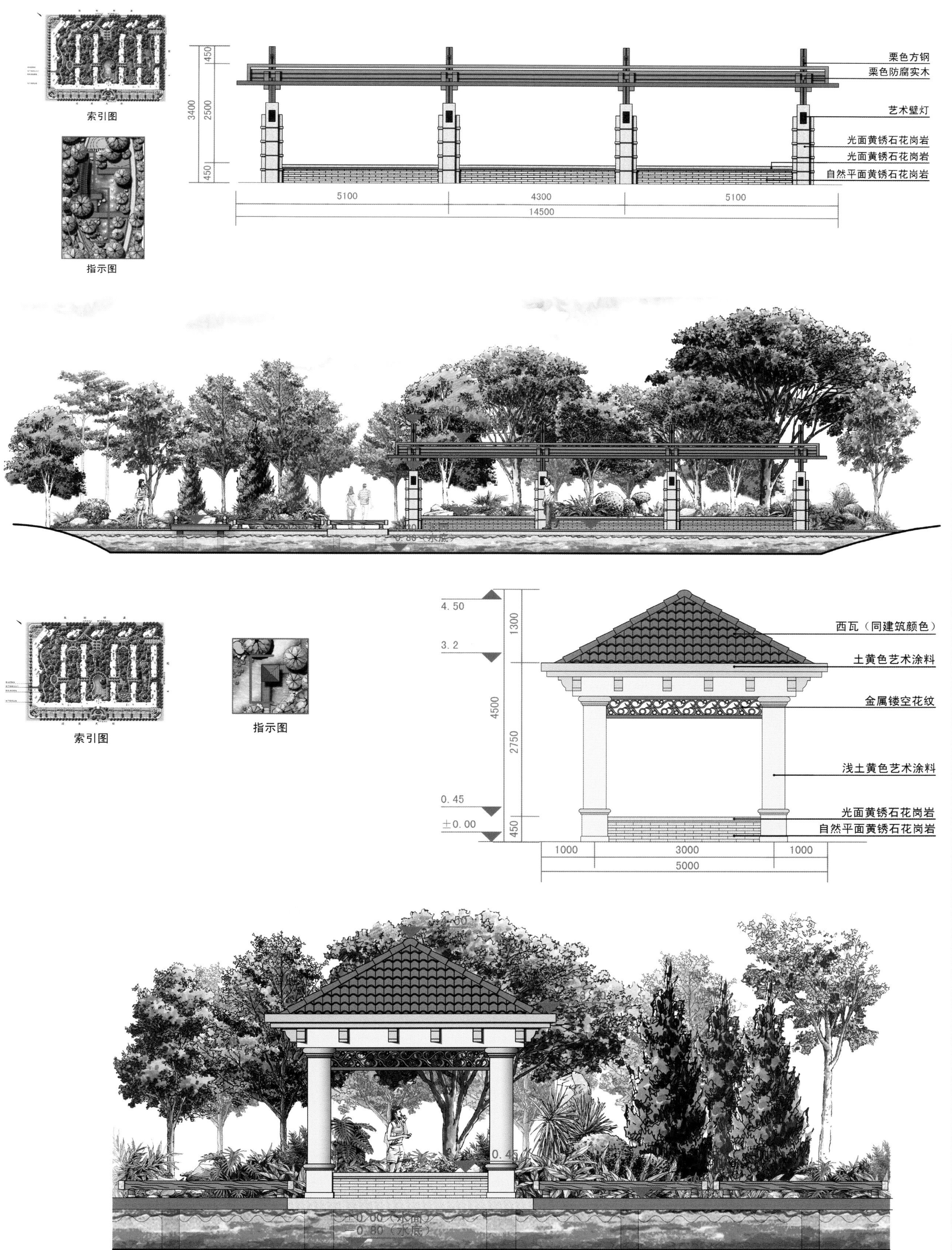
索引图
指示图
450
2500
3400
450
栗色方钢
栗色防腐实木
艺术壁灯
光面黄锈石花岗岩
光面黄锈石花岗岩
自然平面黄锈石花岗岩
5100
4300
5100
14500
索引图
指示图
4.50
3.2
0.45
±0.00
1300
4500
2750
450
西瓦（同建筑颜色）
土黄色艺术涂料
金属镂空花纹
浅土黄色艺术涂料
光面黄锈石花岗岩
自然平面黄锈石花岗岩
1000
3000
1000
5000

索引图

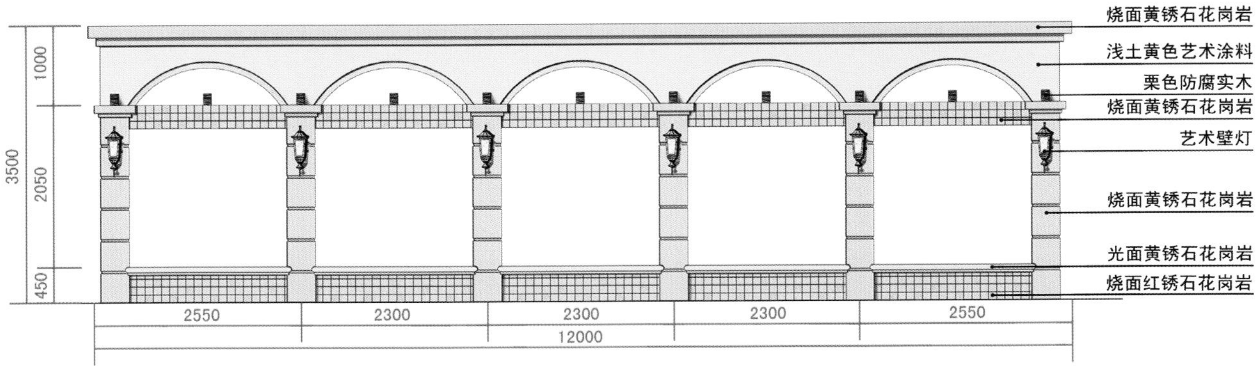

烧面黄锈石花岗岩
浅土黄色艺术涂料
栗色防腐实木
烧面黄锈石花岗岩
艺术壁灯
烧面黄锈石花岗岩
光面黄锈石花岗岩
烧面红锈石花岗岩

1000
2050
450
3500
2550 2300 2300 2300 2550
12000

750
2000 4000 2000 10000
18000

6000
5.50
3.55
西瓦(同建筑颜色)
土黄色艺术涂料
浅土黄色艺术涂料
古铜色镂空花纹
光面黄锈石花岗岩
自然面黄锈石岗岩

灰色金属构架
蓝色玻璃
古铜色镂空花纹
土黄色艺术涂料
土黄色艺术涂料
烧面黄锈石花岗岩
烧面黄锈石花岗岩
3050

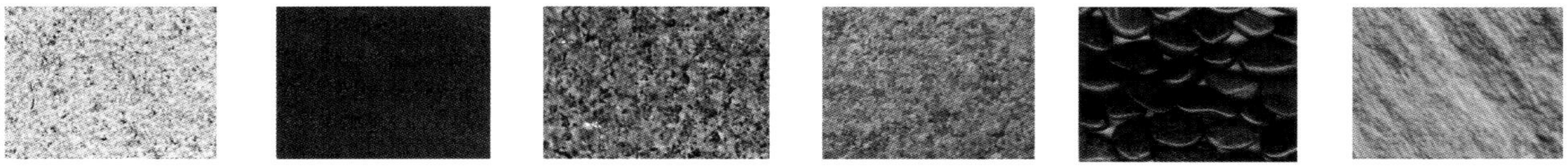

黄锈石
中国黑
芝麻黑
新疆红
黑色雨花石
黄木纹

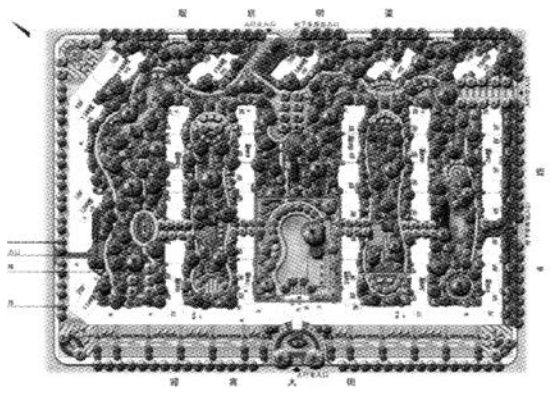

索引图

毛面烧结砖人字铺
（红色：粉红色：棕色 =1：1：1）
黑色雨花石（健身路）
烧面芝麻黑花岗岩
烧面芝麻黑花岗岩
光面中国黑花岗岩
烧面芝麻黑花岗岩
烧面黄锈石花岗岩
光面中国黑花岗岩
烧面黄锈石花岗岩
烧面芝麻黑花岗岩
烧面芝麻黑花岗岩
烧面芝麻黑花岗岩（台阶）
烧面芝麻黑花岗岩（台阶）
烧面黄锈石花岗岩
烧面黄锈石花岗岩
烧面新疆红花岗岩
光面中国黑花岗岩
烧面芝麻黑花岗岩
喷水雕塑
黄木纹冰裂（白水泥勾缝）
烧面芝麻黑花岗岩
光面中国黑花岗岩
烧面芝麻黑花岗岩（台阶）
光面中国黑花岗岩
光面中国黑花岗岩

隐形消防通道线
烧面芝麻黑花岗岩
烧面黄锈石花岗岩
烧面芝麻黑花岗岩
光面中国黑花岗岩
栗色防腐实木
烧面芝麻黑花岗岩（台阶）
烧面黄锈石花岗岩
烧面新疆红花岗岩
黄木纹冰裂（白水泥勾缝）
光面中国黑花岗岩（排水沟）
蓝色玻璃马赛克（池底）
烧面新疆红花岗岩
烧面中国黑花岗岩
光面中国黑花岗岩
烧面芝麻黑花岗岩

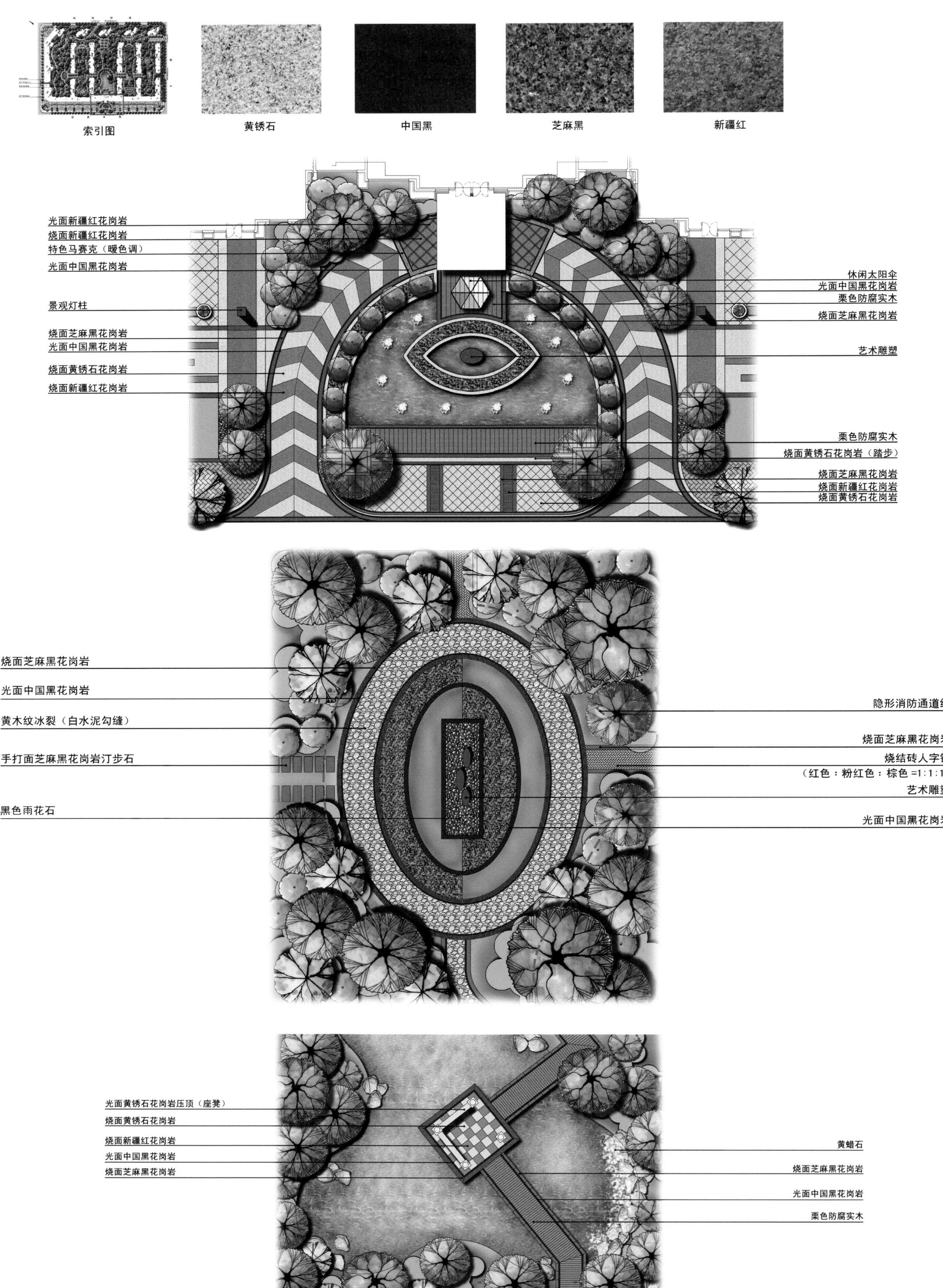

索引图
黄锈石
中国黑
芝麻黑
新疆红
光面新疆红花岗岩
烧面新疆红花岗岩
特色马赛克（暖色调）
光面中国黑花岗岩
景观灯柱
烧面芝麻黑花岗岩
光面中国黑花岗岩
烧面黄锈石花岗岩
烧面新疆红花岗岩
休闲太阳伞
光面中国黑花岗岩
栗色防腐实木
烧面芝麻黑花岗岩
艺术雕塑
栗色防腐实木
烧面黄锈石花岗岩（踏步）
烧面芝麻黑花岗岩
烧面新疆红花岗岩
烧面黄锈石花岗岩
烧面芝麻黑花岗岩
光面中国黑花岗岩
黄木纹冰裂（白水泥勾缝）
手打面芝麻黑花岗岩汀步石
黑色雨花石
隐形消防通道线
烧面芝麻黑花岗岩
烧结砖人字铺
（红色：粉红色：棕色 =1:1:1）
艺术雕塑
光面中国黑花岗岩
光面黄锈石花岗岩压顶（座凳）
烧面黄锈石花岗岩
烧面新疆红花岗岩
光面中国黑花岗岩
烧面芝麻黑花岗岩
黄蜡石
烧面芝麻黑花岗岩
光面中国黑花岗岩
栗色防腐实木

特色石材细拼意向图一

特色石材细拼意向图二

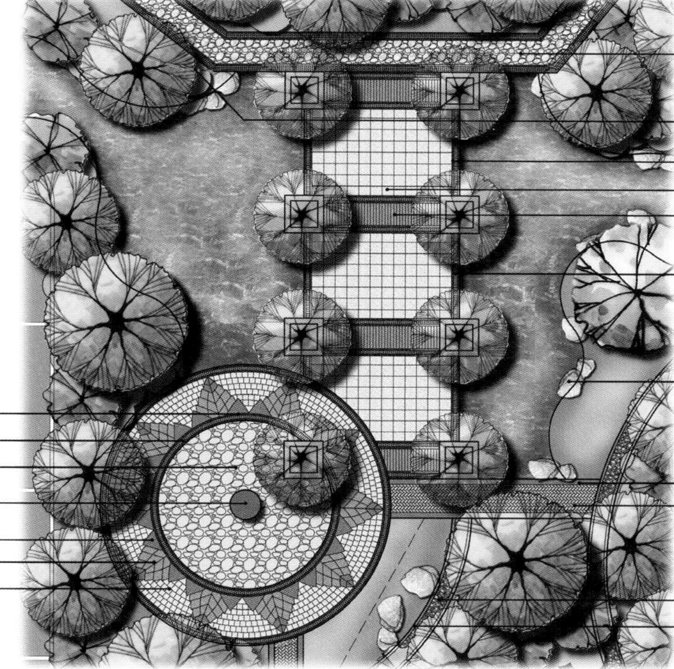

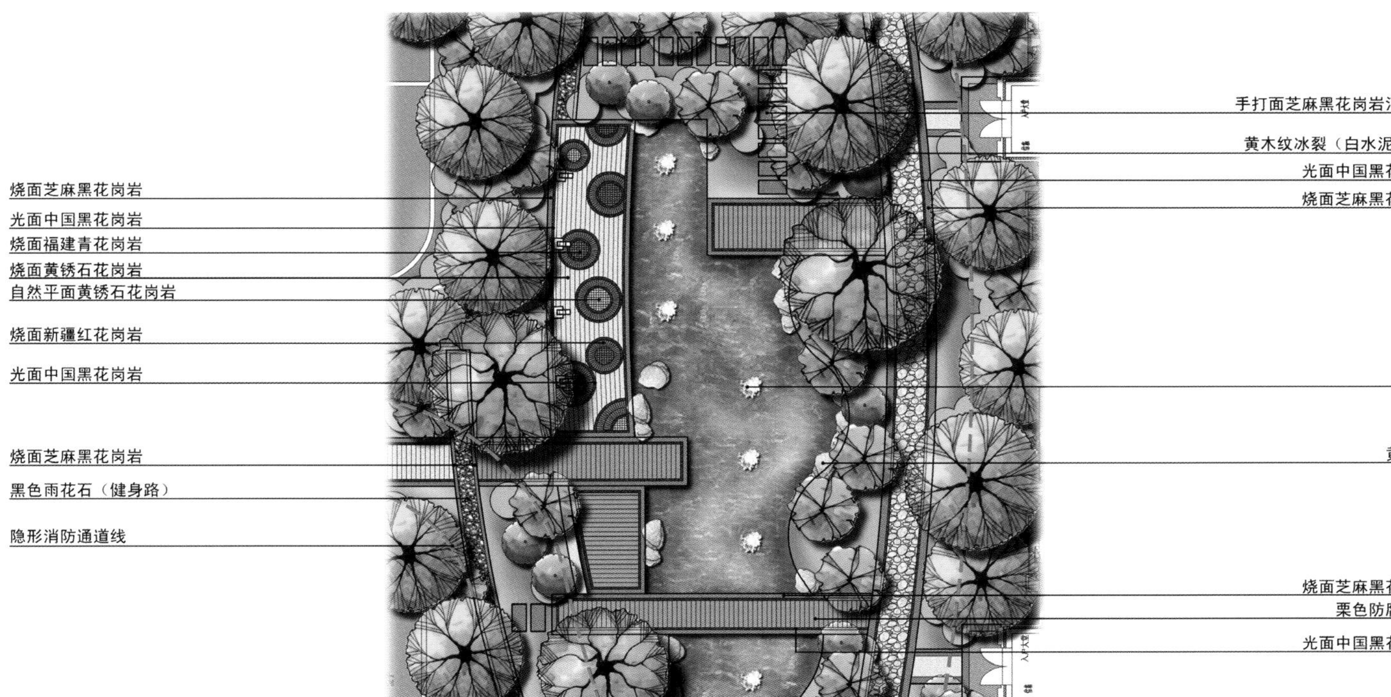

赣州滨江•爱丁堡

项目地点：江西省赣州市
开 发 商：康居（赣州）企业发展有限公司
设计单位：广州市太合景观设计有限公司

本项目景观设计总体上体现了“以人为本”的新都市主义理念，整体风格与建筑形式相互映衬，营造浓厚的地中海风情园林，展示了浪漫、休闲、健康的高档精品社区。

一期主要由主入口景观区及内庭水景区组成。进入主入口广场迎面而来的是浓浓的异国风情。左边是造型现代化的景墙跌水和树池的结合，而入口右边则是一座高大的水中景观塔。进入广场，往右看是棕榈树阵和一棵历经沧桑的古树。线条明快、色彩丰富的铺装让人耳目一新。入口的各个景点构成了一幅充满地中海风情园林的美丽画面，同时提醒人们已进入了一个浪漫、休闲、健康的高档社区。

小区内庭花园以地中海风情的水景设计为主题。其中，泳池和溪流有机地结合在一起贯穿着整个内庭花园的景观风景序列，仿佛在向人们诉说着无限的柔情。往小溪流去的方向是一个中心大广场，由动感水景和现代亭组成，在这里人们可以尽情地游玩、欢乐。

泳池的设计简洁而不乏动感。中心的绿岛种植棕榈科植物，高低错落、姿态各异，微风吹起摇动着舞姿，好一派地中海风情。

一期与二期的交汇区域是商业街，由特色广场、特色水景、休闲平台组成。这里除了购物、休闲、娱乐外，更是感受时尚的场所。水中景观亭、跳动的喷泉、摇曳的树枝、旋转的圆形拼花铺装，在不停地撩动着人们的心。入夜的商业街愈发迷人，虽没有灯火辉煌，但也处处星光点点。在木平台上，吹着凉爽微风，喝着咖啡，却也是另一番情趣。

二期中庭以水系为灵魂，依水而造景。溪水鸟鸣，绿水常清，在蜿蜒曲折的小河边、绿草如茵的坡地上，幢幢楼房都有绿阴护夏、红叶迎秋……这里没有都市的喧嚣，人们可在宁静的居住空间尽情享受自然、阳光、绿树、碧水。

在二期的南面则引进了阳光车库的设计构想，把景观延伸到地下车库，让景观得到深一层的渗透，体现了景观的均好性。而北面是运动区，这是体现健康生活的一个区域。人们可以在此忘却一切烦恼，尽情地玩乐，找回健康快乐的自我。

由于地形较为复杂，高差较大，设计师在设计中充分利用了花基、台阶、景墙等，从而形成了丰富的立体空间。在挡土墙的处理上，利用攀爬植物的绿化，将挡土墙营造成充满生机的花带，形成了另一种景观。

在景观植物的选择中除了与园建、建筑相配合外，还考虑了植物的物质特性，包括色、香、形以及自然气息和光线作用于花草树木而产生的艺术效果。在纹理、花期、树池等方面精心配种，在观赏性与实用性之间取得平衡，并考虑到不同时节的植物形态在季节更替时营造出不同的花草园林景致，让人清晰地看到生命成长与季节变化带来的自然之美，让人感受到生活在自然之中，自然在生活之中。

以人为本的新都市主义理念的景观设计，提升了赣州“滨江•爱丁堡”的品位与档次，更是展示了一种全新的生活方式及哲理，体现了真正高质量的生活空间。

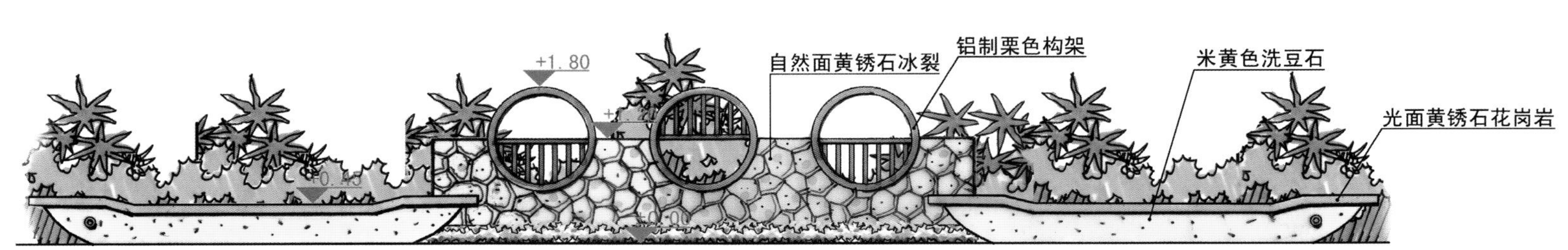

图例

01 主入口平台
02 入口特色铺装广场
03 景石广场
04 树池坐凳
05 溪上木桥
06 水景阳光平台
07 景观水台
08 园内小径
09 小区主干道
10 汇景广场
11 木平台及花池
12 绿地汀步
13 座凳树池
14 儿童乐园
15 条石景观
16 园间驿站
17 景石水岸
18 观月亭
19 聚景广场
20 休憩平台
21 雕塑与卵石
22 园间小径
23 休憩平台
24 卵石与陶罐
25 地下车库入口
26 篮球场
27 健身活动平台
28 园间小径
29 室外停车位
30 岗亭
31 植物组团

北

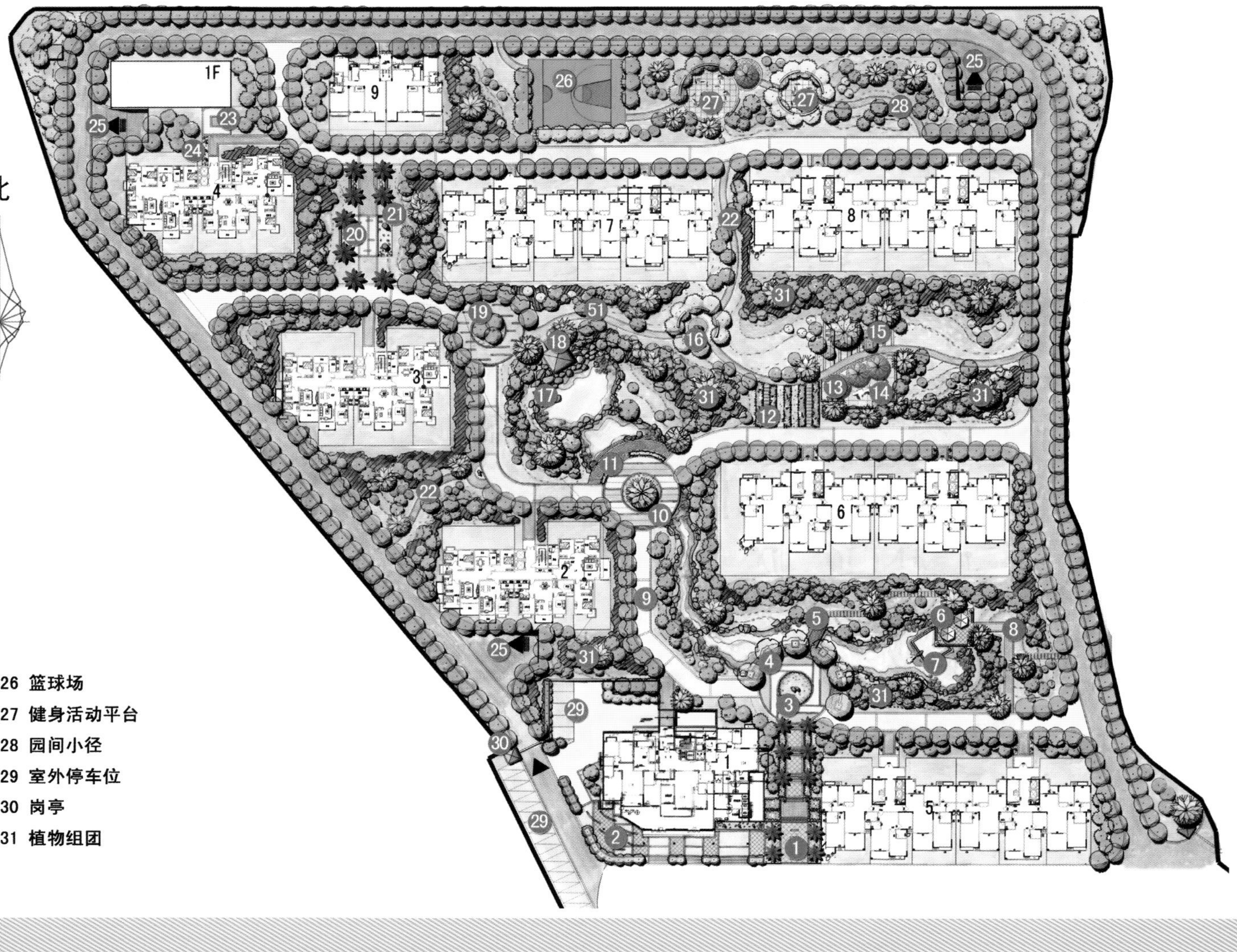

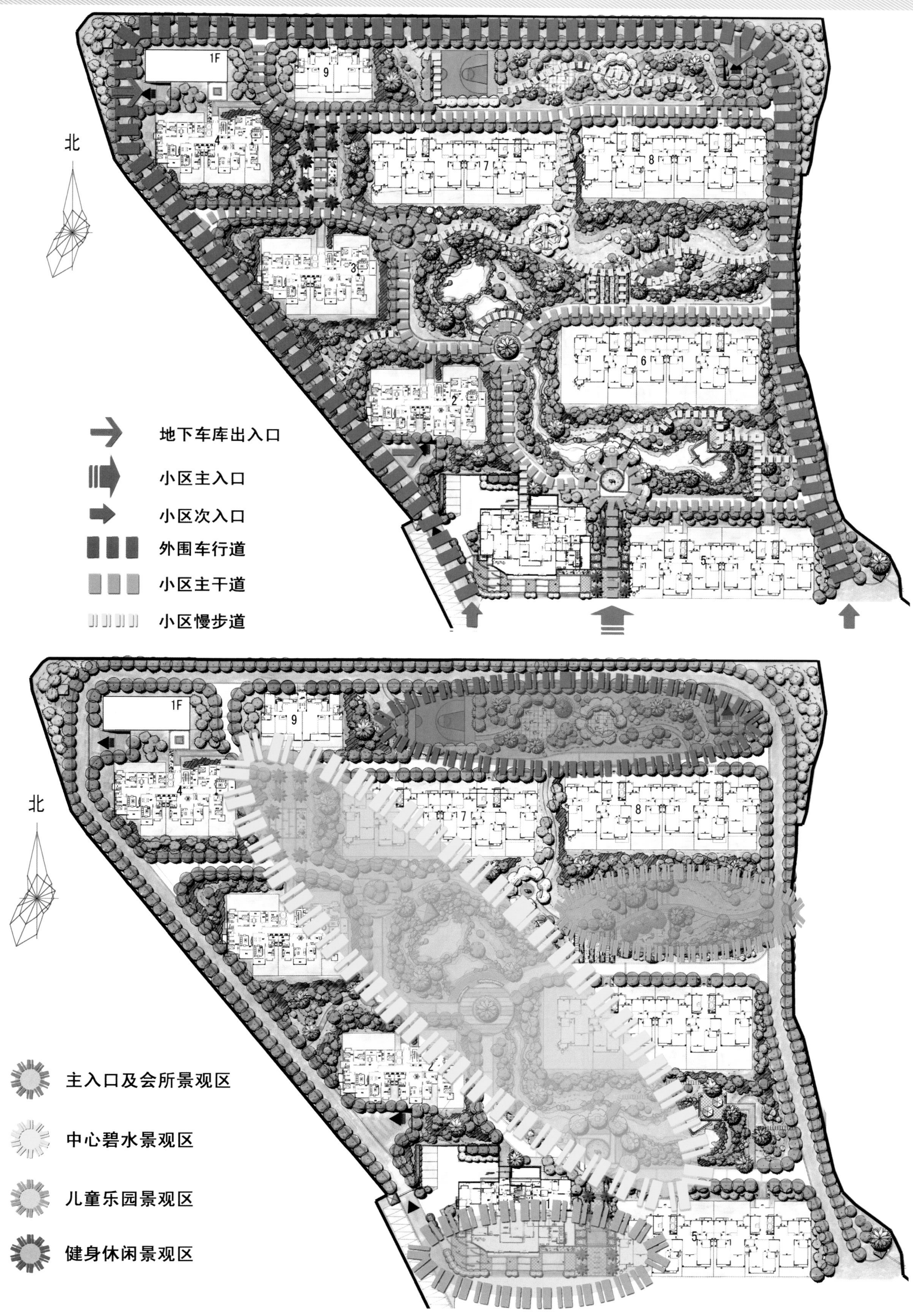
1F
9
4
7
8
3
6
2
1
5
北
地下车库出入口
小区主入口
小区次入口
外围车行道
小区主干道
小区慢步道
主入口及会所景观区
中心碧水景观区
儿童乐园景观区
健身休闲景观区

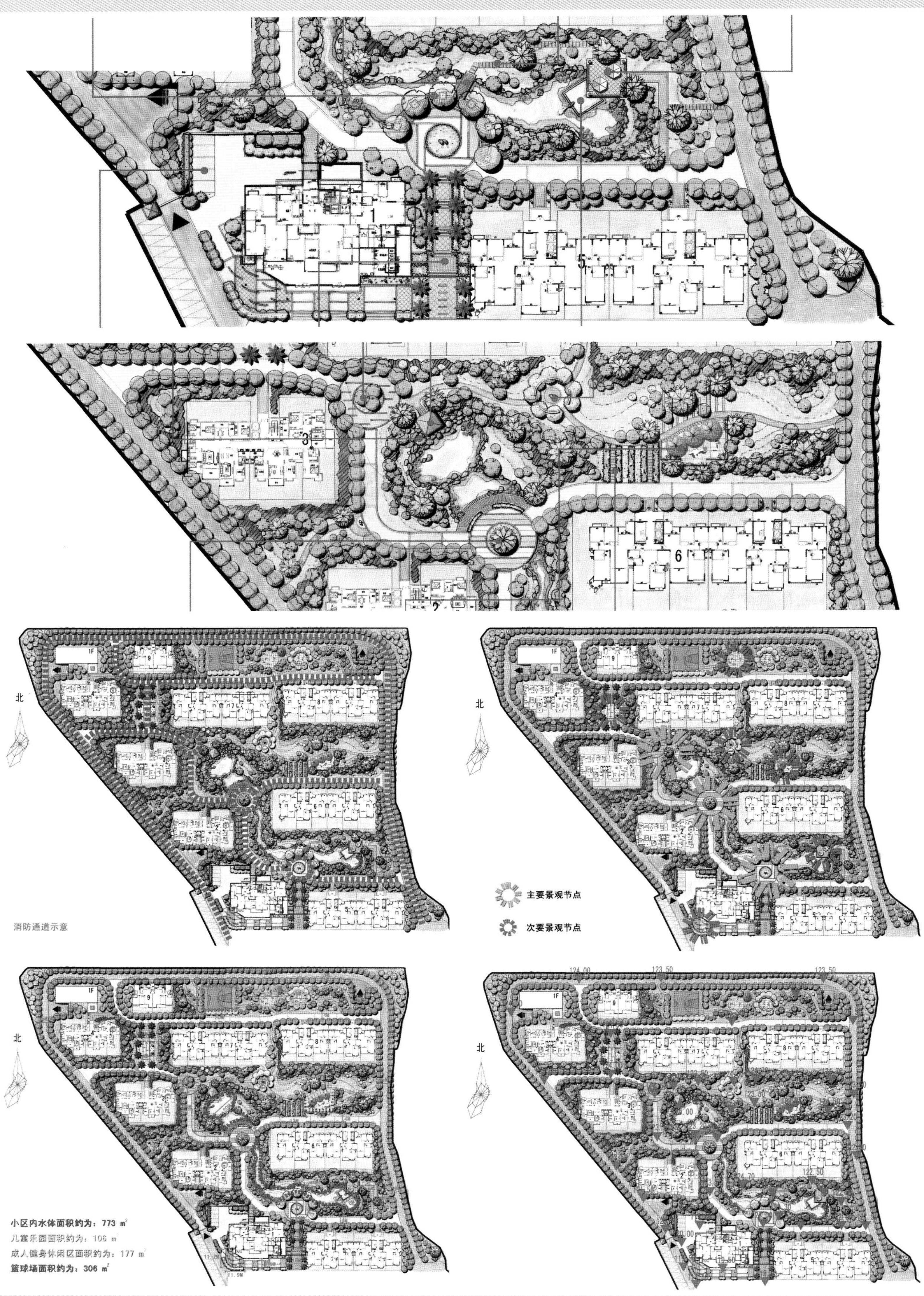
北
消防通道示意
主要景观节点
次要景观节点
小区内水体面积约为：773 m²
儿童乐园面积约为：106 m
成人健身休闲区面积约为：177 m
篮球场面积约为：306 m²

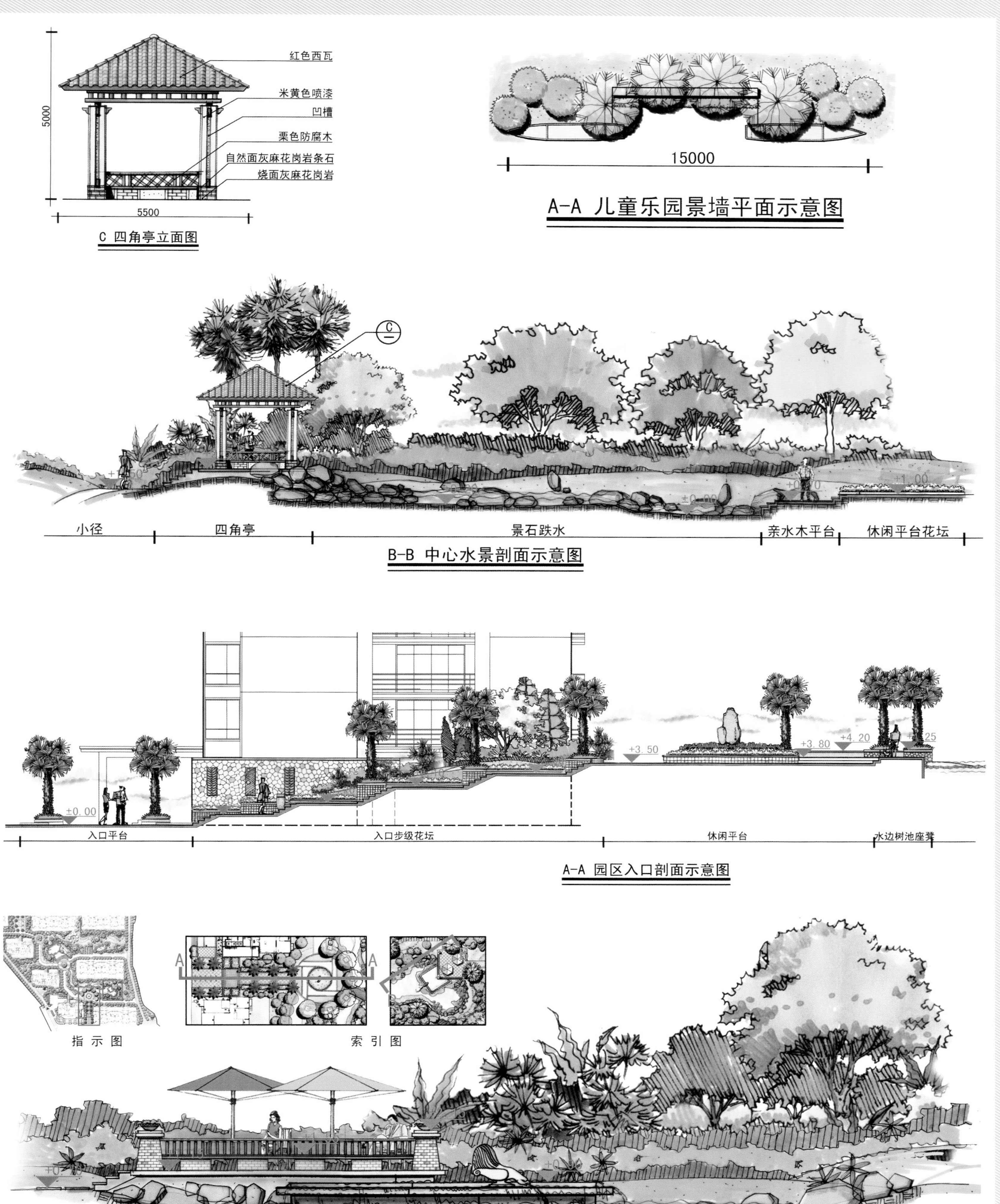
红色西瓦
米黄色喷漆
凹槽
栗色防腐木
自然面灰麻花岗岩条石
烧面灰麻花岗岩
5000
5500
C 四角亭立面图
15000
A-A 儿童乐园景墙平面示意图
小径
四角亭
景石跌水
亲水木平台
休闲平台花坛
B-B 中心水景剖面示意图
±0.00
+3.50
+3.80
+4.20
入口平台
入口步级花坛
休闲平台
水边树池座凳
A-A 园区入口剖面示意图
指 示 图
索 引 图
±0.00
B-B 特色水景剖面示意图

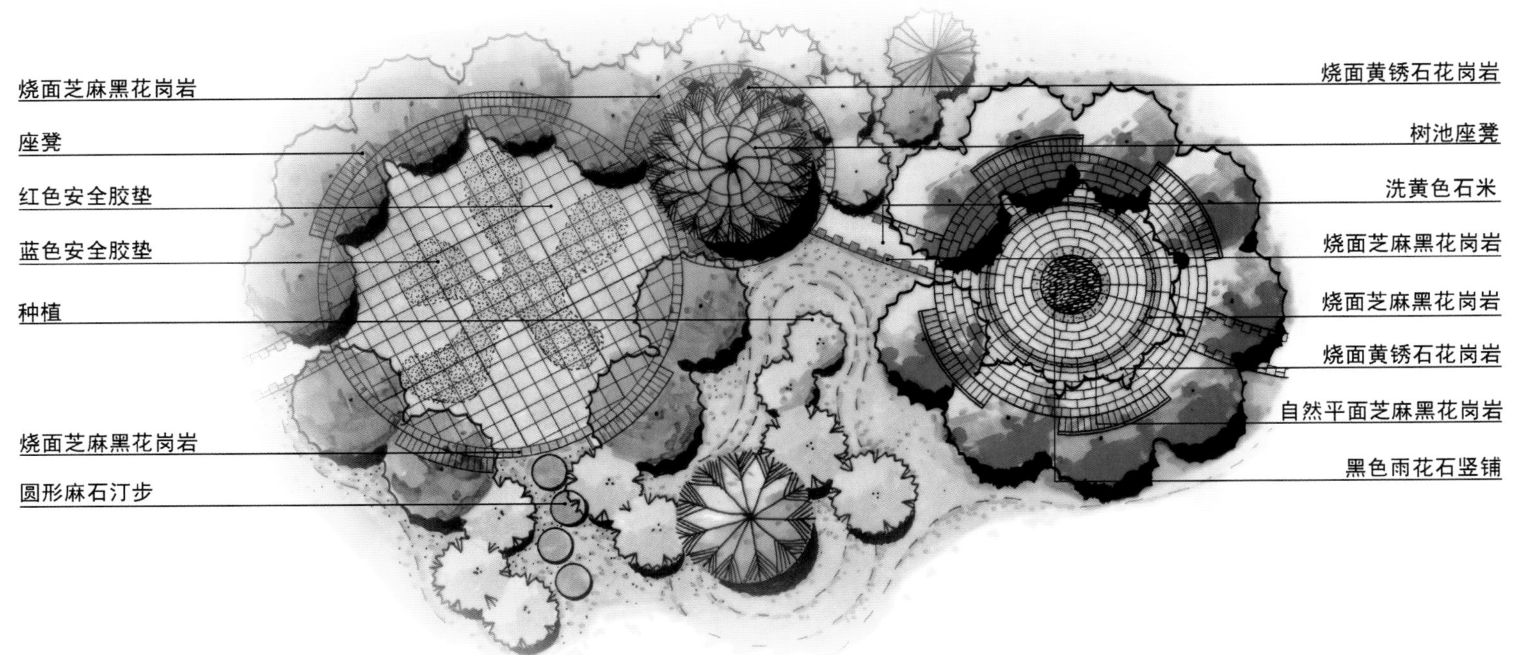
烧面芝麻黑花岗岩
座凳
红色安全胶垫
蓝色安全胶垫
种植
烧面芝麻黑花岗岩
圆形麻石汀步
烧面黄锈石花岗岩
树池座凳
洗黄色石米
烧面芝麻黑花岗岩
烧面芝麻黑花岗岩
烧面黄锈石花岗岩
自然平面芝麻黑花岗岩
黑色雨花石竖铺

烧面黄锈石花岗岩工字铺(密拼)
种植
棕榈科
草坡
烧面芝麻黑花岗岩
光面中国黑花岗岩
当地暖色自然石块
棕色混凝土地砖人字型铺(密拼)
1/2毛面青色混凝土地砖侧铺
烧面芝麻黑花岗岩
洗黄色石米
洗黄色石米
烧面芝麻黑花岗岩
黑色雨花石竖铺
烧面黄锈石花岗岩
防腐实木护栏
小溪与当地暖色自然石块

草坡
麻石汀步
草坪
麻石汀步
烧面芝麻黑花岗岩
草坪
麻石汀步
竹丛
烧面芝麻黑花岗岩
洗黄色石米
景观树池（防腐实木座凳）
防腐实木座椅
红色安全胶垫
蓝色安全胶垫
艺术景墙

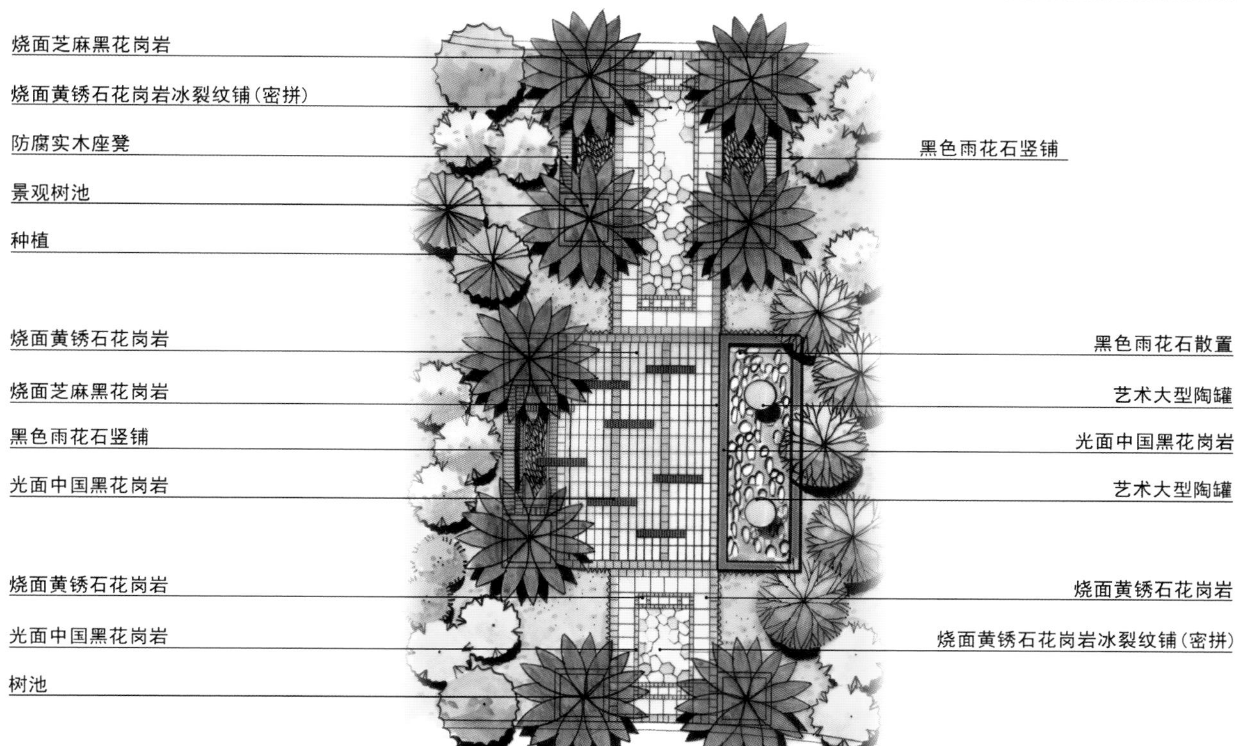
烧面芝麻黑花岗岩
烧面黄锈石花岗岩冰裂纹铺(密拼)
防腐实木座凳
景观树池
种植
烧面黄锈石花岗岩
烧面芝麻黑花岗岩
黑色雨花石竖铺
光面中国黑花岗岩
烧面黄锈石花岗岩
光面中国黑花岗岩
树池
黑色雨花石竖铺
黑色雨花石散置
艺术大型陶罐
光面中国黑花岗岩
艺术大型陶罐
烧面黄锈石花岗岩
烧面黄锈石花岗岩冰裂纹铺(密拼)

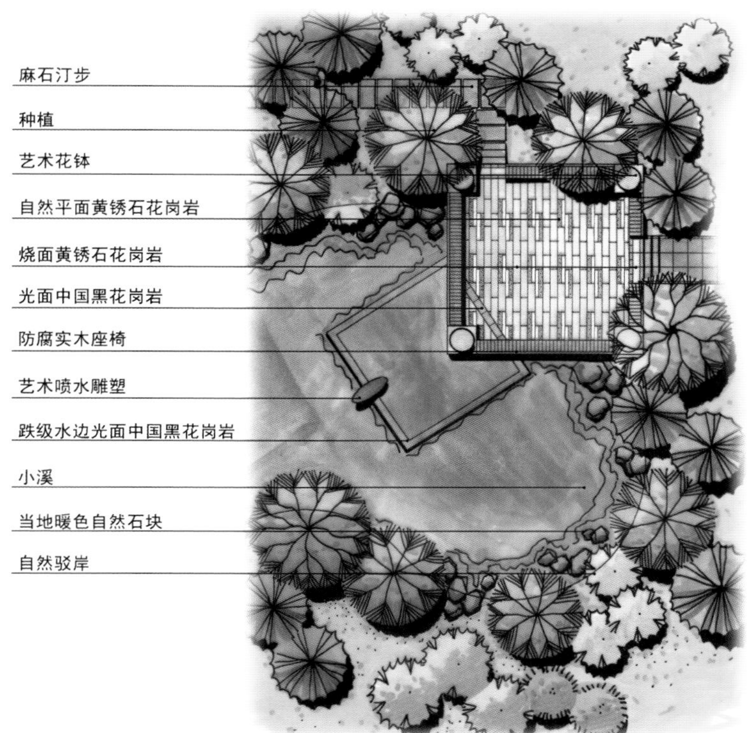
麻石汀步
种植
艺术花钵
自然平面黄锈石花岗岩
烧面黄锈石花岗岩
光面中国黑花岗岩
防腐实木座椅
艺术喷水雕塑
跌级水边光面中国黑花岗岩
小溪
当地暖色自然石块
自然驳岸

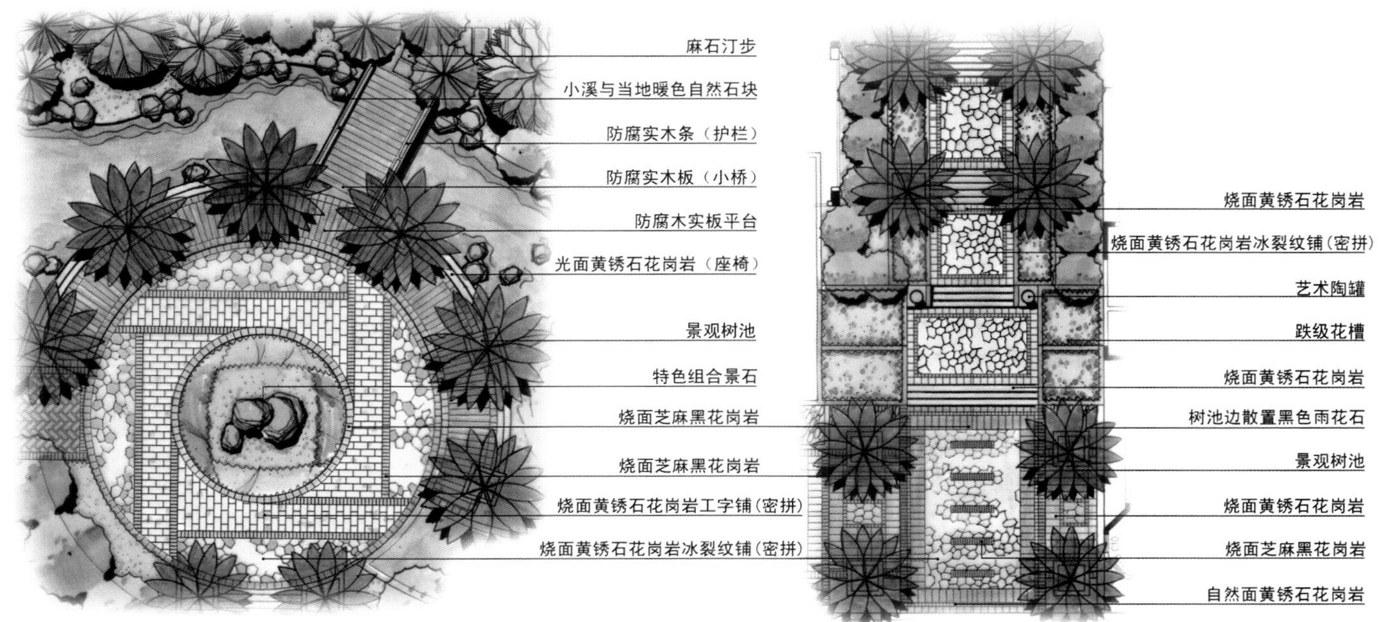
麻石汀步
小溪与当地暖色自然石块
防腐实木条（护栏）
防腐实木板（小桥）
防腐木实板平台
光面黄锈石花岗岩（座椅）
景观树池
特色组合景石
烧面芝麻黑花岗岩
烧面芝麻黑花岗岩
烧面黄锈石花岗岩工字铺(密拼)
烧面黄锈石花岗岩冰裂纹铺(密拼)
烧面黄锈石花岗岩
烧面黄锈石花岗岩冰裂纹铺(密拼)
艺术陶罐
跌级花槽
烧面黄锈石花岗岩
树池边散置黑色雨花石
景观树池
烧面黄锈石花岗岩
烧面芝麻黑花岗岩
自然面黄锈石花岗岩

昆明天宇澜山

项目地点：云南省昆明市
开 发 商：云南农科院神州天宇房地产开发有限公司
设计单位：广州市太合景观设计有限公司
景观面积：120 521.04 ㎡

该项目结合地域特点与建筑设计风格，以休闲度假式的现代东南亚风格为蓝本，打造一个尊贵、典雅、精致而又温馨的精品休闲景观社区，以现代简洁的线条，干净明快的表现手法，运用现代东南亚视觉元素赋予环境景观亲切、宜人的艺术感召力，并巧妙的融合建筑新古典主义风格的精髓，在不经意的混搭中体现大气、浪漫的尊贵情怀，体现自然景观的庄重与时代感！根据项目地块组团特点，主要划分为不同的景观区域，分别赋予不同的景观特点和功能定位，使之能够提供多样化的景观体验，并与周边环境密切融合。通过自然曲线和几何直线的主园路组合，形成层次丰富、序列清晰、张弛有度的景观空间，强调空间的韵律节奏，注重在不同空间场所中的心理体验与感受的变化，从密林小径到林中空地，疏林草地再到缓坡草坪，形成疏密、明暗、动静对比，并充分利用光景等自然因素创造出富有活力的多元化感悟空间，以中心花园景观为视觉中心向外扩展展开设计，注重景观的均好性布局，漫步其中，使人感受不同景观元素营造的优美景致，共同演绎休闲度假体验式的主题，色彩原始朴实，表现东南亚自然粗犷的异域风情，演绎东南亚景观的独特神韵。

水体面积共2219㎡
注：本图标高以建筑入户大堂标高1911.10为±0.000

关于红线外市政公共绿化带，设计师建议打造成与小区楼盘配套的公共公园景观，以此提升楼盘景观的附加值，实现景观价值最大化。在成本造价较低的情况下，采用简单的处理手法，主要通过开放的阳光疏林草坡、绵延起伏的坡地景观与错位的弧线散步道组合成绿意盎然的空间序列，漫步漫坡，局部重点区域点缀艺术雕塑，使人享受极致的闲适生活，使人感受到浓烈的艺术氛围与人文内涵。

1. 主入口景观区
2. 特色水景
3. 健身区
4. 中心水景区
5. 人防口
6. 开放活动休闲空间
7. 次入口景观区
8. 特色院落景观空间
9. 车库出入口花架
10. 商业广场
11. 幼儿园景观区
12. 对外展示景观区
13. 树阵广场
14. 儿童游乐园
15. 阳光草坪
16. 带状公园景观区
17. 异域风情植物景观空间
18. 看楼通道

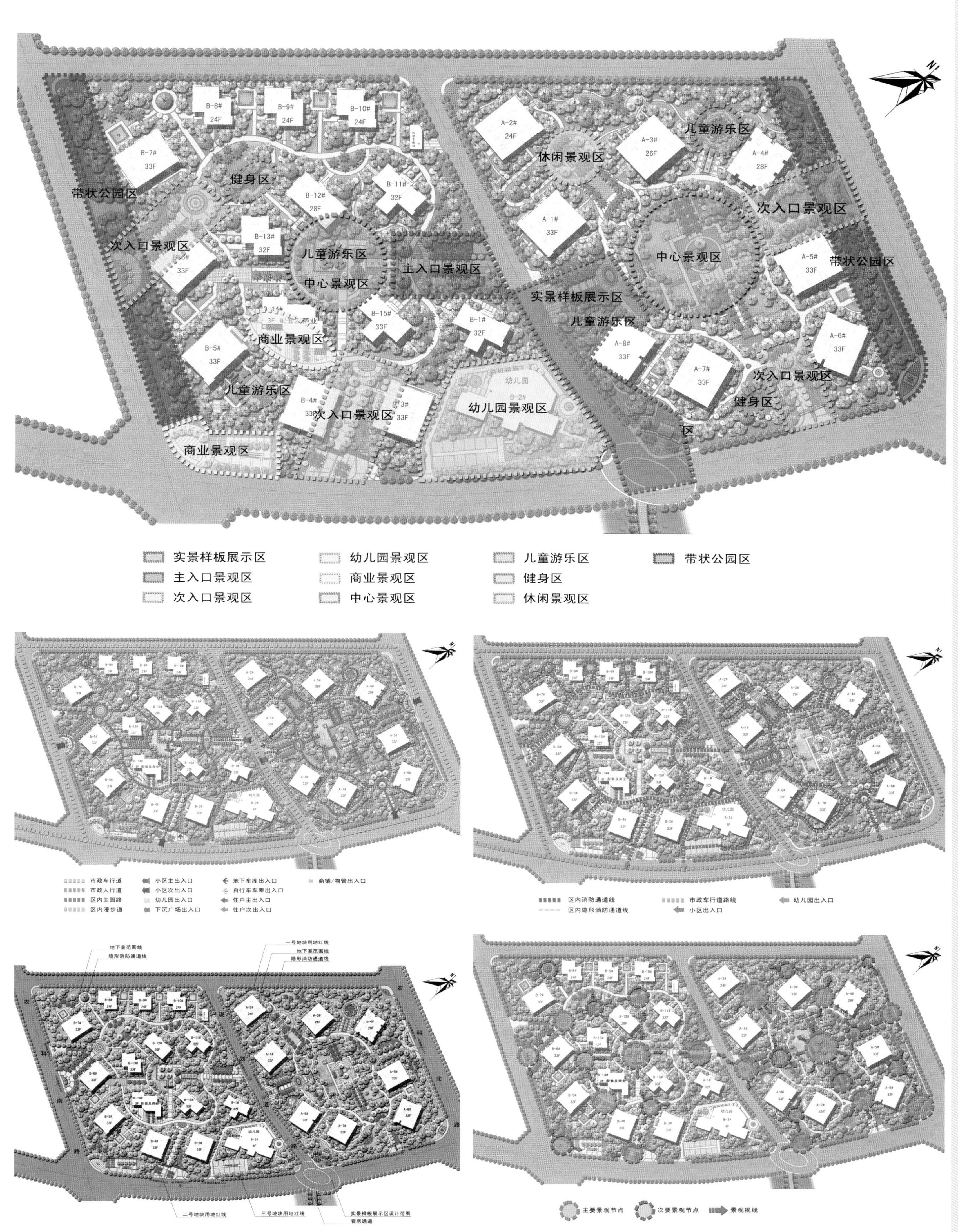

B-8#
24F
B-9#
24F
B-10#
24F
B-7#
33F
A-2#
24F
A-3#
26F
A-4#
28F
儿童游乐区
休闲景观区
带状公园区
健身区
B-12#
28F
B-11#
32F
次入口景观区
A-1#
33F
B-13#
32F
次入口景观区
儿童游乐区
中心景观区
主入口景观区
中心景观区
A-5#
33F
带状公园区
实景样板展示区
商业景观区
B-15#
33F
B-1#
32F
儿童游乐区
A-6#
33F
B-5#
33F
A-8#
33F
幼儿园
B-2#
A-7#
33F
次入口景观区
儿童游乐区
B-4#
次入口景观区
33F
幼儿园景观区
健身区
商业景观区
实景样板展示区
幼儿园景观区
儿童游乐区
带状公园区
主入口景观区
商业景观区
健身区
次入口景观区
中心景观区
休闲景观区
市政车行道
市政人行道
区内主园路
区内漫步道
小区主出入口
小区次出入口
幼儿园出入口
下沉广场出入口
地下车库出入口
自行车车库出入口
住户主出入口
住户次出入口
商铺/物管出入口
区内消防通道线
区内隐形消防通道线
市政车行道路线
小区出入口
幼儿园出入口
地下室范围线
隐形消防通道线
一号地块用地红线
地下室范围线
隐形消防通道线
二号地块用地红线
三号地块用地红线
实景样板展示区设计范围
看房通道
主要景观节点
次要景观节点
景观视线

天宇

天宇

天宇澜山

天宇桃园

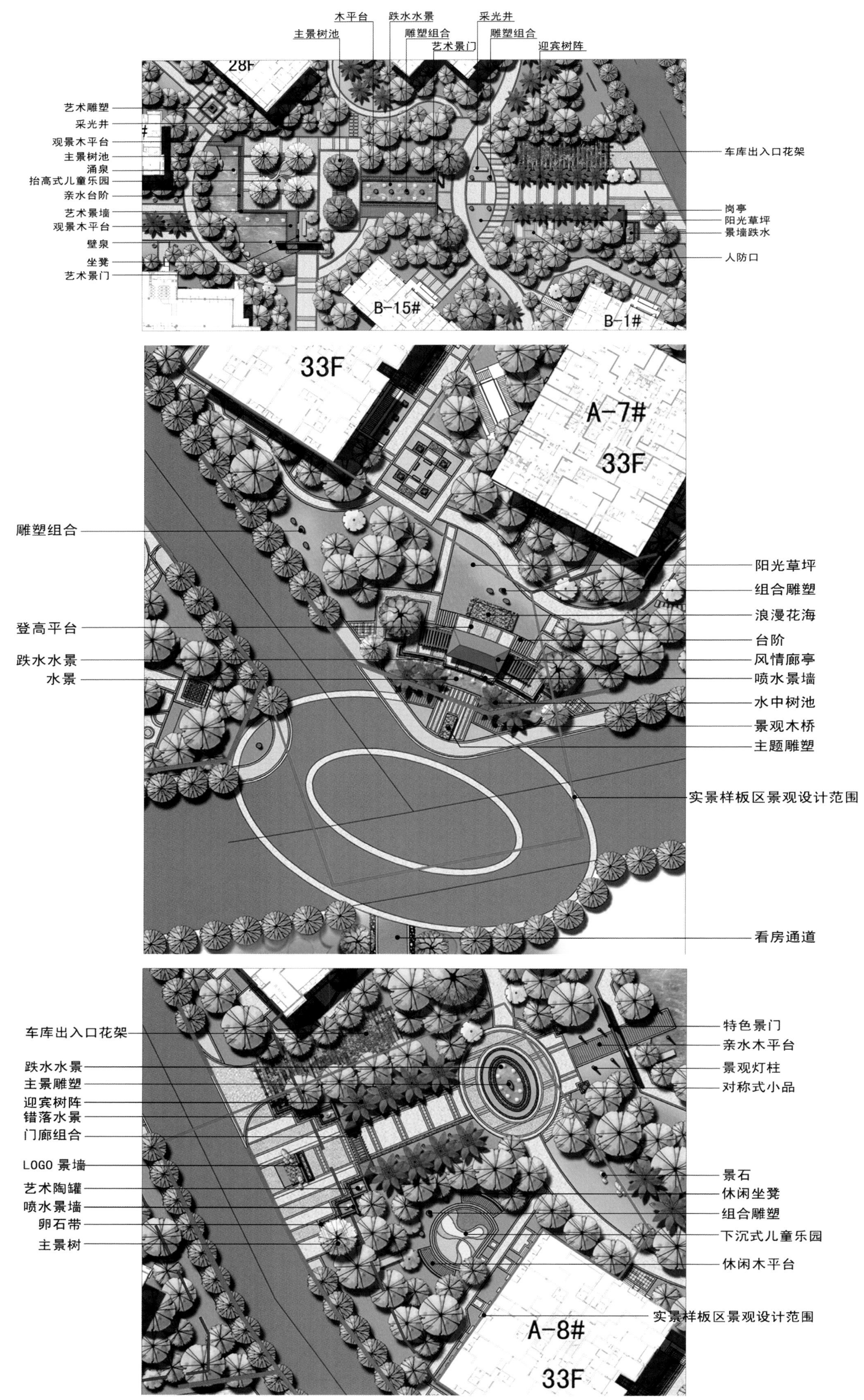

木平台
跌水水景
采光井
主景树池
雕塑组合
艺术景门
雕塑组合
迎宾树阵
28F
艺术雕塑
采光井
观景木平台
主景树池
涌泉
抬高式儿童乐园
亲水台阶
艺术景墙
观景木平台
壁泉
坐凳
艺术景门
车库出入口花架
岗亭
阳光草坪
景墙跌水
人防口
B-15#
B-1#
33F
A-7#
33F
雕塑组合
登高平台
跌水水景
水景
阳光草坪
组合雕塑
浪漫花海
台阶
风情廊亭
喷水景墙
水中树池
景观木桥
主题雕塑
实景样板区景观设计范围
看房通道
车库出入口花架
跌水水景
主景雕塑
迎宾树阵
错落水景
门廊组合
LOGO 景墙
艺术陶罐
喷水景墙
卵石带
主景树
特色景门
亲水木平台
景观灯柱
对称式小品
景石
休闲坐凳
组合雕塑
下沉式儿童乐园
休闲木平台
实景样板区景观设计范围
A-8#
33F

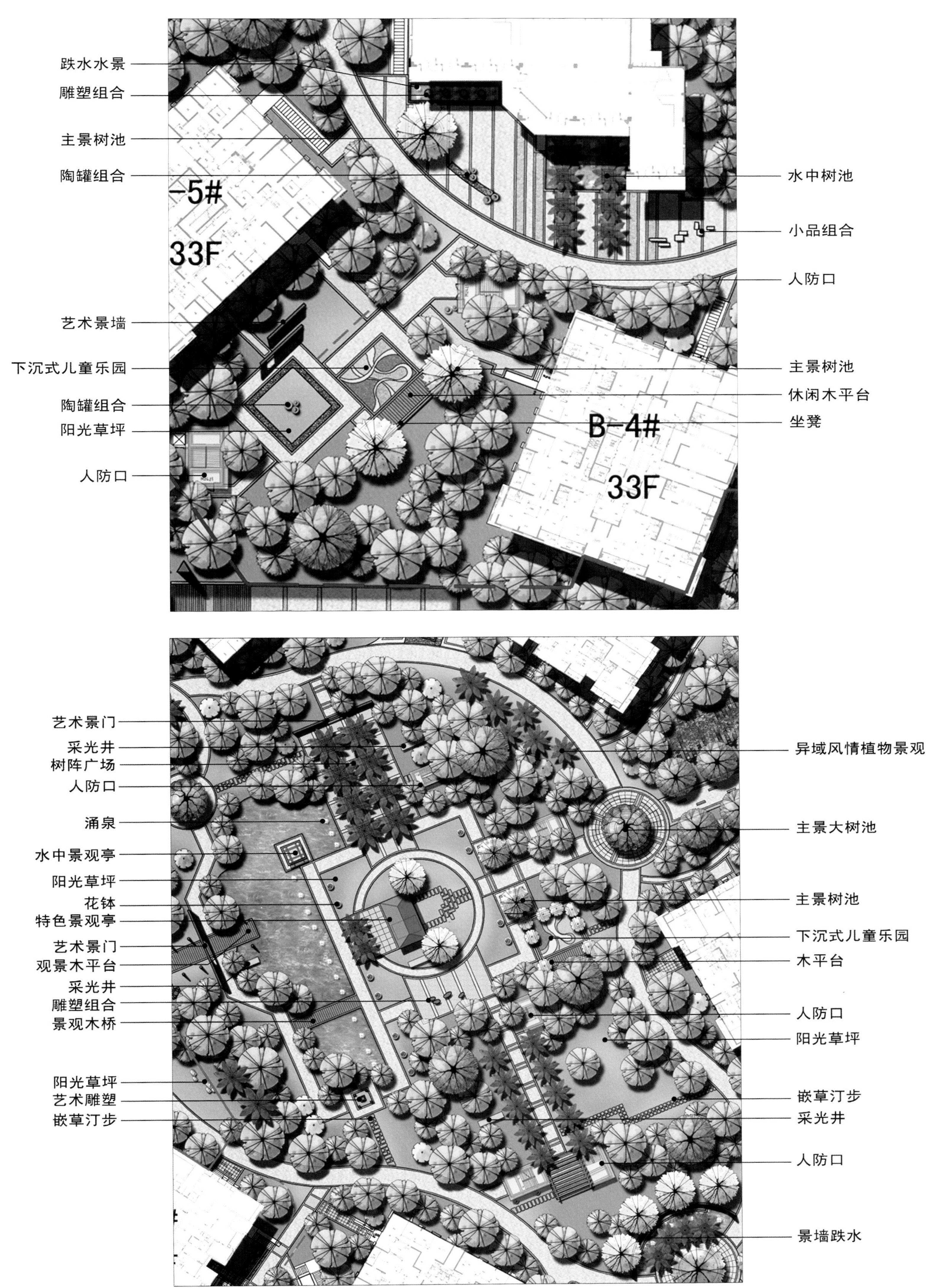

跌水水景
雕塑组合
主景树池
陶罐组合
-5#
33F
艺术景墙
下沉式儿童乐园
陶罐组合
阳光草坪
人防口
水中树池
小品组合
人防口
主景树池
休闲木平台
坐凳
B-4#
33F
艺术景门
采光井
树阵广场
人防口
涌泉
水中景观亭
阳光草坪
花钵
特色景观亭
艺术景门
观景木平台
采光井
雕塑组合
景观木桥
阳光草坪
艺术雕塑
嵌草汀步
异域风情植物景观
主景大树池
主景树池
下沉式儿童乐园
木平台
人防口
阳光草坪
嵌草汀步
采光井
人防口
景墙跌水

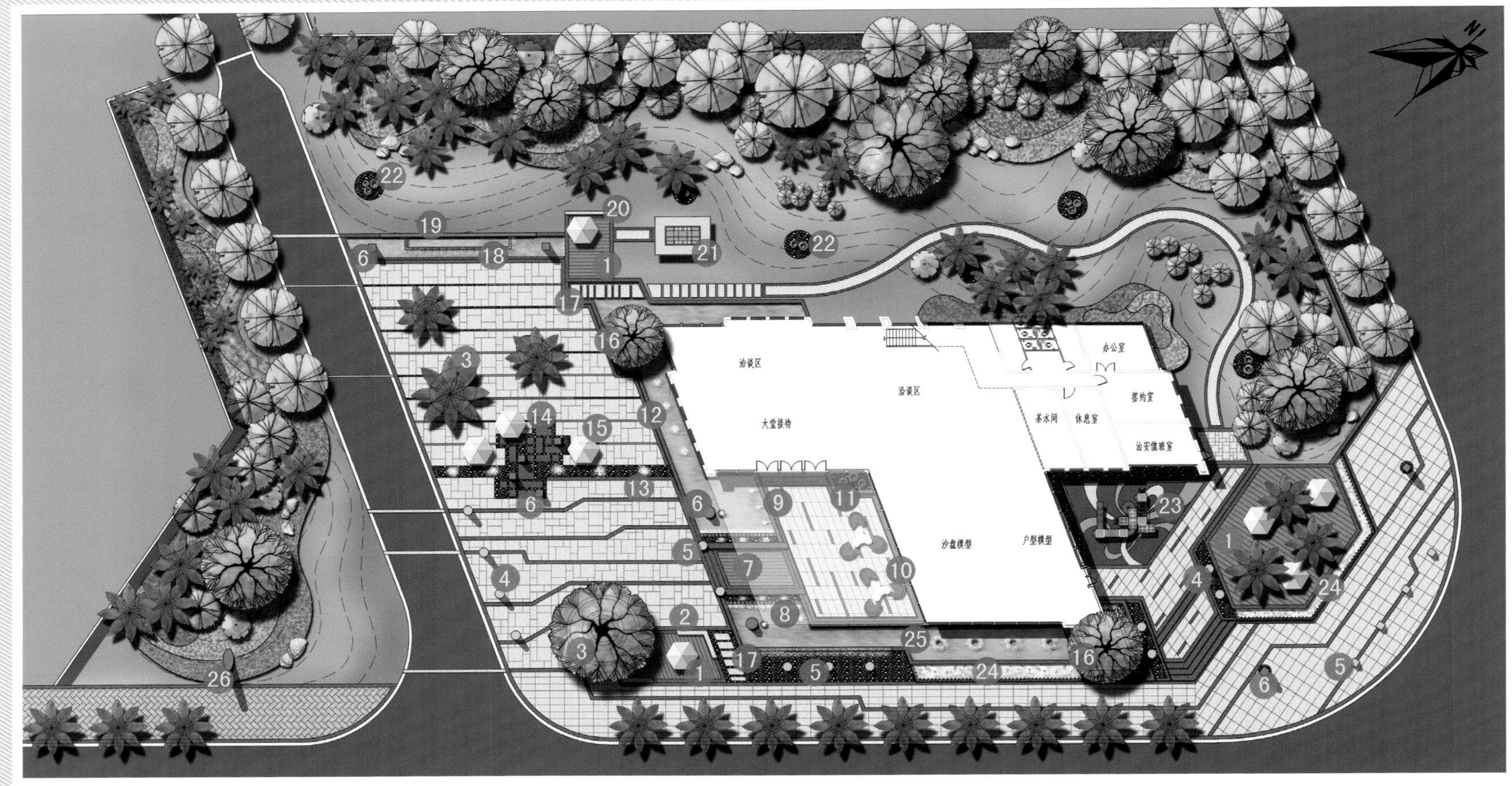

1. 休闲木平台
2. 艺术景墙
3. 主景树
4. 景观灯柱
5. 装饰柱头灯
6. 艺术雕塑柱
7. 特色流水桥
8. 特色跌水
9. 艺术景墙壁泉
10. 户外休闲座椅
11. 陶罐组合
12. 涌泉
13. 卵石带＋旱喷
14. 汀步嵌卵石
15. 休闲太阳伞
16. 水中主景树
17. 特色汀步
18. 跌水水景
19. logo 景墙
20. 艺术雕塑
21. 休闲景观亭
22. 卵石＋陶罐组合
23. 儿童乐园
24. 跌级花池
25. 涌泉陶罐
26. 指示牌

景观功能结构分析图

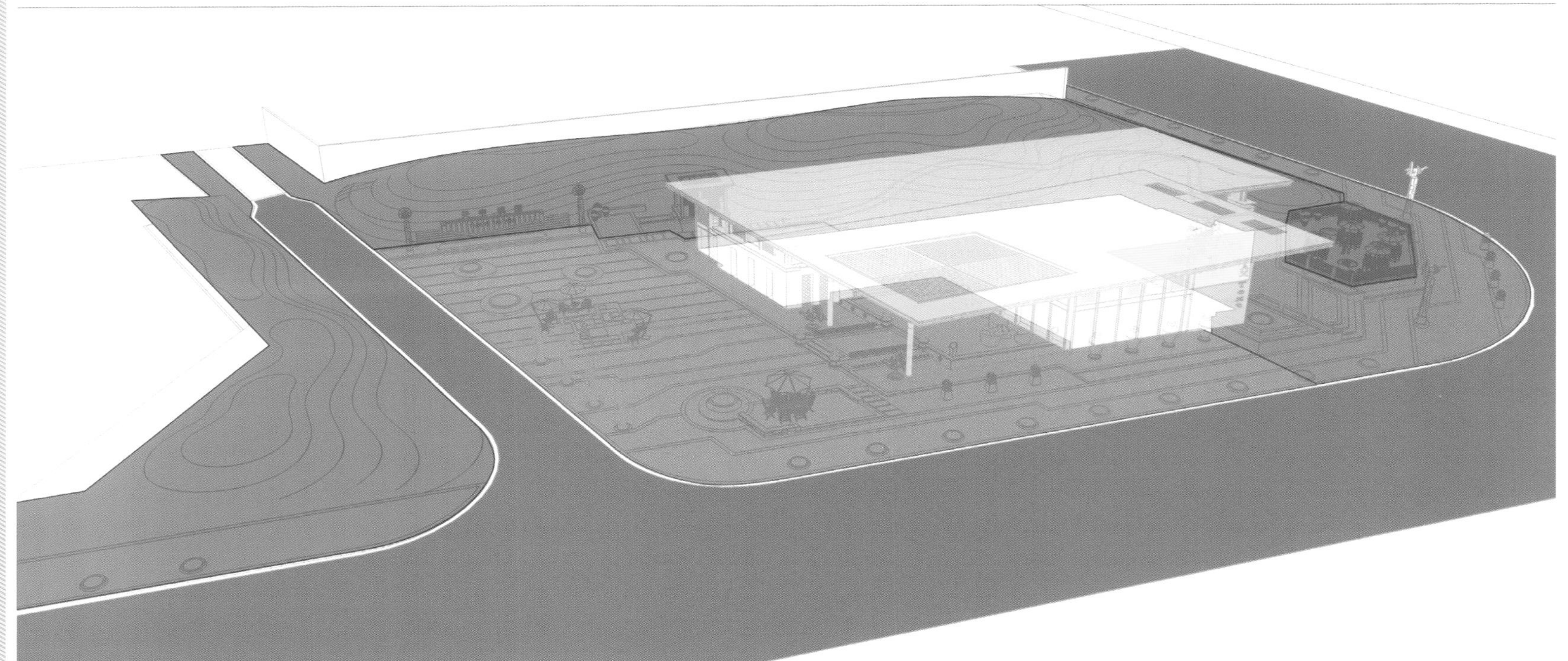

景观功能结构剖析 —— 围绕开放的、 游乐的、 体验的主题展开功能分区设计

强化地块之间的连通，包括景观与建筑的连通，同时包括景观与景观的连通。

强化景观视线的引导，运用硬质景观序列与软质景观序列来引导人们游览观赏视线。

强化一体化管理，主入口景观展示区、次入口景观展示区、儿童游乐区、休闲体验区实行广场化开放式管理。

- 主入口景观展示区 （开放式公共空间）
- 次入口景观展示区 （开放式公共空间）
- 儿童游乐区 （开放式公共空间）
- 休闲体验区 （半开放空间）
- 体验风情区 （开放式公共空间）

景观节点
景观视线
景观轴线

售楼部迎宾路
看房通道
市政车行道
来访车辆停放位置示意
售楼部出入口
体验游园路
市政人行道

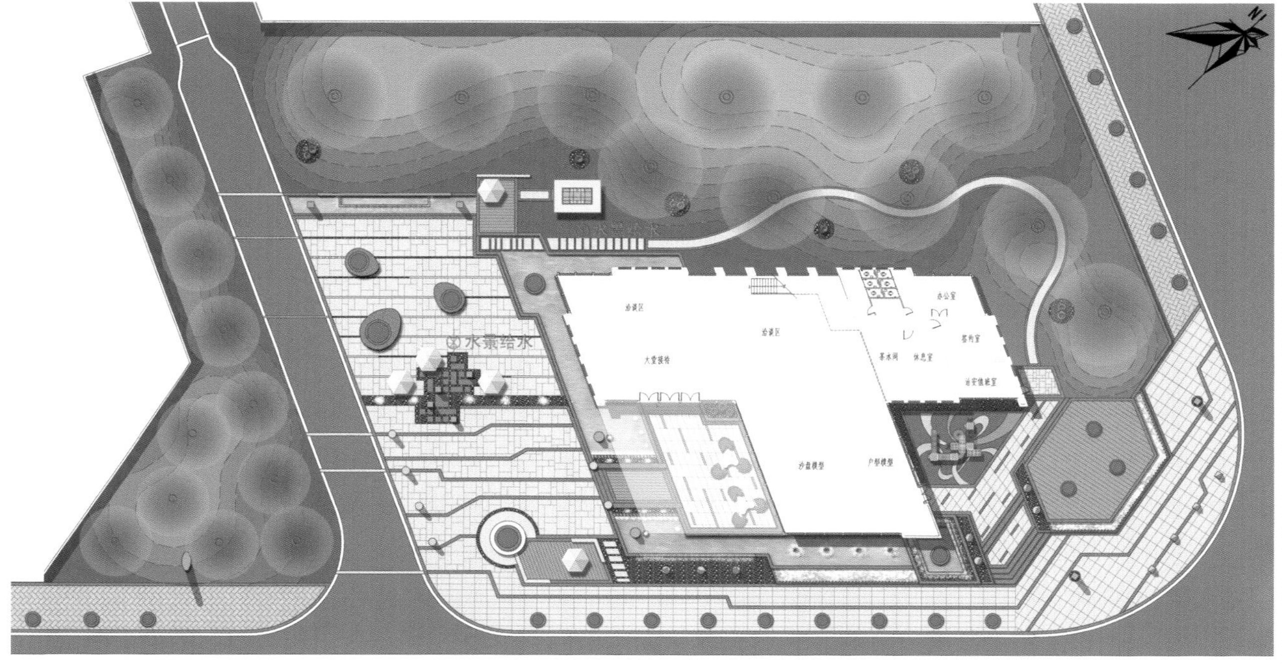

水景给水
自动喷头（直径8米）
自动喷头（直径15米）
水景给水

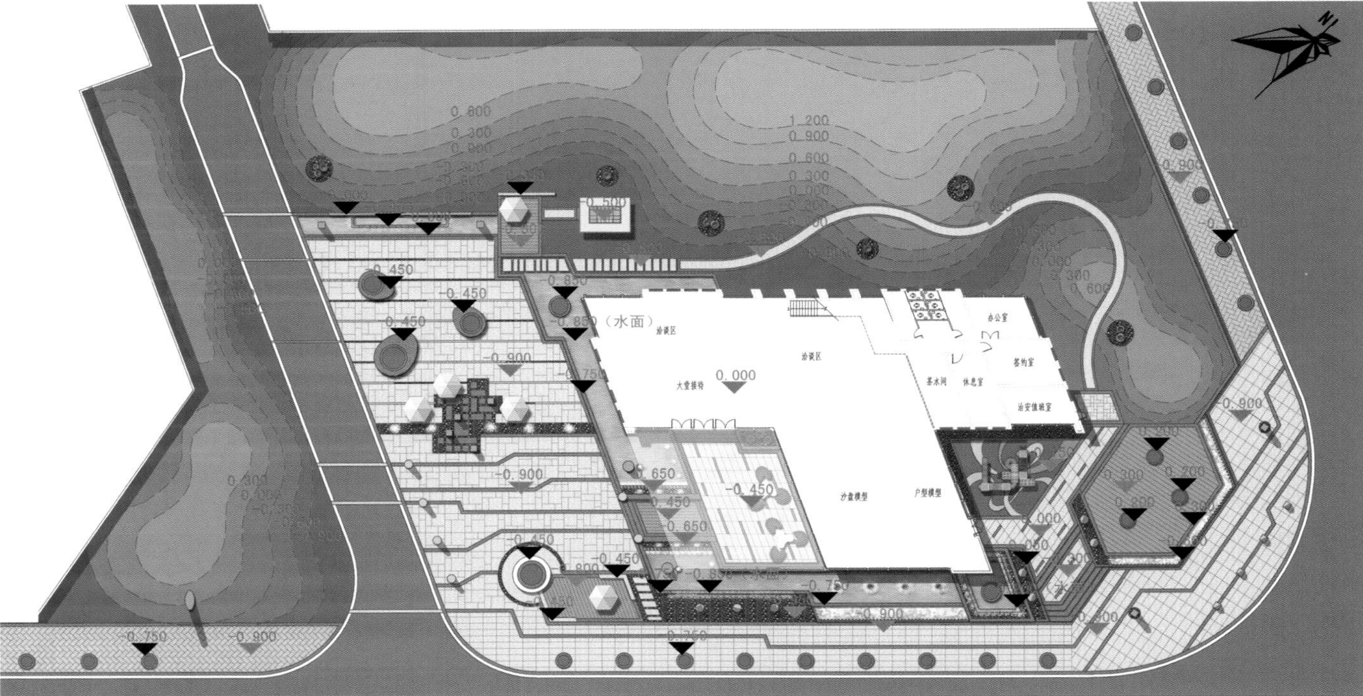

注：根据农科院项目售楼部原地形标高控制标高细化设计，结合景观竖向空间感、场地排水，以期达到多层次空间领域。以售楼部首层标高为±0.000。（售楼部首层标高比市政人行道高 0.9 米）

▼室外设计标高　▼树池、水池压顶设计标高　0.300 微地形设计标高

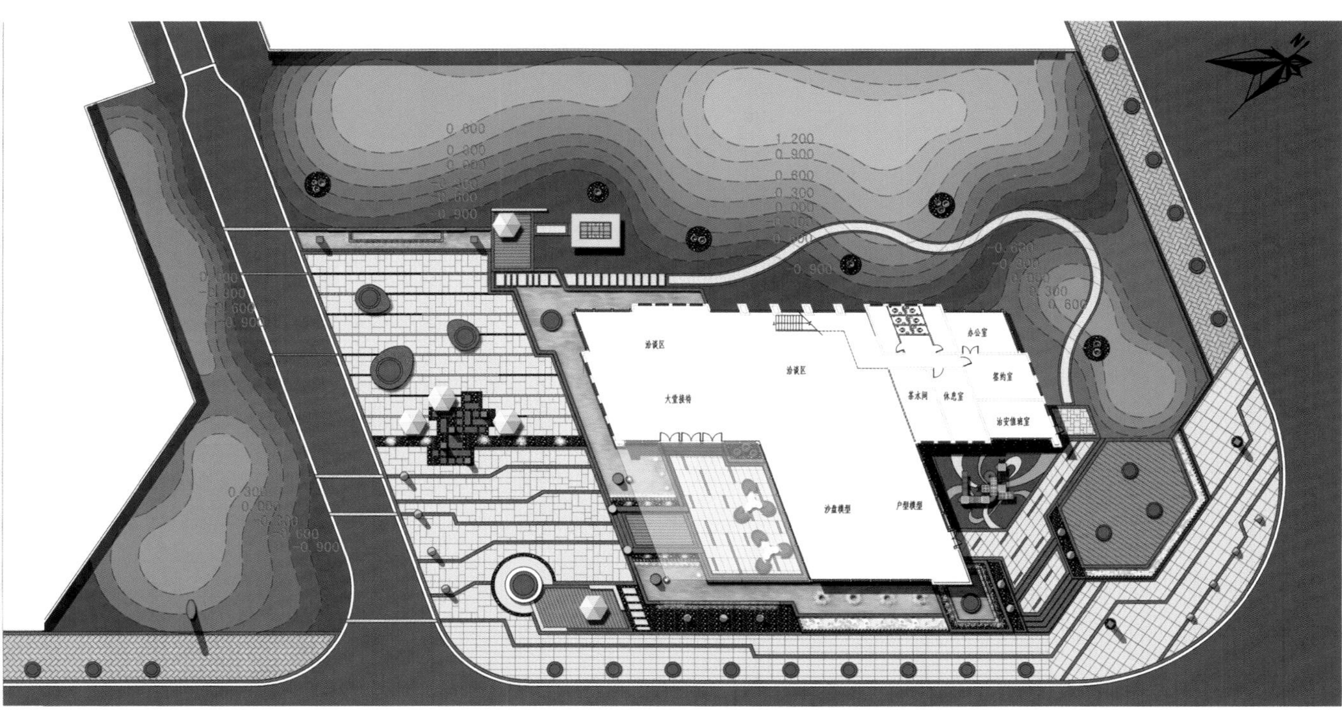

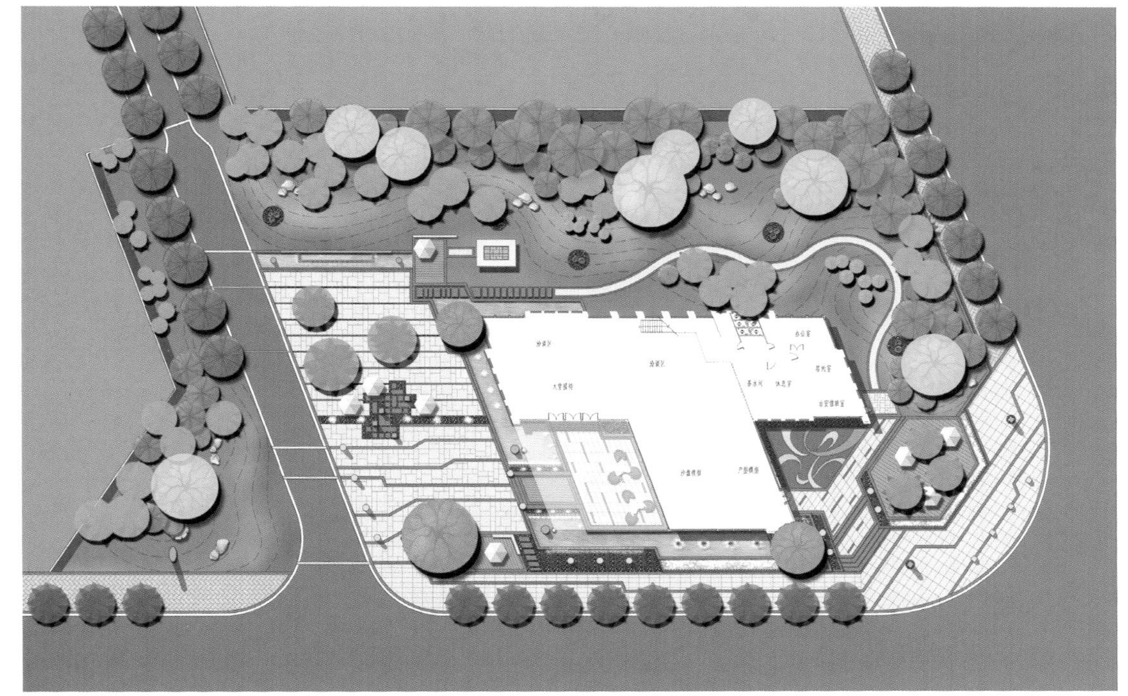

棕榈树

银海枣 A　D: 30-35cm, B: 350-400cm, H: 400-450cm
银海枣 B　D: 25-30cm, B: 280-330cm, H: 200-250cm
蒲葵 A　D: 25-30cm, B: 280-330cm, H: 550-600cm
蒲葵 B　D: 20-25cm, B: 250-300cm, H: 500-550cm
三药槟榔 B: 120-170cm, H: 250-300cm
散尾葵 B: 200-250cm, H: 250-300cm
苏铁 B: 120-170cm, H: 100-150cm

主景树

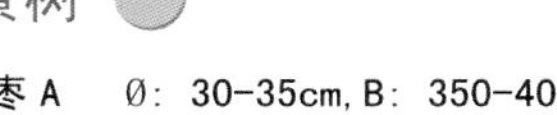

银海枣 A　Ø: 30-35cm, B: 350-400cm, H: 400-450cm
桂花　Ø: 20-22cm, B: 450-500cm, H: 600-650cm
凤凰木 A　Ø: 33-35cm, B: 500-550cm, H: 700-750cm

基调树

小叶榄仁　Ø: 13-15cm, B: 380-430 cm, H: 600-650cm
细叶紫薇　B: 150-200 cm, H: 180-230cm
广玉兰　Ø: 15-17cm, B: 500-550 cm, H: 650-700cm
黄槐　Ø: 10-12cm, B: 280-330 cm, H: 350-400cm
鸡冠刺桐　Ø: 13-15cm, B: 300-350 cm, H: 350-400cm
银杏 Ø: 20-22cm, B: 500-550 cm, H: 650-700cm

行道树

老人葵 D: 45-50cm, B: 250-300 cm, H: 350-400 cm
小叶榄仁　Ø: 13-15cm, B: 380-430 cm, H: 600-650cm

点景树

凤凰木 B　Ø: 20-22cm, B: 500-550cm, H: 650-700cm
滇朴 Ø: 18-20cm, B: 500-550cm, H: 700-750cm
秋枫 Ø: 30-35cm, B: 500-550cm, H: 650-700cm
红花羊蹄甲　Ø: 20-22cm, B: 500-550cm, H: 650-700cm

乔灌木品种定位图

地被分析图

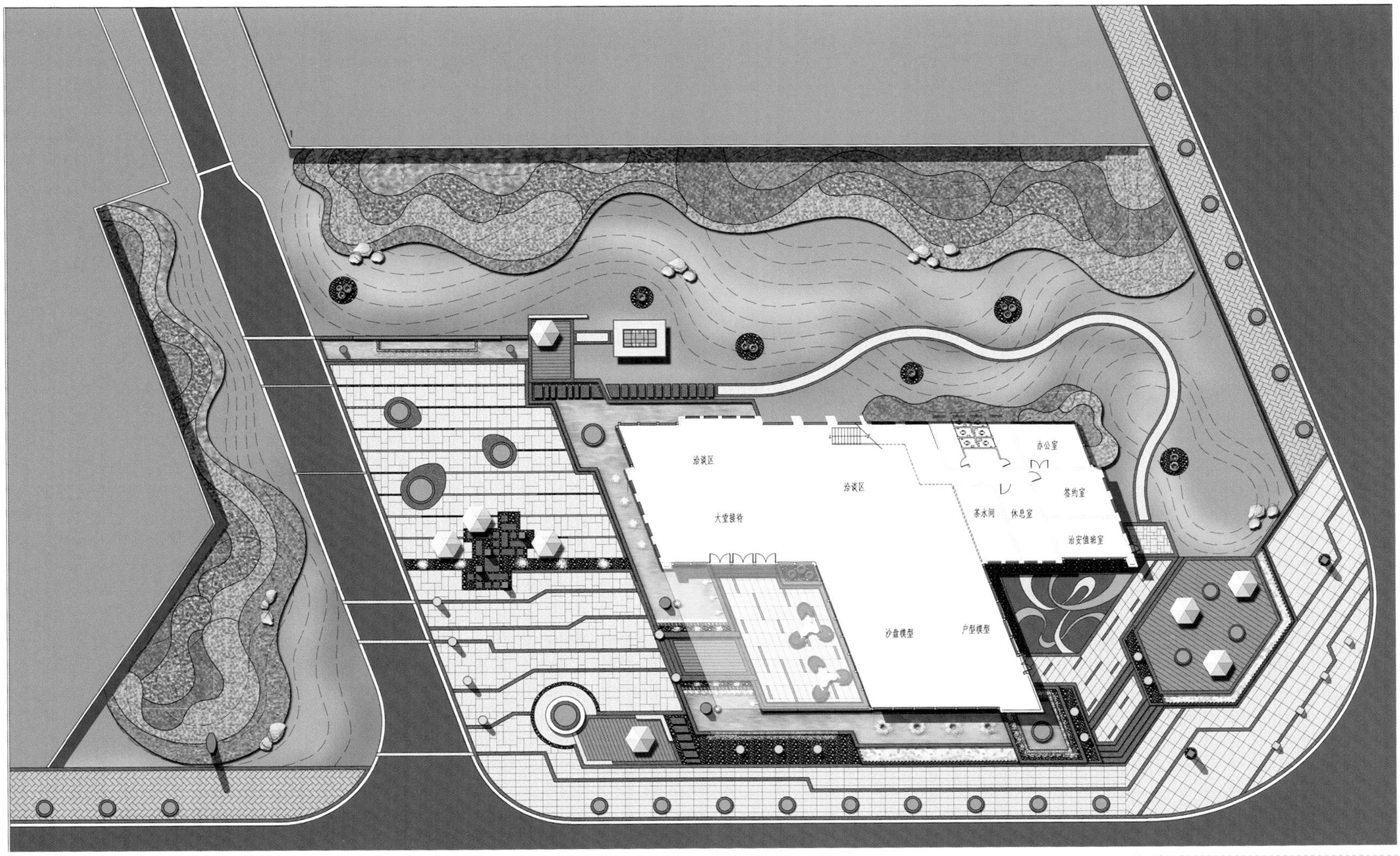

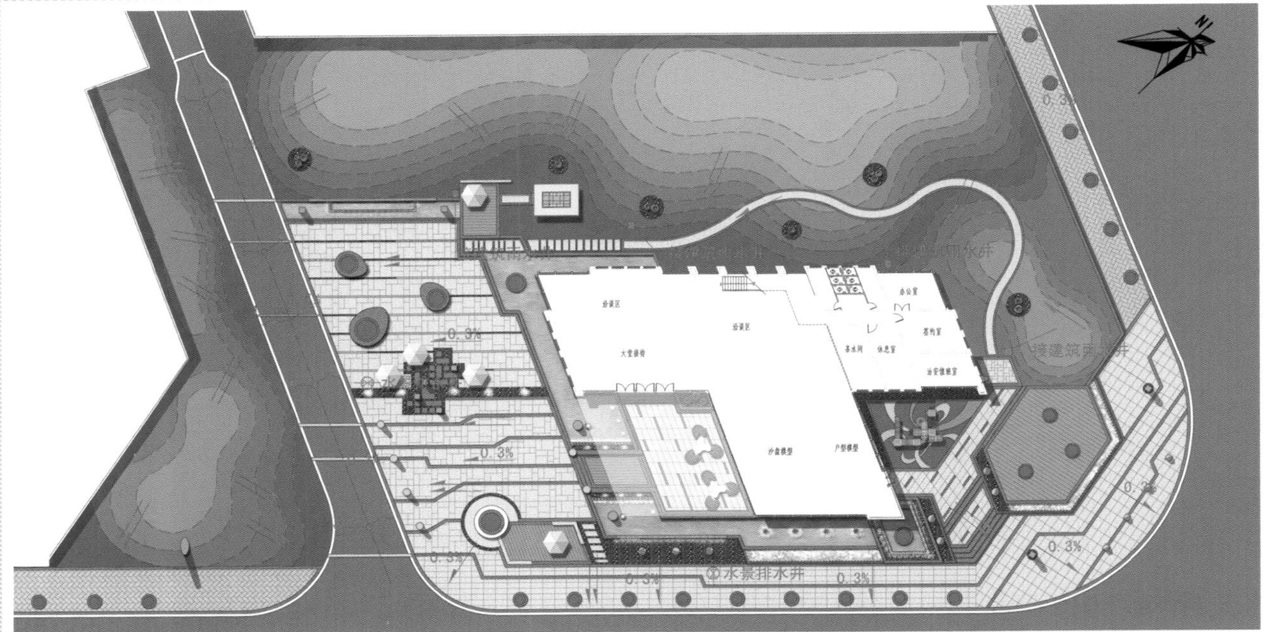

景观排水方案以场地竖向标高、道路广场排水坡度为设计依据，结合售楼部建筑排水。基本上将地表水排向四周道路，进入排水管沟；同时将部分草坡水排向建筑外侧雨水管沟。我们试图将场地硬质地段的胀缝与排水管沟完美结合，以期达到韵律美。

排水方向
排水坡度方向
水景排水井
雨水井

天宇桃园
TIAN YU TAO YUAN

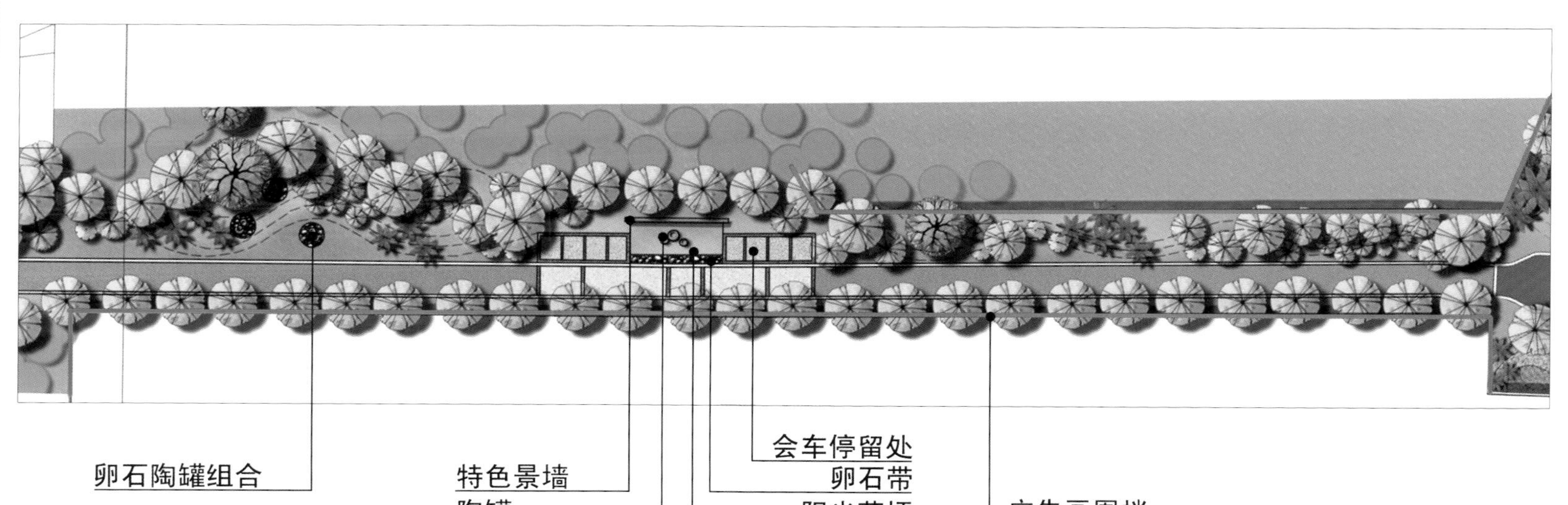
会车停留处
卵石陶罐组合
特色景墙
卵石带
陶罐
阳光草坪
广告画围挡

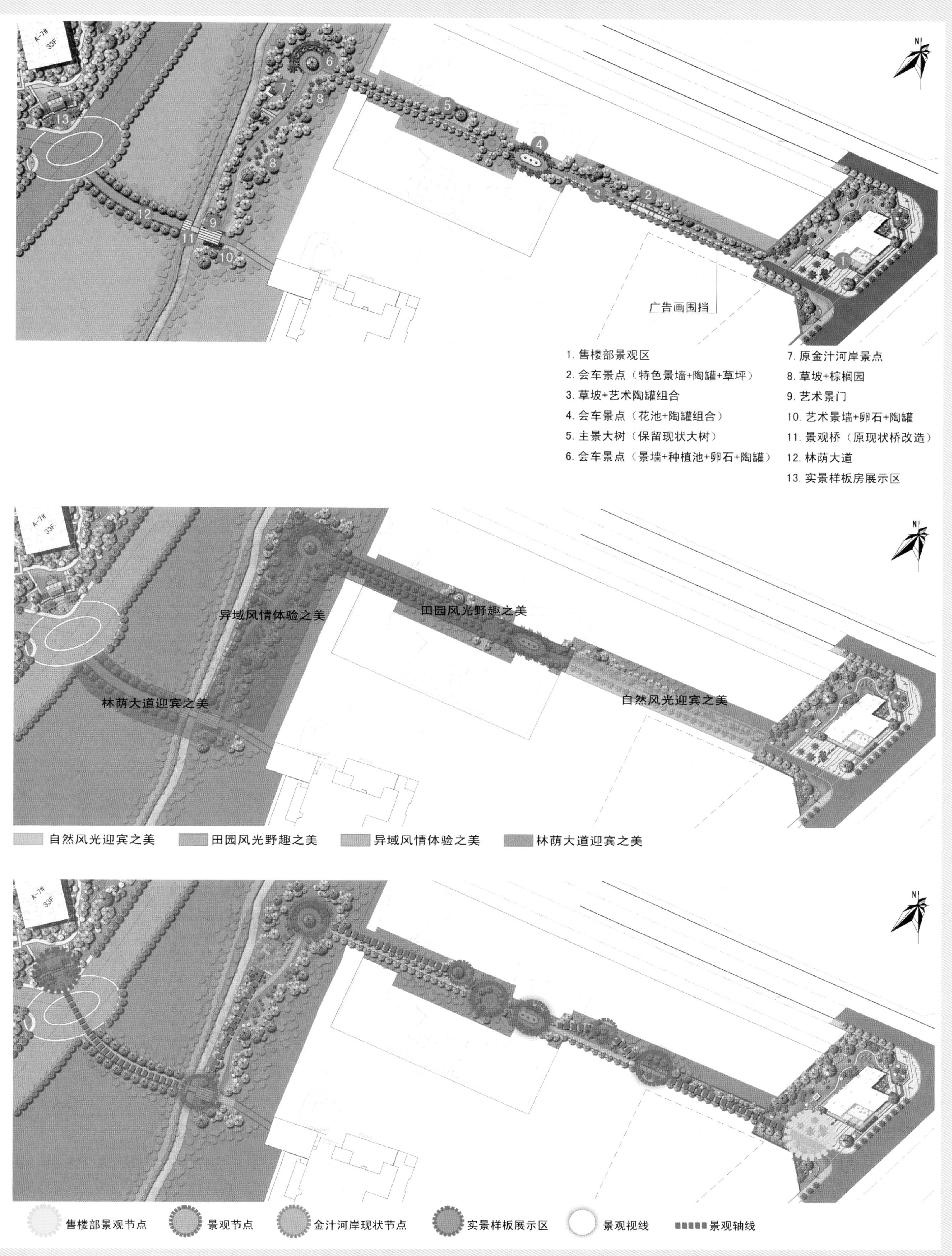
A-7#
33F
广告画围挡
1. 售楼部景观区
2. 会车景点（特色景墙+陶罐+草坪）
3. 草坡+艺术陶罐组合
4. 会车景点（花池+陶罐组合）
5. 主景大树（保留现状大树）
6. 会车景点（景墙+种植池+卵石+陶罐）
7. 原金汁河岸景点
8. 草坡+棕榈园
9. 艺术景门
10. 艺术景墙+卵石+陶罐
11. 景观桥（原现状桥改造）
12. 林荫大道
13. 实景样板房展示区
异域风情体验之美
田园风光野趣之美
林荫大道迎宾之美
自然风光迎宾之美
自然风光迎宾之美
田园风光野趣之美
异域风情体验之美
林荫大道迎宾之美
售楼部景观节点
景观节点
金汁河岸现状节点
实景样板展示区
景观视线
景观轴线

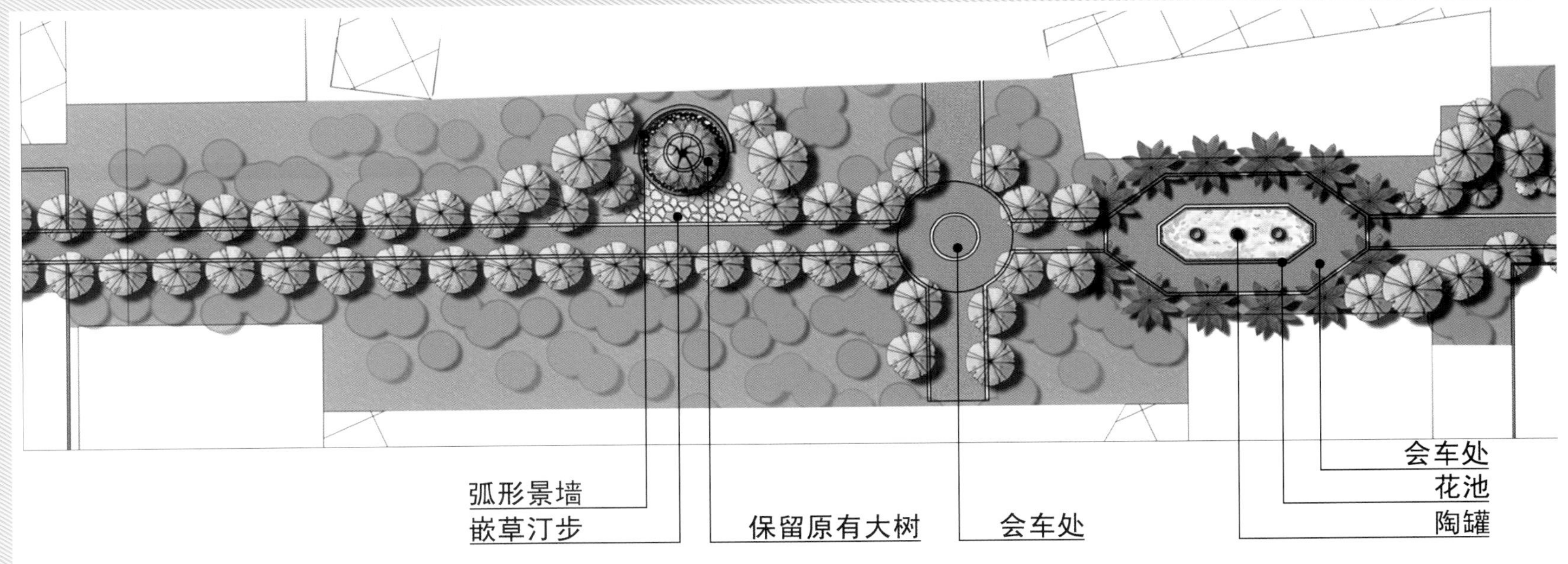
弧形景墙
嵌草汀步
保留原有大树
会车处
会车处
花池
陶罐

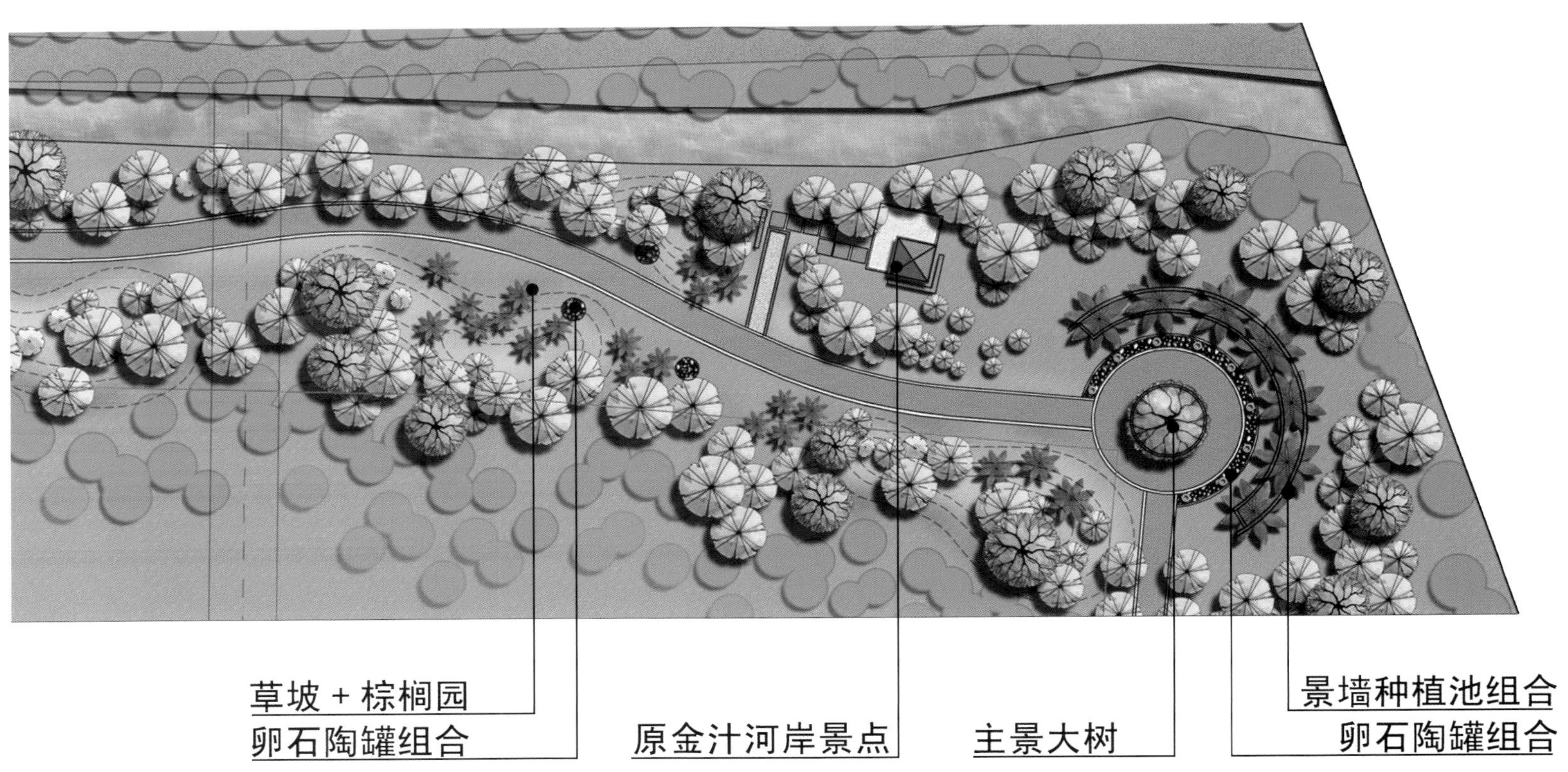
草坡＋棕榈园
卵石陶罐组合
原金汁河岸景点
主景大树
景墙种植池组合
卵石陶罐组合

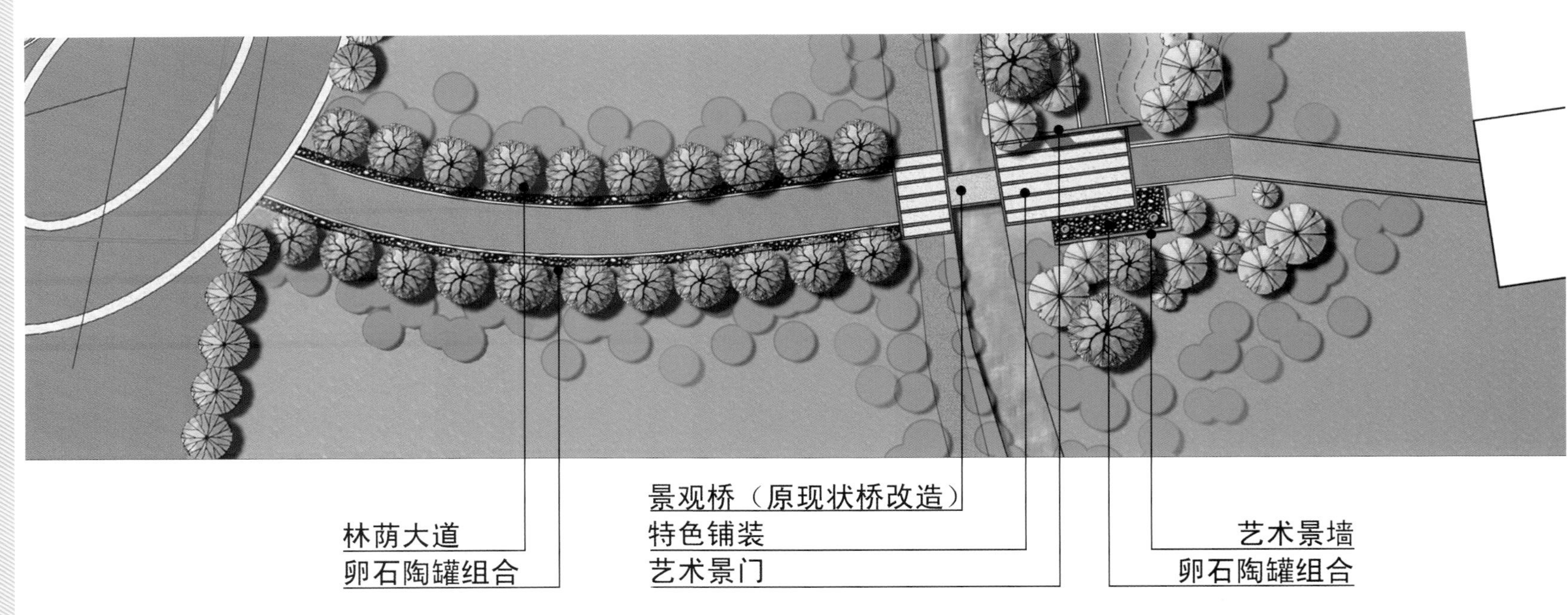
林荫大道
卵石陶罐组合
景观桥（原现状桥改造）
特色铺装
艺术景门
艺术景墙
卵石陶罐组合

扬州大学城尚城

项目地点：江苏省扬州市
设计单位：广州市太合景观设计有限公司

本项目的景观设计体现了扬州的传统生活习惯，并结合“以人为本”的新都市主义理念，使其整体风格与建筑形式相互映衬，同时延续大学城校园宁静、生态的景观优势，倾力打造时尚、现代的中高档社区。

小区在建设进度上分为一期景观区和二期景观区，在功能上分为商业景观区和内庭休闲景观区，后者包含了会所景观区、别墅景观区、幼儿园景观区、中心水景区和组团景观区等小区园林景观。

一期景观区包含了商业景观区、内庭休闲景观区，后者包含了会所景观区、组团景观区和地面集中停车区。

商业区包括两个部分，一部分地处社区的背面，是独立的商业街，面向社区住户及大学城的学生、老师等。商业街设置了座凳、景观灯柱、花钵、太阳伞、雕塑等，铺装设计上合理搭配色彩与线条，结合点式水景，营造了活泼、热情的现代商业氛围。另一部分是社区内部的商业街，从人行主入口进入，绕过极具特色的标志叠水景墙，迎面而来的是现代灯柱，商业街的中轴线上是砂岩雕塑喷水柱、带座凳的景观树池、人水互动的小汀步，道路两边是带座凳的特色灯柱……在这样美丽、优雅的环境中，住户可以愉快地购物、休闲地漫步、感受时尚。

内庭景观区是以会所景观区为中心，由园路接各个组团景观区。会所临水而立，似乎是一艘停泊于蓝色港湾的玻璃船，大气优雅、美丽非凡。会所的设计借鉴了阳光车库的设计思维，把景观和休闲场所延伸到地下，既增加了会所的容积率，又营造了一处独特的休闲健身场所，并且充分利用了会所的天台，建成了花园式的露天吧。坐在桌旁，吹着凉爽微风，喝着咖啡，远眺湖景，美不胜收，凸显非凡品味。

二期景观区包含了别墅和内庭休闲景观区，后者包含了中心水景区、幼儿园景观区、组团景观区和地面集中停车区。

二期内庭景观区以水系为灵魂，依水而造景。中心水景区的园林水系，渗透到小区的各个角落，蜿蜒曲折的水景引导人的流线和视线，沿水边设置小的园林景点，达到步移景异的效果，并且延续了扬州“小桥流水人家”的传统。住户入口景观设计实现了户户有景，达到住宅设计的均好性。材料上除刚硬的水泥外，还大量运用石材、硬木、烧结砖等拙朴却舒适的材质，同时与玻璃、钢等结合，营造前卫、现代的风格。每一个组团都设置了儿童游乐设施及健身设施，使该小区成为住户一家老小的健身、娱乐天地。小区内一条自然河道，把别墅区和内庭休闲景观区分开，使别墅区独立于整个社区，增强了其隐私性，易于管理。沿河设置平台、木栈道、钢构架等，为人们营造一个休闲娱乐的场所，让人与自然更加亲近。

1 入口标志墙
2 岗亭
3 景观灯柱
4 砂岩喷水柱
5 水中树池
6 水中汀步
7 木座凳与灯柱
8 景观树池
9 景观雕塑
10 树阵广场
11 会所（二层）
12 会所（下沉一层，负一层为会所）
13 休闲桌椅
14 亲水木平台
15 水中雕塑
16 叠水景观
17 阳光草坪
18 休闲桌凳
19 矮景墙
20 雕塑喷泉
21 景观亭
22 木座凳
23 景墙
24 汀步
25 水中平台
26 木桥
27 抬高的树阵广场
28 景观廊
29 景石
30 景观大树
31 木平台
32 健身乐园
33 景门
34 木栈道
35 喷水景墙
36 花架廊
37 亲水平台
38 水中绿岛
39 木座凳与树池
40 回车广场
41 亲水台阶
42 砂岩花钵
43 景观构架
44 特色铺装
45 折式木座凳
46 彩色地被
47 停车位
48 行道树
49 跑道
50 架空层景观

一期景观区
商业街景观区
二期景观区
中心水景景观区
会所景观区
别墅景观区
组团景观区
幼儿园景观区
地面集中停车区

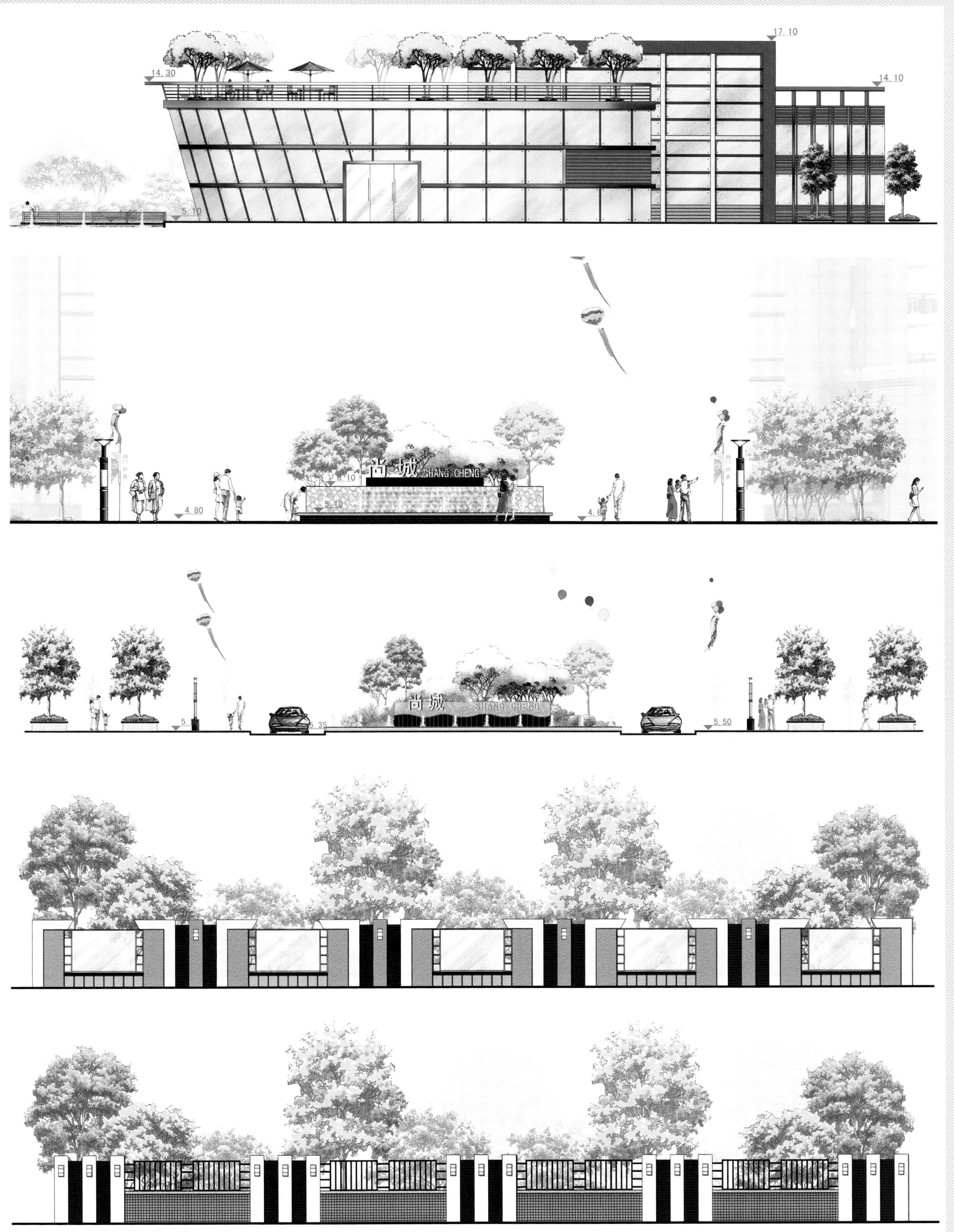
17.10
14.30
14.10
5.10
尚 城
SHANG CHENG
5.10
4.80
尚 城
SHANG CHENG
5.35
5.50

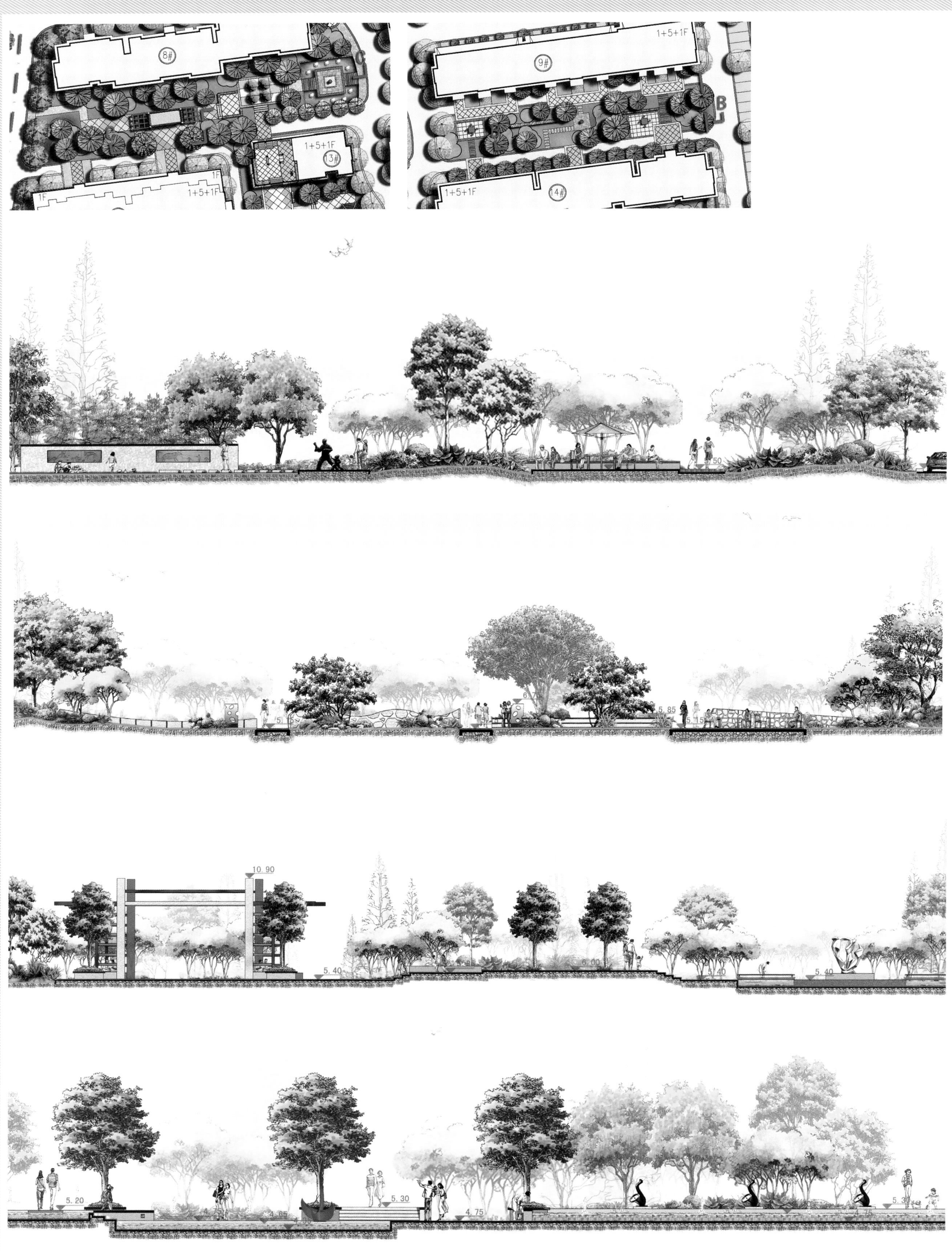
8#
1+5+1F
13#
1F
1+5+1F
9#
1+5+1F
14#
1+5+1F
5.85
5.15
10.90
5.40
6.00
5.40
5.40
5.20
5.30
4.75
5.30

9.80
8.10
8.80
4.80
9.95
8.45
7.95

C
B
C
D
D
D
5+1
10.10
8.60
5.10
5.20
公寓楼
配电
6.60
5.40
5.40
D
D
5+1
D
D
5+1
9.70
4.80
4.65
4.80
4.80
B
C
C
5+1
C
10.65
4.70
5.00
5.10
5.15
5.00
5.00

清远富盈•御墅莲峰

项目地址：清远市
项目委托：富盈集团
主创设计师：丁炯
项目总监：林维顺
方案团队：李烨、何国平、丁友、王浩雪、向艳
植物设计：杨丽萍、陈丽娟、李彬
项目面积：124 643㎡

御墅莲峰项目整体规划用地面积为124 643㎡，建筑面积46 697㎡，容积率2.3。其中除去展示区20 078㎡的面积，本次景观设计面积为40 770㎡。由于该地块周边开发尚未完善，配套设施尚不齐全，如何在项目整体的建筑景观规划上弥补不足，充分利用今后周边地块规划带来的机遇，是本次项目的最大挑战。

御墅莲峰项目依据其建筑的立面的新古典主义表现，在景观上也做此风格定位。

整个小区以东向山体绿化为背景，西、南、北向围绕着高层建筑，中部基本为别墅及少量多层住宅，使得整个小区内部景观不受外界干扰，自成一体。主水景及会所的中心布置，使整体景观呈辐射发散状展开，归纳而言可谓为“四区三带两街”。

“四区”即“入口景观区”“中心景观区”“主组团景观花园”及“次景观组团花园”。其中“入口景观区”与“中心景观区”相连形成整个小区的景观主轴，“主组团景观花园”及“次景观组团花园”则由于建筑的阻隔，自成体系，服务于宅间邻里。四区景观，依据其位置、服务人群及功能需求的不同亦各有千秋。入口及中心景观区为凸显高雅气质，展现高端生活品质，以时而涓涓细流、时而气势恢弘、变幻万千的水景来应变；两个组团花园则主打休闲娱乐，养心、生态次组团的密林花镜带你领略自然的芬芳，主组团的草坪旱溪让你感受家乡般的浓郁风情。身处其间，移步易景，或停、或行，都有让你细腻品味的画卷；或归家、或访友，都会让你有别样荡漾的情怀。

“三带”即三条高层组团景观带。其带状的大空间框定了景观的主形式——即点线的结合。宅间的中心节点联系着两端的入户平台，这种将回家之路以绕开集中的方式，不但减少了横向上道路过多景观过碎的问题，也将栋与栋之间的联系更加紧密。蜿蜒的弧形园路结合些许硬朗的直线以及灵动的汀步，使得整个带状景观富于变化，不再单调。不耽误归家的心切，同时又有精致的小景可赏，御墅莲峰想带给您的便是这样的贴心周到。

“两街”即西向与南向的两条主干道上的商业街。这两条商业街区的设置有着无可替代的意义。西向上，小区临近清三公路，这是该地域一条主干车行道，整个小区主入口的开口面亦在此路段上，大量的人流及便利的交通资源都决定着其商业的巨大价值；南向上，原有地块上的村民加之小区今后的入住人群，已保证了该商业街的客源，今后在此方向上将规划建成的镇政府广场更是让该区成为黄金地段的绝佳理由。商业街的铺装在这两个方向上也展现不同的风格，西向上规整重复，南向上灵动韵律，从高处俯瞰也是一片连卷的画轴，而垂直上的绿化更让这画卷生气盎然。

不论是“区”还是“带”的模式，总而言之都是极力将景观统一起来，加强联系。不论是别墅、多层亦或高层，都环以绿植，极力营造自然的围合空间，却又不阻隔各自之间的联系。公共休闲聚会空间，有张有弛，给不同人群以不同的空间感受。在这里，总有你所想的、要的；在这里，总有你所倾心留恋的；在这里，你所要做的便是让自己身处其中，让心灵自由感悟。

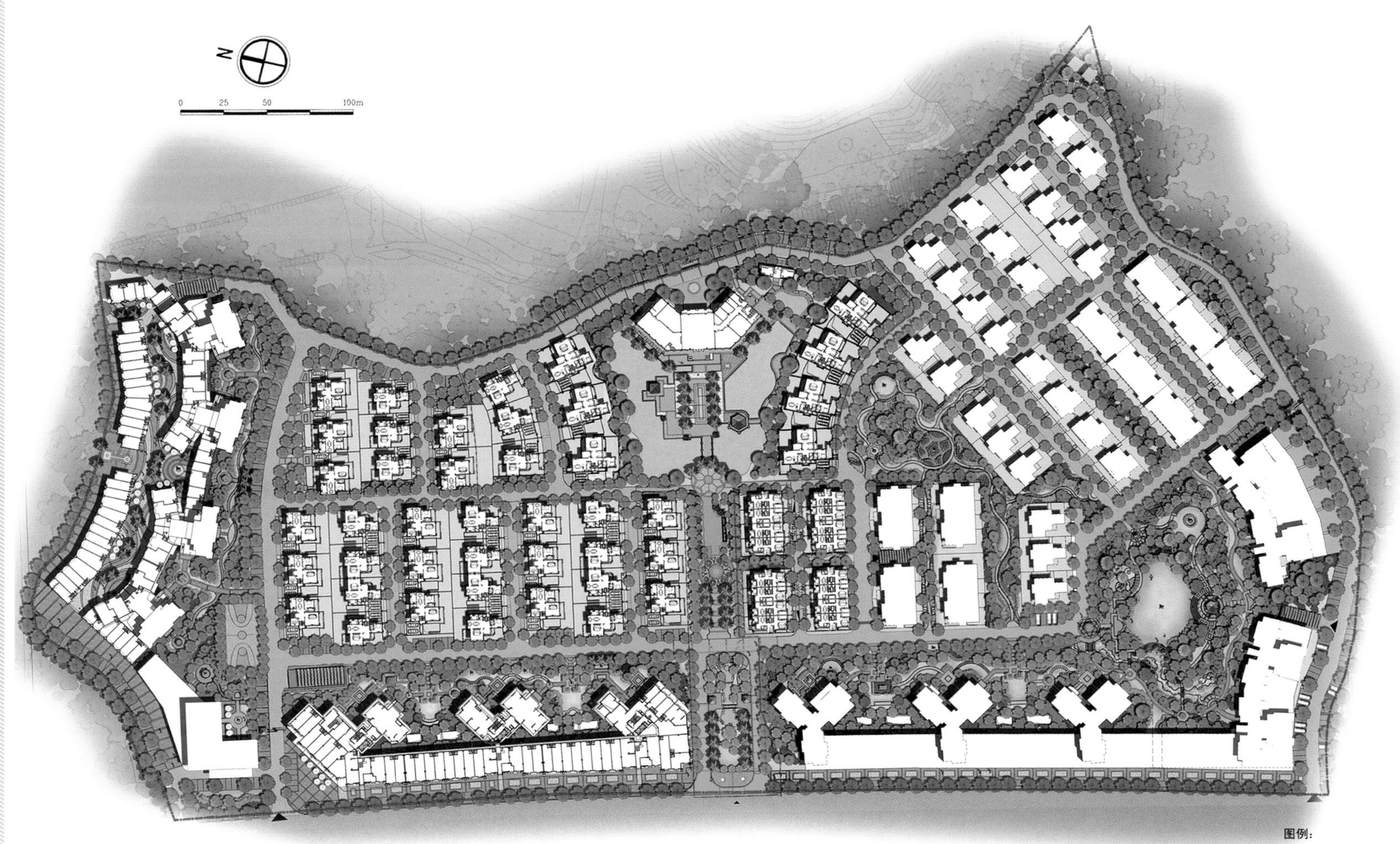

图例:
小区主入口
小区次入口
景观主轴线
景观次轴线
主景观节点
次景观节点
儿童活动区
N
0 25 50 100m
图例:
小区主入口
小区次入口
小区人行流线
商业街人行流线
N
0 25 50 100m

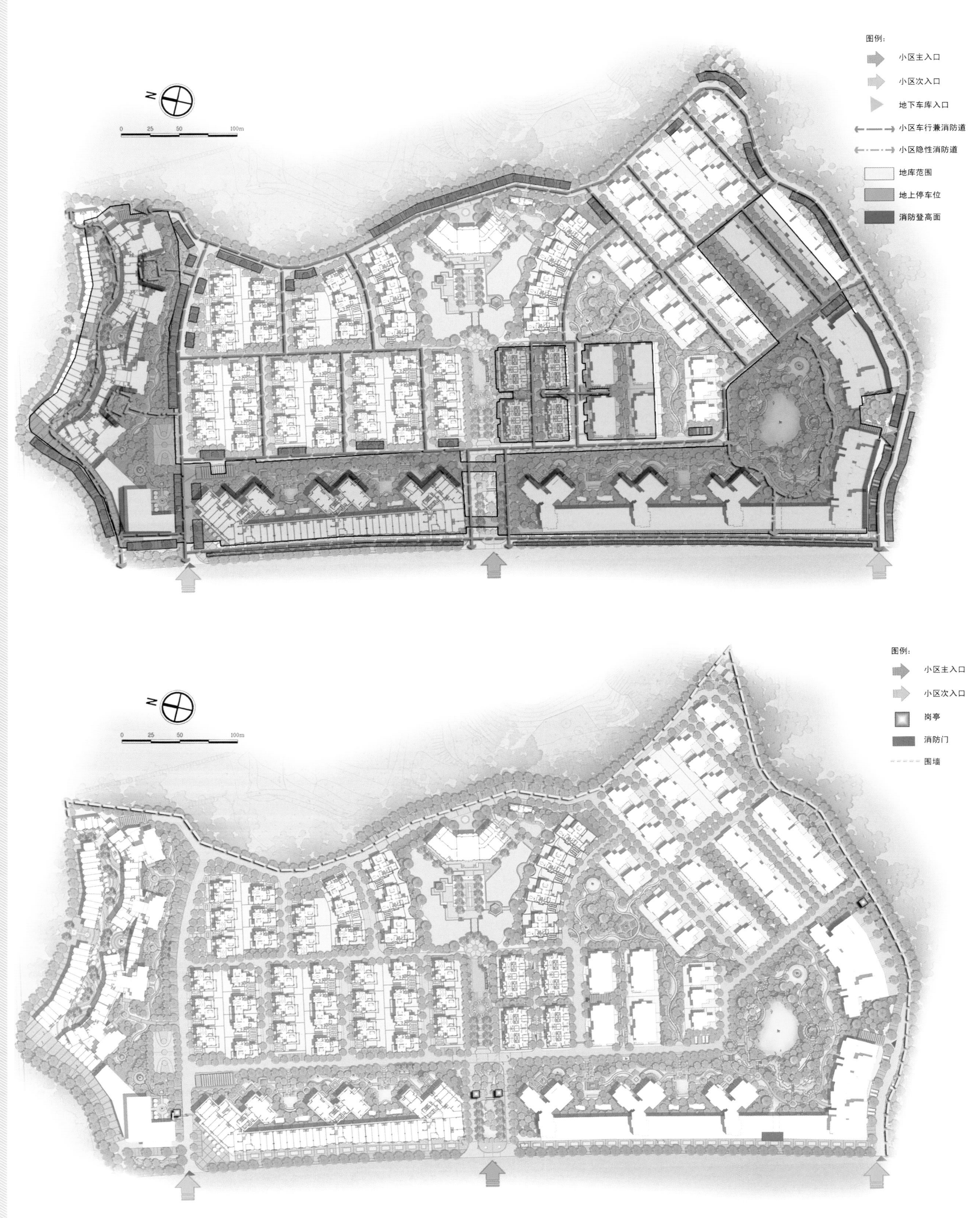
图例：
小区主入口
小区次入口
地下车库入口
小区车行兼消防道
小区隐性消防道
地库范围
地上停车位
消防登高面
0 25 50 100m
图例：
小区主入口
小区次入口
岗亭
消防门
围墙
0 25 50 100m

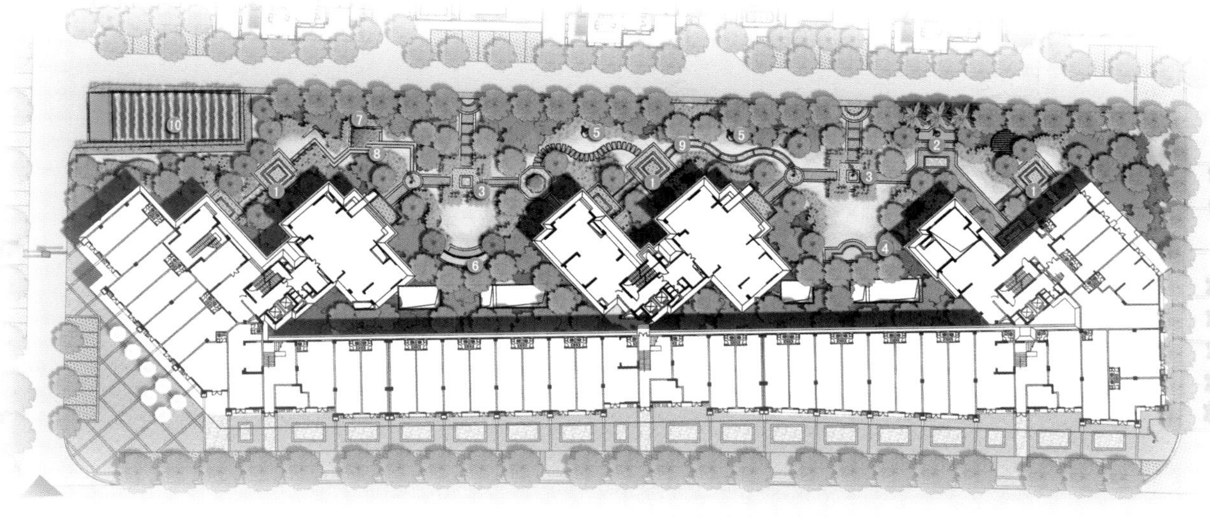

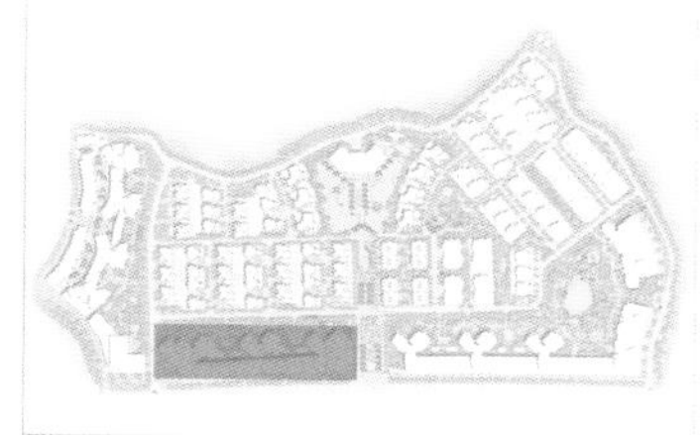

图例：

1. 入户平台
2. 喷水景墙
3. 休闲邻里中心
4. 特色水景
5. 特色雕塑
6. 跌水水景
7. 特色景墙
8. 木栈道
9. 观景步道
10. 小区地下车库入口

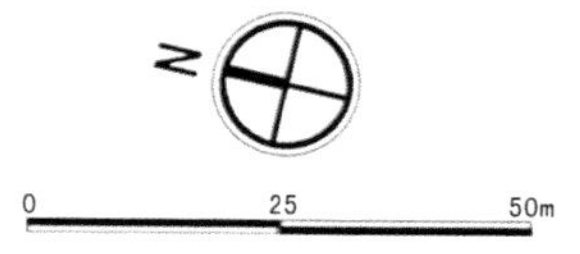

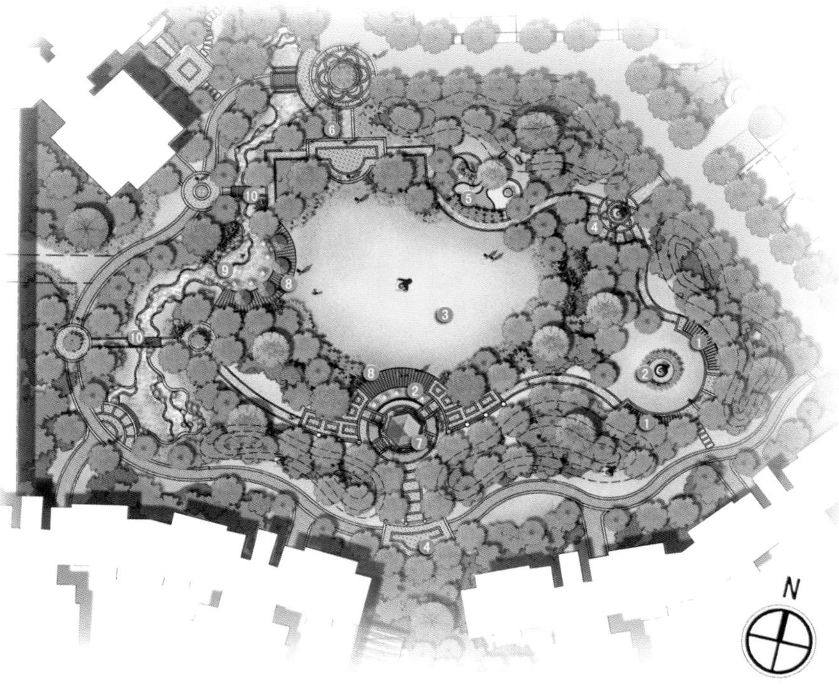

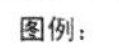

图例：

1. 景观廊架
2. 特色水景
3. 阳光草坪
4. 观景平台
5. 儿童游乐场
6. 特色水景广场
7. 景观亭
8. 亲水木平台
9. 旱溪景观
10. 景观桥

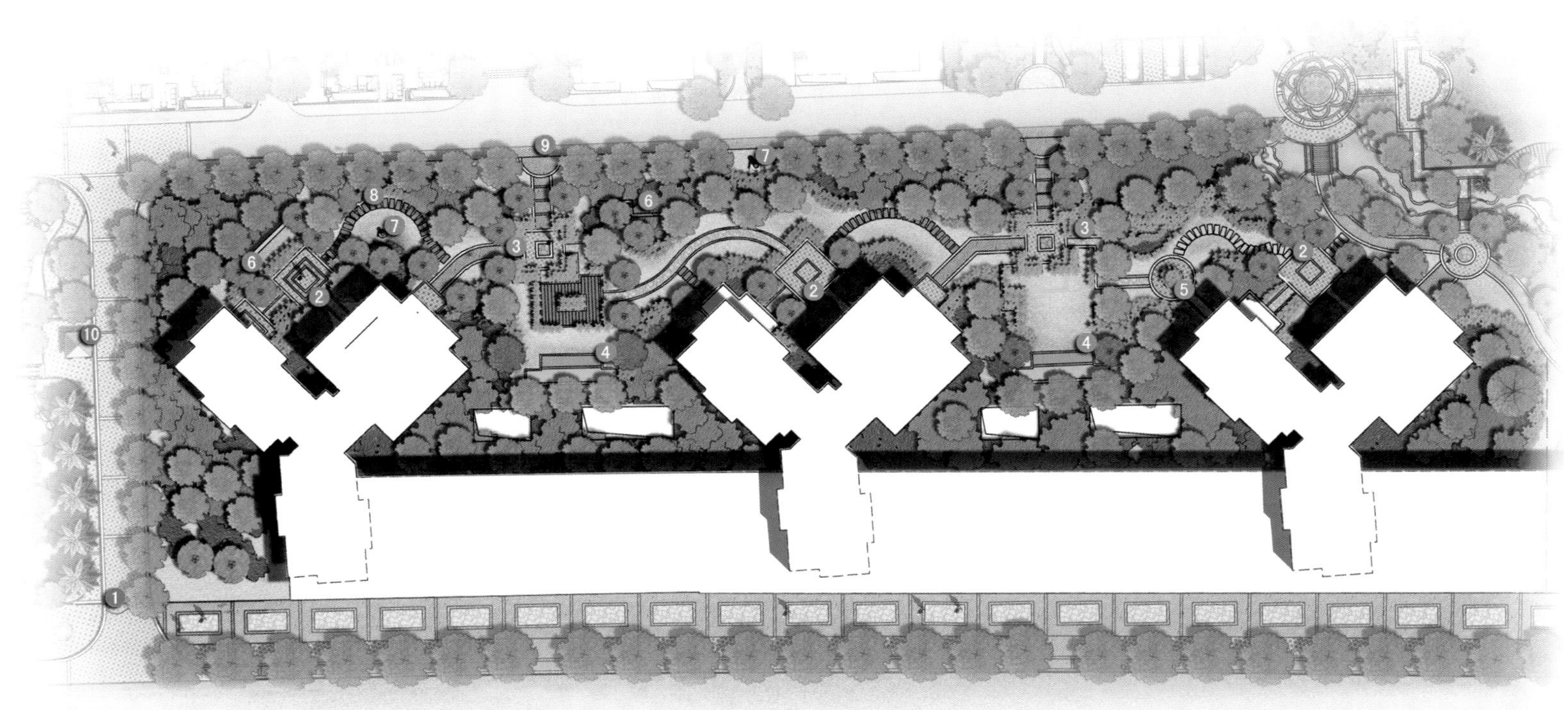

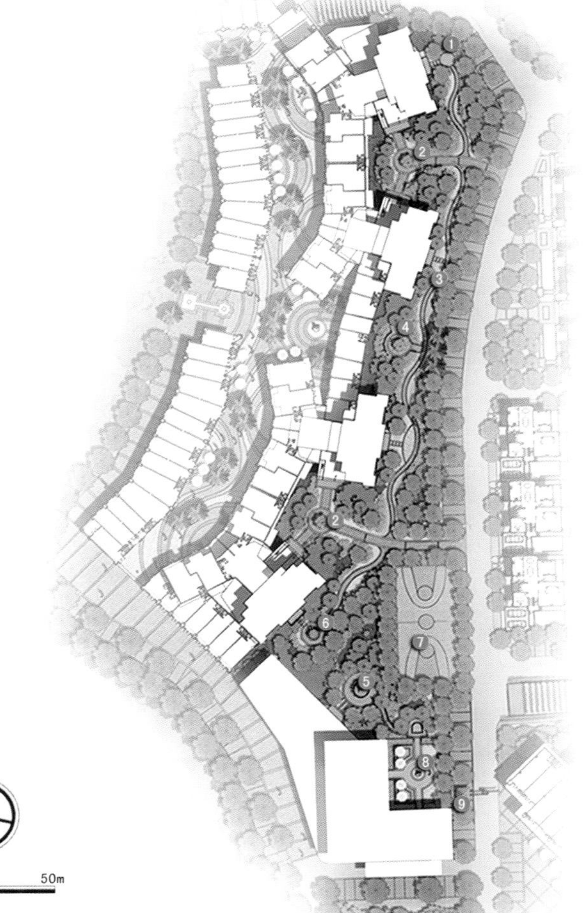

图例：

1. 景观平台
2. 入户平台
3. 观景步道
4. 休闲平台
5. 特色雕塑
6. 乘凉休闲中心
7. 篮球场
8. 特色水景广场
9. 岗亭
10. 小区出入口

图例：
1 景观廊架
2 特色雕塑
3 健康步道
4 景观园路
5 特色水景广场
6 花境
7 阳光草坪
8 木平台
9 田园花境
10 宅间绿化
N
0 25 50m
section
section
地库入口
花钵座墙休闲区
中心景观亭
观景&休闲木平台
阳光草坪
旱溪景观
小区公路

重庆隆鑫玫瑰山庄（江上）别墅区

项目地点：重庆市
开发单位：重庆隆鑫地产集团
景观设计：普梵思洛（亚洲）景观规划设计事务所

该项目位于重庆市，定位为花园式生态江景社区。会所建筑风格为欧式风格，庭院为现代中式。景观设计运用“空间对比”“空间不断变化”来突出小中见大，丰富变化的现代中式空间；还运用中式园林最经典的“借景”“框景”“漏景”手法，其中常见的石头、荷花、花瓶、屏风等中式元素用现代手法处理体现品质感；通过与中国人心目中的回纹、龙纹、脸谱等具有深厚文化内涵的抽象元素符号相结合进行设计，同时适当运用晶莹剔透的材料等进行点缀。作为小区的会所和展示区，对主入口和道路主要营造一种迎宾的气氛，一个轻松浪漫的环境。泳池区域通过主题元素的体现，使空间更加丰富，体验更加完美；而小区的入口空间，通过中式的转折空间，简约的中式水景元素，将传统韵律带入生活。别墅区分为石之园、花之园、风之园、光之园、竹之园、水之园、舫之园、曲之园八种私家庭院特色。植物风格精致，注重品种的多样性和多种空间的营造。

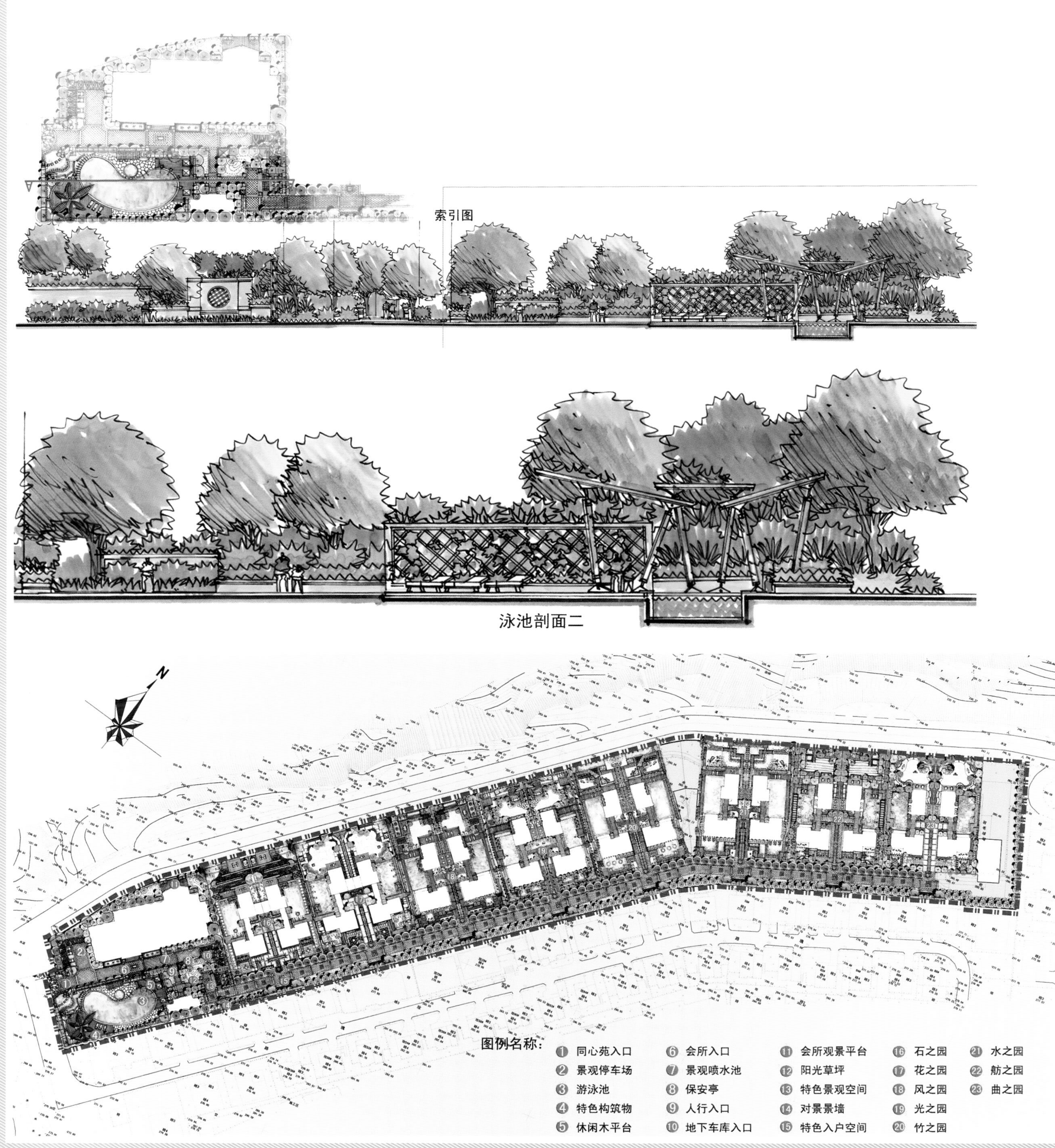

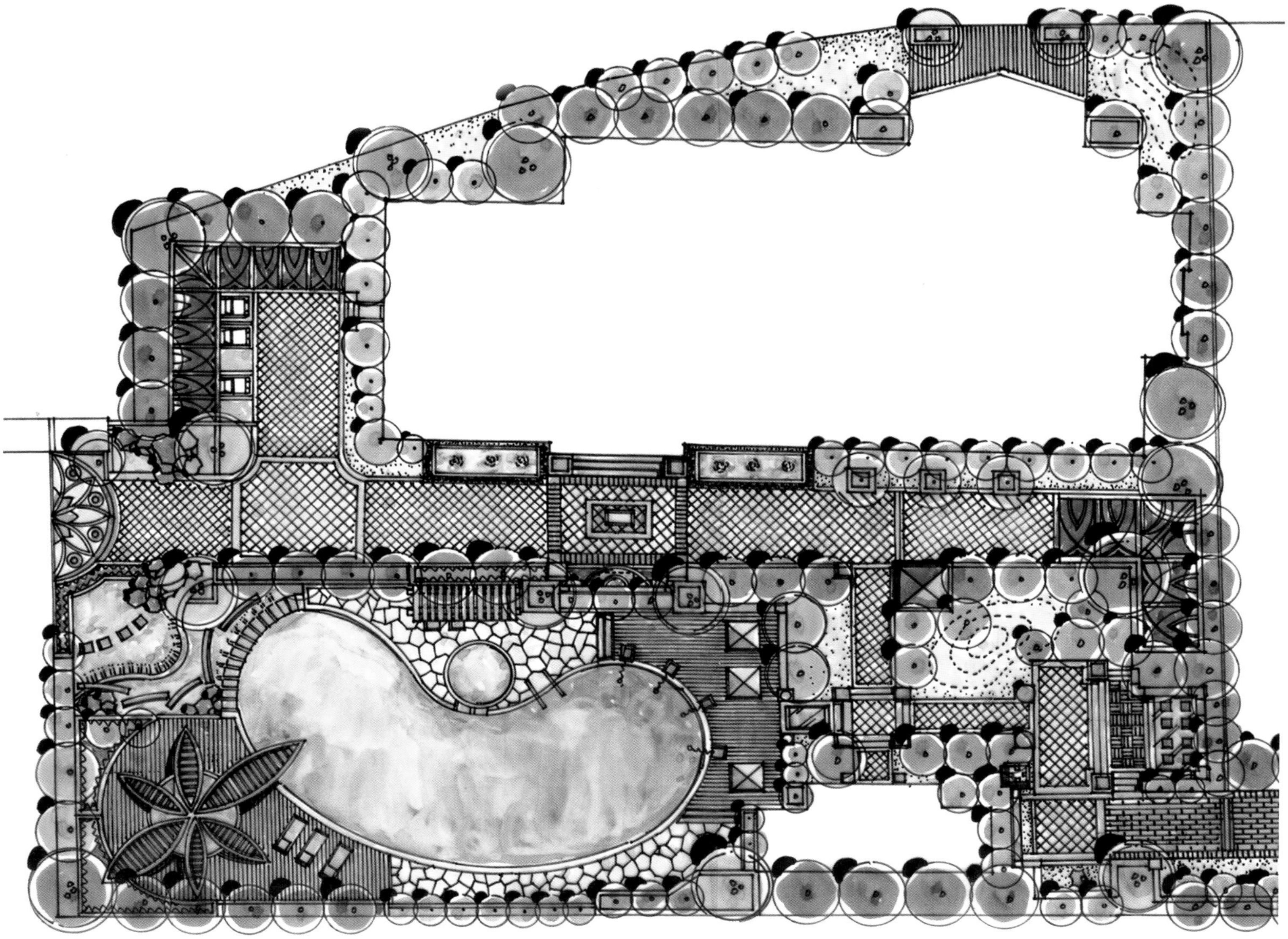

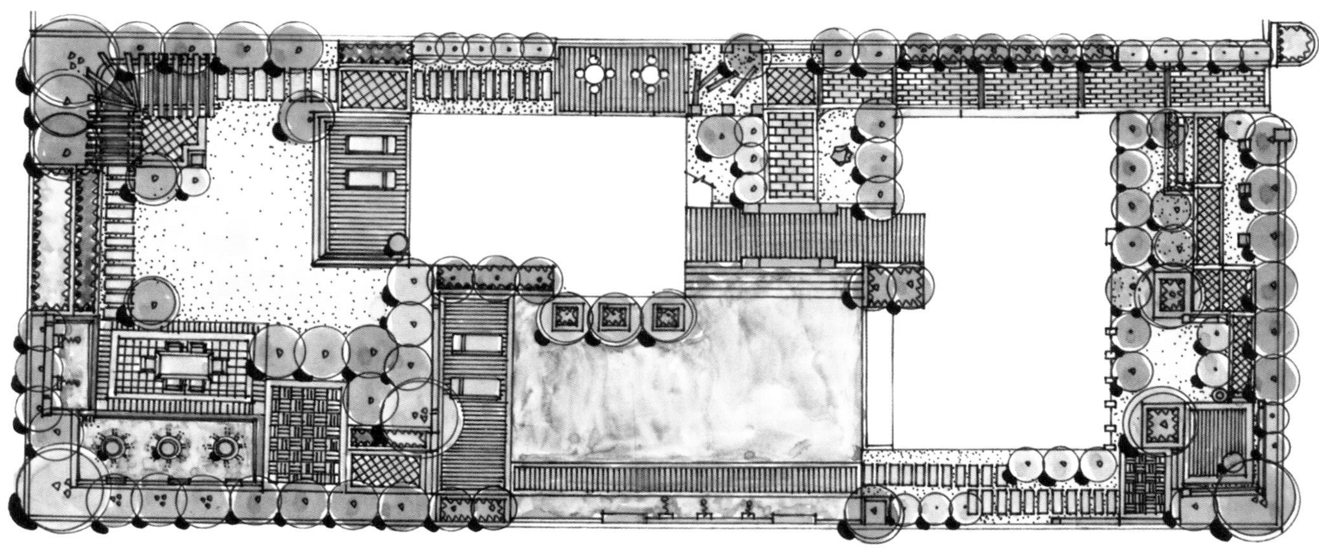

江上

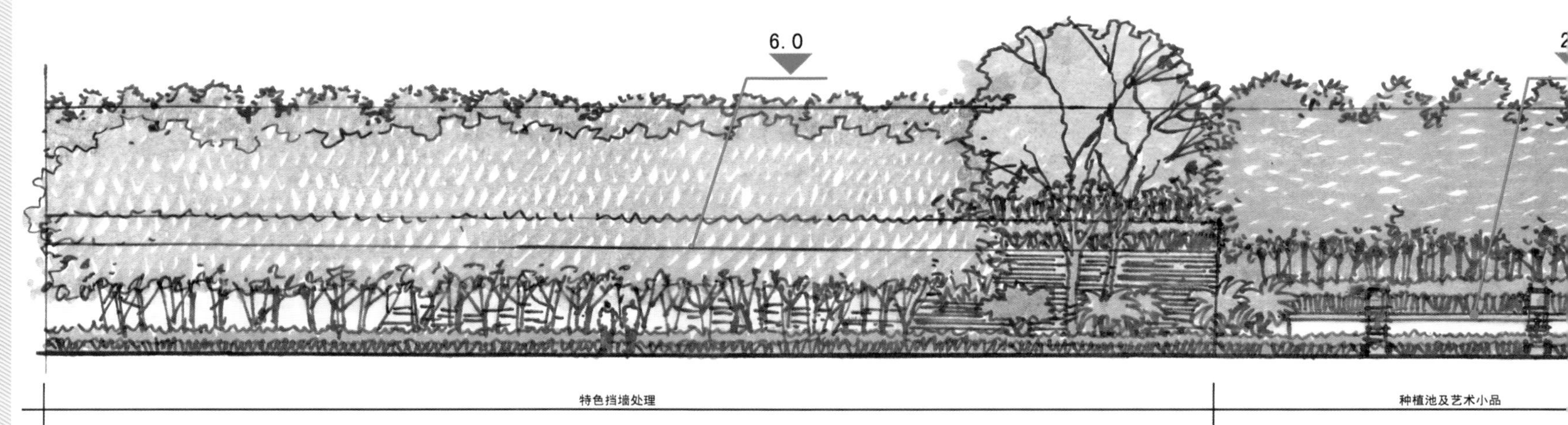
6.0
特色挡墙处理
种植池及艺术小品

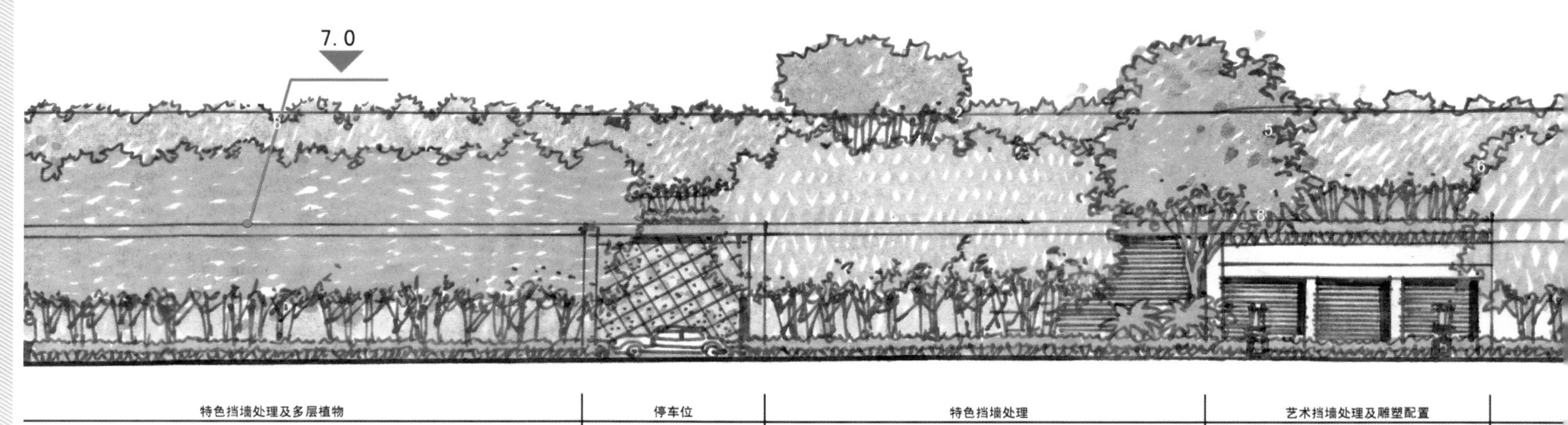
7.0
特色挡墙处理及多层植物
停车位
特色挡墙处理
艺术挡墙处理及雕塑配置

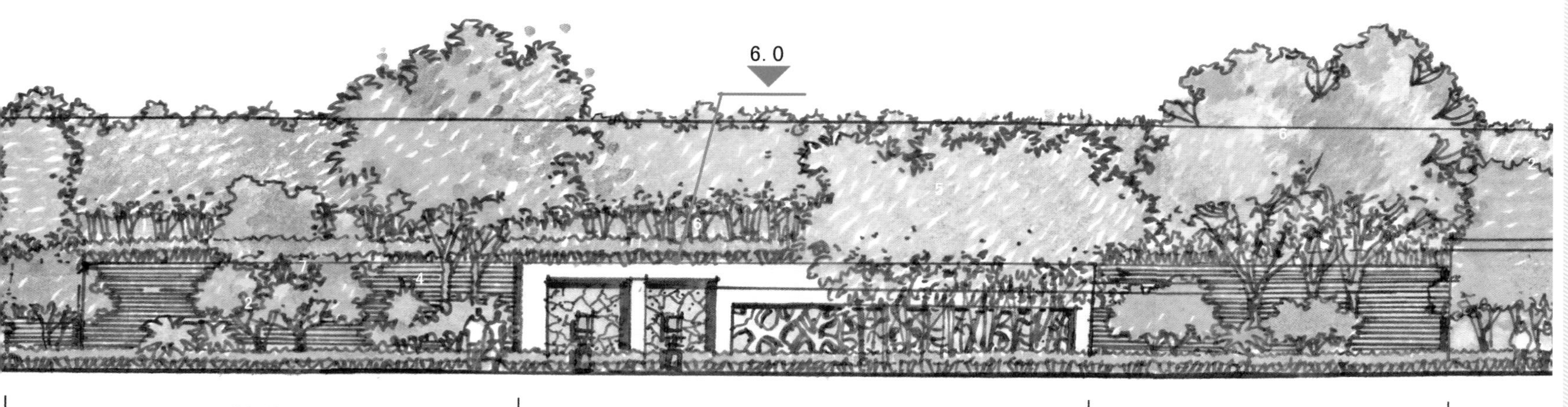
6.0
特色挡墙处理
艺术挡墙处理及雕塑配置
特色挡墙处理

7.0
8.0
特色挡墙处理及多层植物
艺术挡墙处理及雕塑配置

南宁保利城

项目地点：广西壮族自治区南宁市
开发单位：广西保利置业集团
景观设计：普梵思洛（亚洲）景观规划设计事务所
用地面积：65 000㎡

根据本项目的实际情况提出景观定位为“以荷兰风格为蓝本，融入印象派绘画艺术的‘Zundert(尊得特)印象派’”风格。要把艺术通过产品化，展现在人们的生活当中，打造一座既具异域风情又具艺术气息的商住城。

通过对项目的地理、文化、形式的挖掘，把总平面分为三个部分，并植入中西方文化。在中式文化表达上，采用《周易》中的卦辞“元”“亨”“利”分别代表三个部分。

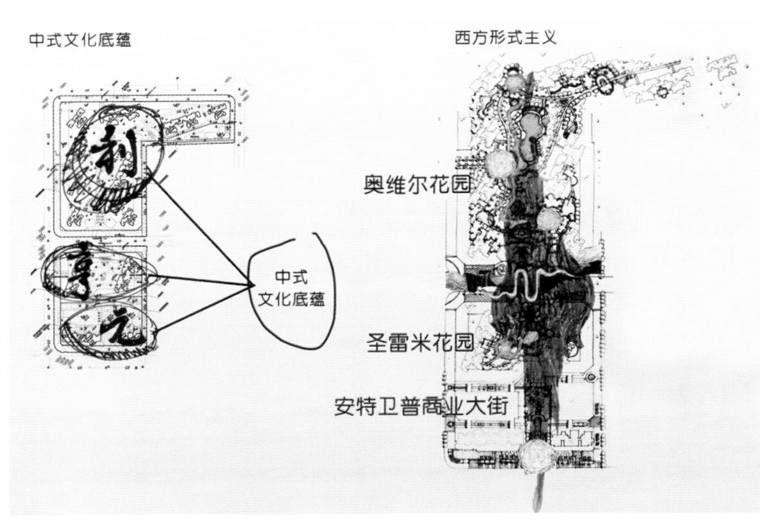

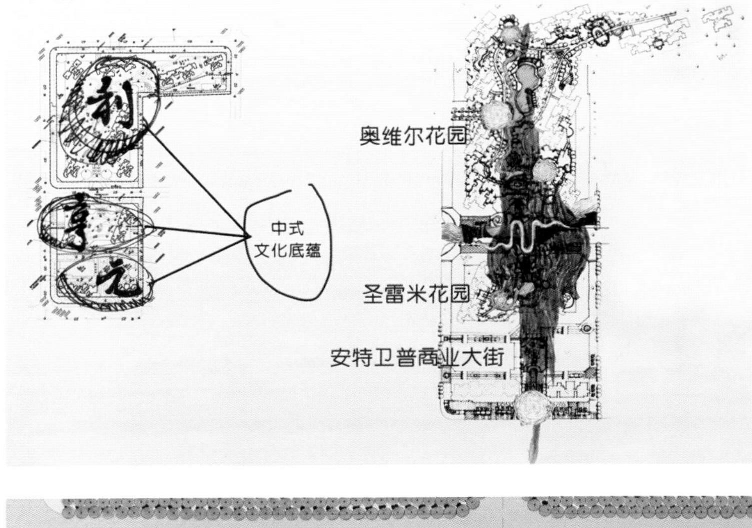

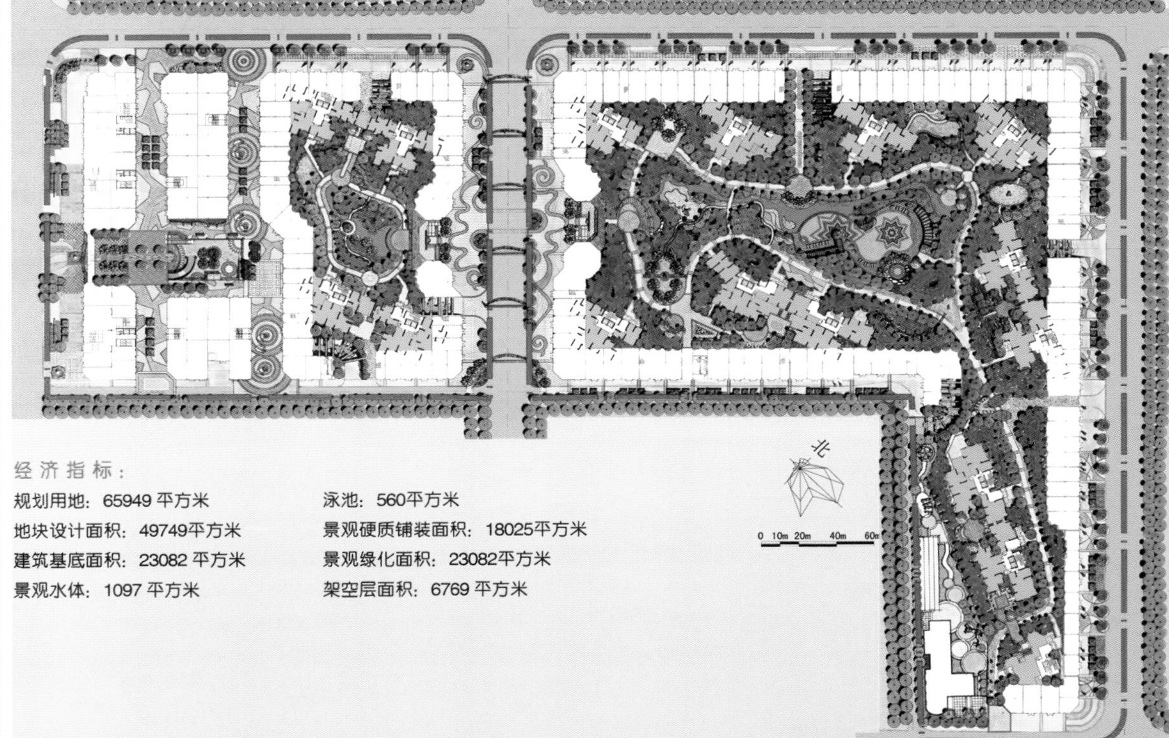

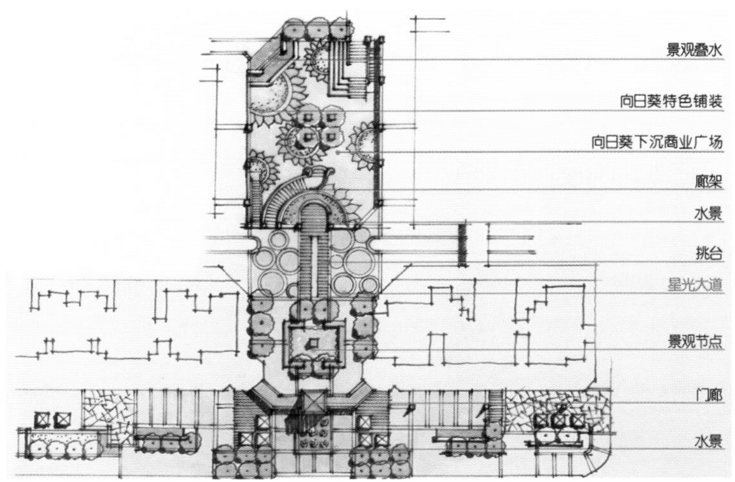

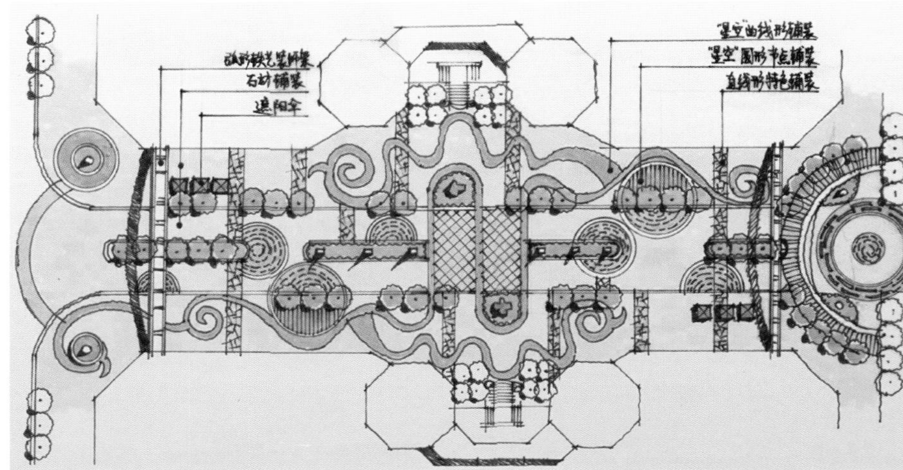

“元”为原始之意，寓意事物的起始或基础。“亨”为开通之意，寓意事物的生长和壮大。“利”为和谐之意，寓意事物的创造与收获。

三个区域命名来源于梵高曾经生活过，并在他人生旅程中有重要影响的三个城市。三个区域名分别为：安特卫普商业大街、圣雷米花园、奥维尔花园。

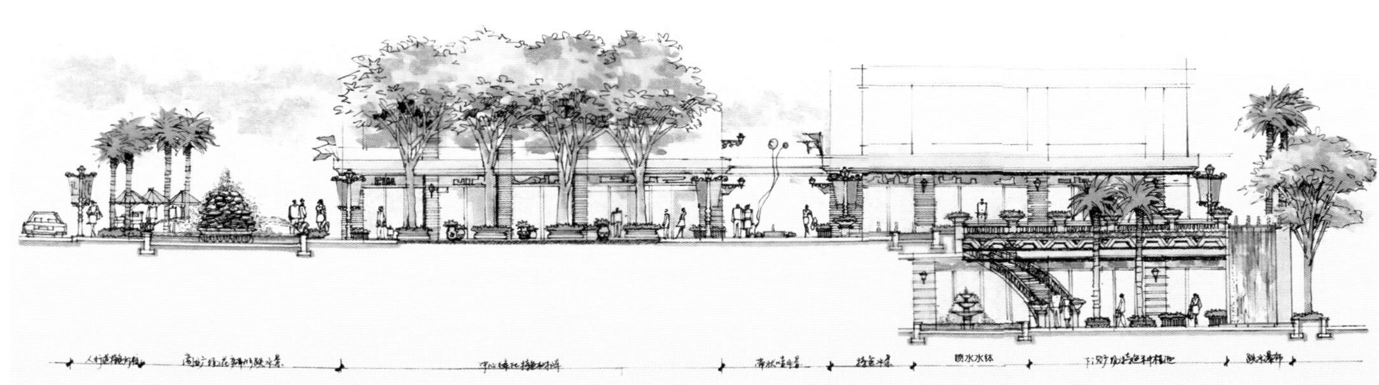

深圳金地名峰

项目地点：广东省深圳市
开 发 商：深圳金地宝城房地产开发有限公司
设计单位：瑞典SED新西林园林景观有限公司
景观面积：39 316㎡

项目位于龙岗区宝荷路南侧，沙荷路东南侧。山景、湖泊、高尔夫球场，三者兼备。

景观依附建筑风格，承袭新古典主义风格，以“意大利之门”维罗纳这个绮丽的古老小城为设计原型，极力塑造优雅浪漫，体现融合古典文化与现代文明的城市印象。设计中，使展示区成为营造浪漫、独添纵深仪式感的景观环境，硬质铺装面积较多，景观结合垂直绿化的形式软化整体硬质环境，点状水景保证了景观效果的同时提升了质量感。

新古典主义风格设计简化了古典主义的装饰和机理，与现代的材质相结合，呈现出古典而简约的新风貌，将古典的浪漫情怀与现代人对生活的需求相结合，兼容华贵典雅与时尚现代。设计理念体现“华贵典雅的时代建筑”，建筑的色彩采用暖色黄色为主体颜色及深色的配彩，使得建筑不论从单体还是整体都十分耐看，整体感强，暖色的色彩令人感到高贵的同时又不失典雅，整个社区彼此协调彼此呼应。建筑、广场、街区、庭院、小品等的有机融合，营造了一个温馨、和谐、典雅、富于趣味性、古典而简约的自然主义社区。

项目精致的主入口设计是新古典主义风情的主要特色，重点部位有雕刻装饰的新古典主义风格景观元素，是开发区内的一个名副其实的地标。中心水景广场作为整个景观的点睛，将阳光草坪景观化、具体化，景观大树和丰富的花灌配置其中，充满着浓郁的自然气息。主入口以古典规则式的水景结合丰富的花灌和小品设置，达到功能与视觉效果的统一，精致高雅的入口大门结合高低错级的岗亭门廊，与会所建筑相互协调统一，同时突出了入口处的景观气势。在通往社区的内部，有一个古典式庄园庭院，水榭亭台、穹顶装饰，如同身临欧陆城堡，独享后花园的花香鸟语与艺术熏陶。另外，社区内开放的公共休闲草坪是联系居民的纽带。本次设计的最大亮点是将社区休闲草坪功能化，将草坪合理规划成具有不同功能性的活动场地。

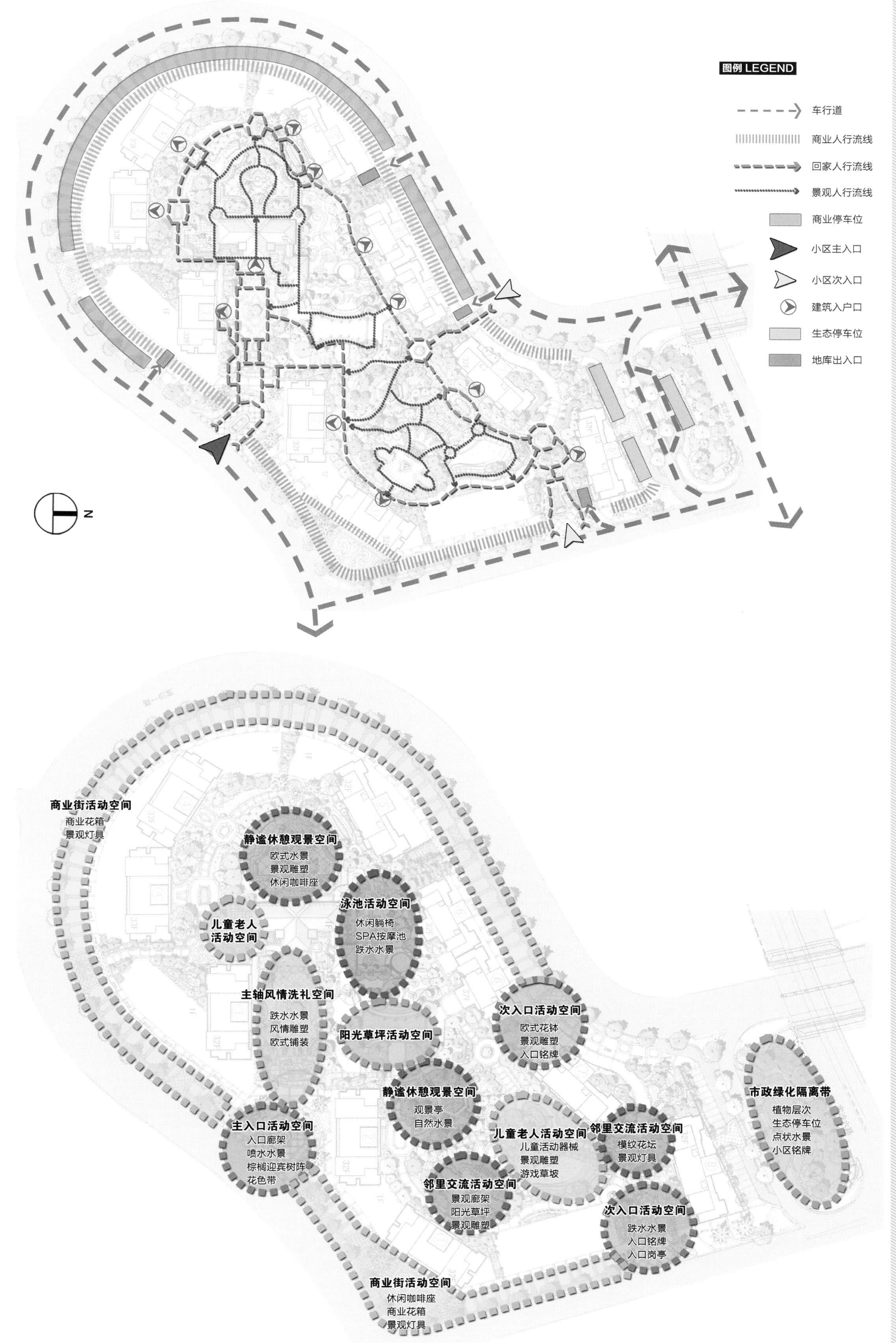
图例 LEGEND
车行道
商业人行流线
回家人行流线
景观人行流线
商业停车位
小区主入口
小区次入口
建筑入户口
生态停车位
地库出入口
N
商业街活动空间
商业花箱
景观灯具
静谧休憩观景空间
欧式水景
景观雕塑
休闲咖啡座
泳池活动空间
休闲躺椅
SPA按摩池
跌水水景
儿童老人
活动空间
主轴风情洗礼空间
跌水水景
风情雕塑
欧式铺装
阳光草坪活动空间
次入口活动空间
欧式花钵
景观雕塑
入口铭牌
静谧休憩观景空间
观景亭
自然水景
主入口活动空间
入口廊架
喷水水景
棕榈迎宾树阵
花色带
儿童老人活动空间
儿童活动器械
景观雕塑
游戏草坡
邻里交流活动空间
模纹花坛
景观灯具
邻里交流活动空间
景观廊架
阳光草坪
景观雕塑
次入口活动空间
跌水水景
入口铭牌
入口岗亭
市政绿化隔离带
植物层次
生态停车位
点状水景
小区铭牌
商业街活动空间
休闲咖啡座
商业花箱
景观灯具

顶板标高54.30
顶板标高56.30
顶板标高55.90
朱丽叶雕塑
下沉广场
跌水水景
下沉广场
会所及泳池
歌舞剧场广场
跌水水景
歌舞剧场广场
入口门廊跌水广场
商业街

FL56.20
FL56.20
FL59.20
残疾人坡道
主入口大门
跌水水景
主入口大门
残疾人坡道
阳光草坪跌水水景

FL59.20
顶板标高58.00
FL60.40
FL57.10
FL59.20
FL54.30
下沉歌舞剧场
中心跌水水景
下沉歌舞剧场
树池平台
下沉阳光草坪

顶板标高58.00
FL54.30
下沉歌舞剧场
中心跌水水景
下沉歌舞剧场
树池平台
下沉阳光草坪

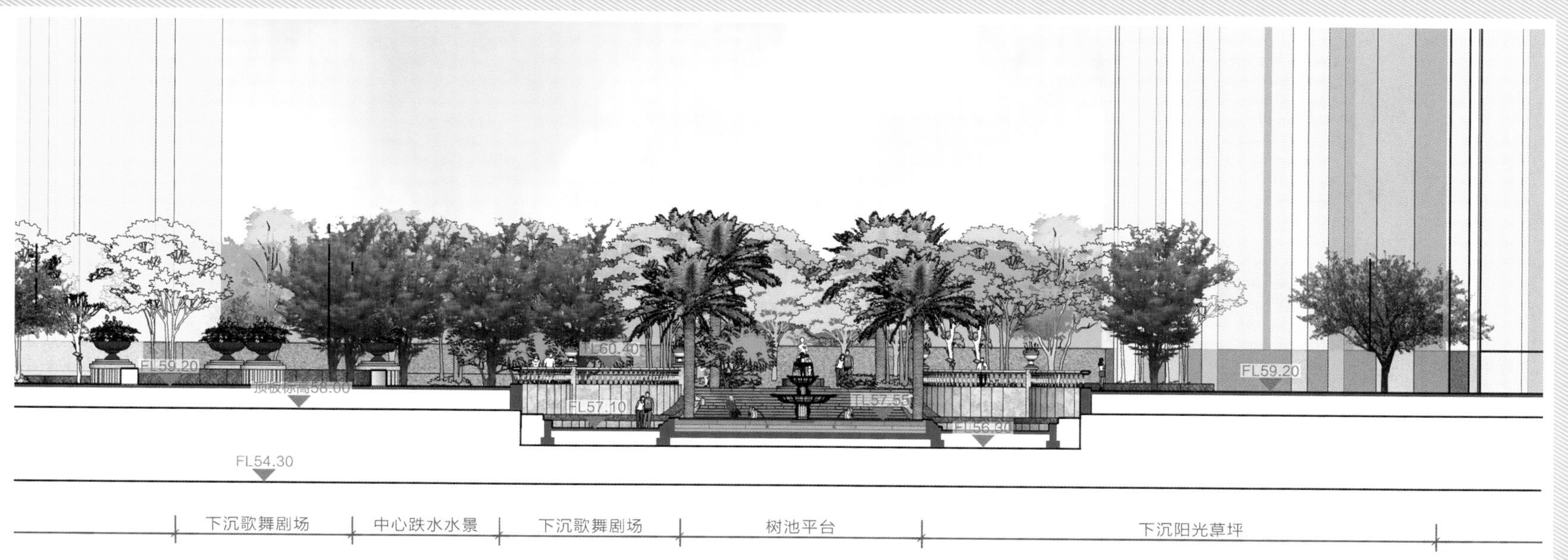

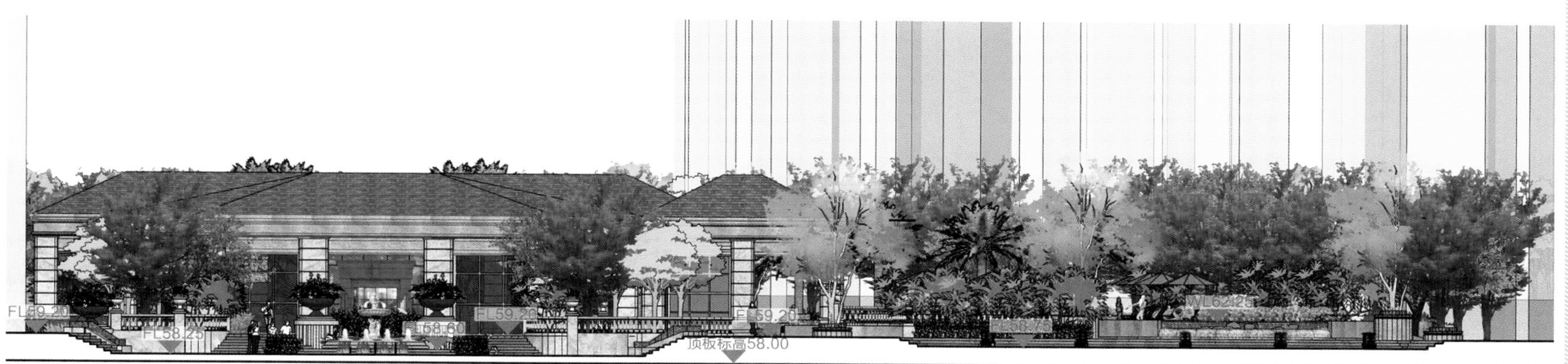

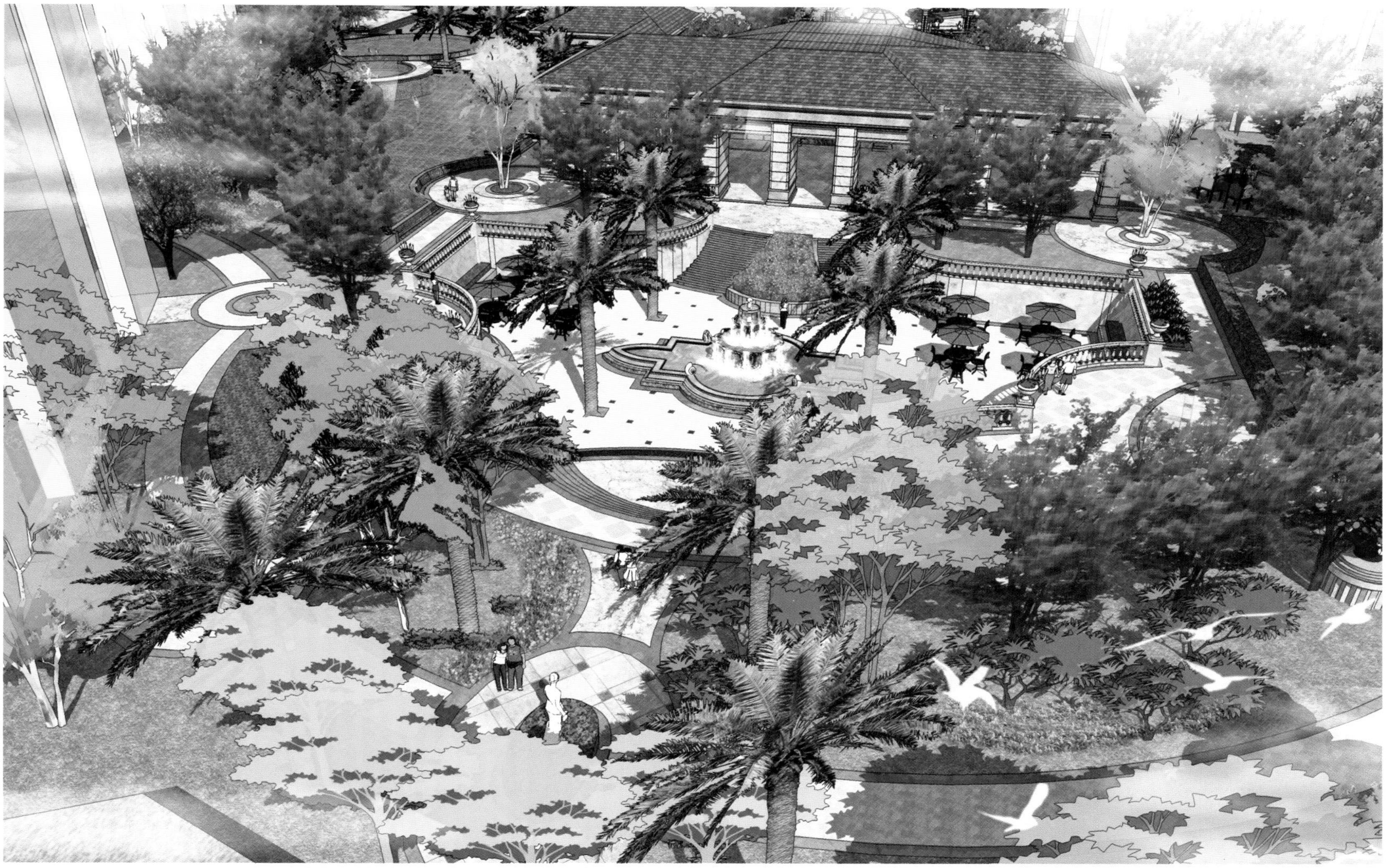

次入口跌水水景　台地花池　转角花钵水景　邻里交流广场　模纹花坛绿化空间